初等数学研究在中国

Elementary Mathematics
Research in China

杨学枝　刘培杰　主编

哈尔滨工业大学出版社
HITP　HARBIN INSTITUTE OF TECHNOLOGY PRESS

内 容 简 介

本书旨在汇聚中小学数学教育教学和初等数学研究最新成果,给读者提供学习与交流的平台,促进中小学数学教育教学和初等数学研究水平的提高.

本书适合大、中学师生阅读,也可供数学爱好者参考研读.

图书在版编目(CIP)数据

初等数学研究在中国. 第 3 辑/杨学枝,刘培杰主编. —哈尔滨:
哈尔滨工业大学出版社,2021.5
ISBN 978 - 7 - 5603 - 9422 - 0

Ⅰ.①初…　Ⅱ.①杨…②刘…　Ⅲ.①初等数学-研究-中国
Ⅳ.①O12

中国版本图书馆 CIP 数据核字(2021)第 089063 号

策划编辑　刘培杰　张永芹
责任编辑　刘立娟　李　烨　李兰静
封面设计　孙茵艾
出版发行　哈尔滨工业大学出版社
社　　址　哈尔滨市南岗区复华四道街 10 号　邮编 150006
传　　真　0451－86414749
网　　址　http://hitpress.hit.edu.cn
印　　刷　黑龙江艺德印刷有限责任公司
开　　本　880 mm×1 230 mm　1/16　印张 10.25　字数 292 千字
版　　次　2021 年 5 月第 1 版　2021 年 5 月第 1 次印刷
书　　号　ISBN 978 - 7 - 5603 - 9422 - 0
定　　价　158.00 元

(如因印装质量问题影响阅读,我社负责调换)

在很多情形，高等数学与初等数学难解难分，要进一步挖出初等数学的潜力。

林群
2019.1.8

中国著名数学家林群院士为本文集所撰写的题词

在很多情形，高等数学与初等数学难解难分，要进一步挖出初等数学的潜力。

——林群

高大上的数学
都是在初等数学上
生长起来的！
张景中 2018年
12月23日

中国著名数学家张景中院士为本文集所撰写的题词

高大上的数学都是在初等数学上生长起来的！

——张景中

目　　录

关于三角形 Euler 不等式的又一加强

杨学枝

(福州第二十四中学　福建　福州　350015)

在 $\triangle ABC$ 中,设三边长分别为 $BC = a, CA = b, AB = c$,其外接圆与内切圆半径分别为 R 与 r,则有著名的 Euler 不等式:$R \geqslant 2r$.

1985 年,Băndilă 给出了一个加强式:$\dfrac{R}{r} \geqslant \dfrac{c}{a} + \dfrac{a}{c}$. 2000 年 5 月,刘保乾先生曾向笔者提出一个更强的猜想,即

$$\frac{R}{r} + \frac{r}{R} \geqslant \frac{c}{a} + \frac{a}{c} + \frac{1}{2}$$

2000 年 5 月,笔者在探讨刘先生的猜想时,得到并证明了较之更好的结果(即以下定理中的不等式).最近,刘先生又提及此事,并说:"笔者(刘保乾)尝试对不等式(1)(即以下式(1))再给出证明,发现很困难,虽然代数化后等价于一个三元六次多项式不等式,次数不算高,但配方不能够成功,而且这个不等式是杨路的逐次差分代换不终止型(sds 不能问题).这个不等式本身有研究价值."刘先生让我将当时的证明公布于众,因此整理成此拙作,以供参考.

定理(创作于 2000.05.14)　在 $\triangle ABC$ 中,设三边长分别为 $BC = a, CA = b, AB = c$,其外接圆与内切圆半径分别为 R 与 r,则有

$$\frac{R}{r} + \frac{r}{R} \geqslant \frac{c}{a} + \frac{a}{c} + \frac{1}{2} + \left| \frac{(a-b)(b-c)}{2ac} \right| \tag{1}$$

若 $(a-b)(b-c) \geqslant 0$,当且仅当 $\cos B = \dfrac{r}{R}$ 时,式(1)取等号;若 $(a-b)(b-c) \leqslant 0$,当且仅当 $\triangle ABC$ 为等边三角形时,式(1)取等号.

证明　分以下三种情况讨论.

(1) 若 $(a-b)(b-c) \geqslant 0$,则

$$\frac{R}{r} + \frac{r}{R} \geqslant \frac{c}{a} + \frac{a}{c} + \frac{1}{2} + \left| \frac{(a-b)(b-c)}{2ac} \right|$$

即

$$
\begin{aligned}
& \frac{R}{r} + \frac{r}{R} - \frac{c}{a} - \frac{a}{c} - \frac{1}{2} - \frac{(a-b)(b-c)}{2ac} \\
={}& \frac{R}{r} + \frac{r}{R} - \frac{b(a+b+c)}{2ac} - \frac{a^2 - b^2 + c^2}{ac} \\
={}& \frac{R}{r} + \frac{r}{R} - \frac{b^2}{4Rr} - 2\cos B \\
={}& \frac{R}{r} + \frac{r}{R} - \frac{R\sin^2 B}{r} - 2\cos B \\
={}& \frac{R}{r}\cos^2 B + \frac{r}{R} - 2\cos B \\
={}& \frac{(R\cos B - r)^2}{Rr} \geqslant 0
\end{aligned}
$$

因此,当 $(a-b)(b-c) \geqslant 0$ 时,式(1)成立,且当且仅当 $\cos B = \dfrac{r}{R}$ 时,式(1)取等号.

（2）若$(b-c)(c-a) \geqslant 0$，类似情形（1）的证明，则有

$$\frac{R}{r} + \frac{r}{R} \geqslant \frac{b}{a} + \frac{a}{b} + \frac{1}{2} + \frac{(b-c)(c-a)}{2ab}$$

因此，这时要证明式（1）成立，只需证明

$$\frac{b}{a} + \frac{a}{b} + \frac{1}{2} + \frac{(b-c)(c-a)}{2ab} \geqslant \frac{c}{a} + \frac{a}{c} + \frac{1}{2} + \left| \frac{(a-b)(b-c)}{2ac} \right|$$

由于$(b-c)(c-a) \geqslant 0$，即证明

$$\frac{b}{a} + \frac{a}{b} + \frac{1}{2} + \frac{(b-c)(c-a)}{2ab} \geqslant \frac{c}{a} + \frac{a}{c} + \frac{1}{2} - \frac{(a-b)(b-c)}{2ac} \tag{2}$$

下面证明式（2）成立.

$$\frac{b}{a} + \frac{a}{b} + \frac{1}{2} + \frac{(b-c)(c-a)}{2ab} - \left[\frac{c}{a} + \frac{a}{c} + \frac{1}{2} - \frac{(a-b)(b-c)}{2ac} \right]$$

$$= \frac{b}{a} + \frac{a}{b} - \frac{c}{a} - \frac{a}{c} + \frac{(b-c)(c-a)}{2ab} + \frac{(a-b)(b-c)}{2ac}$$

$$= \frac{(a-b+c)(b-c)^2}{2abc} + \frac{(c+a)(b-c)(c-a)}{abc} \geqslant 0$$

故式（2）成立. 由以上证明可知，此时，$a=b=c$，即当且仅当$\triangle ABC$为等边三角形时，式（1）取等号.

（3）若$(c-a)(a-b) \geqslant 0$，类似情形（1）的证明，则有

$$\frac{R}{r} + \frac{r}{R} \geqslant \frac{c}{b} + \frac{b}{c} + \frac{1}{2} + \frac{(c-a)(a-b)}{2bc}$$

因此，这时要证明式（1）成立，只需证明

$$\frac{c}{b} + \frac{b}{c} + \frac{1}{2} + \frac{(c-a)(a-b)}{2bc} \geqslant \frac{c}{a} + \frac{a}{c} + \frac{1}{2} + \left| \frac{(a-b)(b-c)}{2ac} \right|$$

由于$(c-a)(a-b) \geqslant 0$，即证明

$$\frac{c}{b} + \frac{b}{c} + \frac{1}{2} + \frac{(c-a)(a-b)}{2bc} \geqslant \frac{c}{a} + \frac{a}{c} + \frac{1}{2} - \frac{(a-b)(b-c)}{2ac} \tag{3}$$

下面证明式（3）成立.

$$\frac{c}{b} + \frac{b}{c} + \frac{1}{2} + \frac{(c-a)(a-b)}{2bc} - \left[\frac{c}{a} + \frac{a}{c} + \frac{1}{2} - \frac{(a-b)(b-c)}{2ac} \right]$$

$$= \frac{c}{b} + \frac{b}{c} - \frac{c}{a} - \frac{a}{c} + \frac{(c-a)(a-b)}{2bc} + \frac{(a-b)(b-c)}{2ac}$$

$$= \frac{(a-b+c)(a-b)^2}{2abc} + \frac{(c+a)(c-a)(a-b)}{abc} \geqslant 0$$

故式（3）成立. 由以上证明可知，此时，$a=b=c$，即当且仅当$\triangle ABC$为等边三角形时，式（1）取等号.

上述情形（2）：$(b-c)(c-a) \geqslant 0$；情形（3）：$(c-a)(a-b) \geqslant 0$时，均有$(a-b)(b-c) \leqslant 0$.

综上，定理中式（1）获证，若$(a-b)(b-c) \geqslant 0$，则当且仅当$\cos B = \frac{r}{R}$时，式（1）取等号；若$(a-b)(b-c) \leqslant 0$，则当且仅当$\triangle ABC$为等边三角形时，式（1）取等号.

由定理，可以得到以下诸推论.

推论 1 在$\triangle ABC$中，设三边长分别为$BC=a$，$CA=b$，$AB=c$，其外接圆与内切圆半径分别为R与r，则有

$$\frac{R}{r} + \frac{r}{R} \geqslant \frac{c}{a} + \frac{a}{c} + \frac{1}{2} \tag{4}$$

当且仅当$\triangle ABC$为等边三角形时，式（4）取等号.

推论 2 在$\triangle ABC$中，设三边长分别为$BC=a$，$CA=b$，$AB=c$，其外接圆与内切圆半径分别为R与

r,则有

$$\frac{R}{r} \geqslant \frac{c}{a} + \frac{a}{c} \tag{5}$$

当且仅当 $\triangle ABC$ 为等边三角形时,式(5)取等号.

推论 3(刘保乾猜想) 在 $\triangle ABC$ 中,设三边长分别为 $BC = a, CA = b, AB = c$,其外接圆与内切圆半径分别为 R 与 r,则有

$$\frac{R}{r} + \frac{r}{R} \geqslant \frac{a}{b} + \frac{b}{c} + \frac{c}{a} - \frac{1}{2} \tag{6}$$

当且仅当 $\triangle ABC$ 为等边三角形时,式(6)取等号.

提示:由于当 $a \geqslant b \geqslant c$ 时,有

$$\max\left\{ \frac{b}{c} + \frac{c}{b} + \frac{1}{2}, \frac{c}{a} + \frac{a}{c} + \frac{1}{2}, \frac{a}{b} + \frac{b}{a} + \frac{1}{2} \right\} = \frac{c}{a} + \frac{a}{c} + \frac{1}{2}$$

因此,只需证明当 $a \geqslant b \geqslant c$ 时,有

$$\frac{c}{a} + \frac{a}{c} + \frac{1}{2} \geqslant \frac{a}{b} + \frac{b}{c} + \frac{c}{a} - \frac{1}{2}$$

推论 4(刘保乾猜想) 在 $\triangle ABC$ 中,设三边长分别为 $BC = a, CA = b, AB = c$,其外接圆与内切圆半径分别为 R 与 r,则有

$$\frac{R}{r} + \frac{r}{R} \geqslant \frac{2a}{b+c} + \frac{b+c}{2a} + \frac{1}{2} \tag{7}$$

当且仅当 $\triangle ABC$ 为等边三角形时,式(7)取等号.

提示:当 $a \geqslant b \geqslant c$ 时,有

$$\frac{c}{a} + \frac{a}{c} + \frac{1}{2} \geqslant \frac{2a}{b+c} + \frac{b+c}{2a} + \frac{1}{2}, \frac{2b}{c+a} + \frac{c+a}{2b} + \frac{1}{2}, \frac{2c}{a+b} + \frac{a+b}{2c} + \frac{1}{2}$$

Weyl 等分布数列问题

刘培杰　　张永芹

一、引言

罗马尼亚是 IMO 的首倡国,其奥数实力很强.2013 年罗马尼亚国家队选拔考试中有这样一个题目:设 a,b 为两个不同的正实数,使得对于任意正整数 n,均有 $[na]\mid[nb]$.证明:a,b 均为整数.

一位选手给出了如下证明:当 n 趋于无穷大时,由数列 $a_n=\dfrac{[nb]}{[na]}$ 为一列趋于 $\dfrac{b}{a}$ 的正整数数列,知 $\dfrac{b}{a}$ 为正整数,不妨记作 m.

从而,存在正整数 N,当 $n>N$ 时,$[nb]=m[na]$.

将 $b=ma$ 代入得 $[nma]=m[na]$.于是,$mna<m[na]+1$.

由于 $a\neq b$,于是,$m\geqslant 2$.从而,$na<[na]+\dfrac{1}{m}\leqslant[na]+\dfrac{1}{2}$.

故 $\{na\}=na-[na]<\dfrac{1}{2}$.

由 Weyl 判别法,知对于无理数 x,$\{nx\}$ 在区间 $[0,1)$ 上等概率分布(即稠密).

而本题中 $\{na\}<\dfrac{1}{2}$,则 a 为有理数,记为 $\dfrac{p}{q}((p,q)=1)$.

若 $q\geqslant 2$,取足够大且 $np\equiv-1\pmod q$ 的 n 得

$$\frac{1}{2}>\{na\}=\left\langle\frac{np}{q}\right\rangle=\left\langle\frac{q-1}{q}\right\rangle=1-\frac{1}{q}\geqslant\frac{1}{2}$$

矛盾.

因此,$q=1$.原题结论成立.

在解答中出现了一个中学生很陌生的结论——Weyl 判别法.那么 Weyl 是谁,他的判别法又是什么呢?

我们先来介绍 Weyl 是哪位大神.

Weyl(1885—1955),德国人,1885 年 11 月 9 日生于石勒苏益格－荷尔斯泰因州的埃尔姆斯霍恩.Weyl 少年时并不显得十分聪明.1904 年他由 Hilbert 的一位堂兄介绍而进入哥廷根大学学习数学,有一段时间在慕尼黑大学旁听.1908 年他以积分方程论方面的论文获得哥廷根大学博士学位,并成为Hilbert 的得意门生.1910 年,Weyl 被 Hilbert 留在哥廷根大学任兼职讲师.1913 年他应邀到苏黎世大学任教授,在那里遇到 Einstein,共同研讨过广义相对论.1926 年至 1927 年,他又回到哥廷根大学任教,1928 年至 1929 年任普林斯顿大学客座教授.1930 年,Weyl 接替 Hilbert 在哥廷根大学任教授.3 年后,Weyl 毅然辞去了哥廷根大学的职务.1933 年他被当时初建的普林斯顿高等研究院接纳为教授.他于1951 年退休,并辞去该研究所的正教授职务而任名誉教授.晚年,他每年在普林斯顿和苏黎世的时间各一半.1955 年 12 月 8 日他在苏黎世突然逝世.

Weyl 在数学和理论物理学中有许多开创性、奠基性的成果,其中最著名的有:

1908 年,Weyl 发表了他的博士论文,是关于奇异积分方程解的存在性问题的研究.在此之前,虽然Hilbert 很重视积分方程的研究,而且也有很多人写了论文,但大多数只有短暂的价值,而 Weyl 的论文

引起了分析学一系列问题的研究,有深远的意义. Weyl 认为, Riemann 面不仅是使解析函数多值性直观化的手段,而且是解析函数理论的本质部分,是这个理论赖以生长和繁衍的唯一土壤. 他在 1913 年出版的《Riemann 面的概念》一书中,不仅给出了 Riemann 面的精确定义(这是 Riemann 面最早的几个等价定义之一),而且把以代数函数作为 Riemann 面上的函数来研究的所谓"解析方法"整理成完美而严密的形式.

在 Diophantus 逼近方面, Weyl 在 1914 年提出并研究了所谓"一致分布"问题. 他用解析方法(特别是三角级数)作为有效的手段,得到了一致分布的充分必要条件,被称之为 Weyl 原理.

在群的表示论方面, Weyl 做了许多开创性的工作. Hilbert 早年研究的不变量理论,被 Weyl 用来作为李群的线性表示. 1925 年他研究了紧李群的有限维酉表示. 1927 年他完成了紧群的理论,并且弄清了殆周期函数理论与群的表示论之间的关系,尤其是拓扑群上的殆周期函数与紧群的表示论之间的关系. 1900 年至 1930 年间, Weyl 研究了半单李代数的完全分类和结构,并确定了它们的表示与特征标. 1925 年他取得了一个关键性的结果:特征为零的一个代数封闭域上的半单李代数的任何表示都是完全可约的. 另外,在李群流形的整体结构研究方面,他也做出了开创性的工作.

在 Riemann 几何的推广方面, Weyl 的研究工作也具有开创性. 他在讲授 Riemann 几何曲面的课程中,引入了流形的概念,用抽象方法把研究工作推向新阶段. 1918 年他又引进一类通称为仿射联络空间的几何,使得 Riemann 几何成为它的一种特例. 这一成果向人们展示了在非 Riemann 几何中,点与点之间的联系不一定要用依赖于一个度量的方式来规定. 这些几何学相互之间也许有极大的差异,但又都像 Riemann 几何一样有广阔的发展前景. 在 Weyl 之后, Riemann 几何又有了一些不同的推广.

在泛函分析方面, Weyl 追随 Hilbert 研究了谱论,并将它推广到李群,在弹性力学中也找到了其应用. 他还研究了 Hilbert 空间,特别是 Hilbert 空间中的算子. 这方面的工作直接启发了 von Neumann 公理的提出.

在偏微分方程方面, Weyl 利用 Dirichlet 原理证明了椭圆型线性自伴偏微分方程的边值问题的解存在.

晚年, Weyl 与其儿子共同研究了由几个亚纯函数所组成的亚纯函数组的值分布理论发展而来的亚纯曲线论,并于 1943 年共同出版了专著《亚纯曲线论》.

Weyl 的数学思想几乎完全被 Riemann 所控制,始终信守 Hilbert 的信念:"抽象理论在解决经典问题中,对概念深刻分析的价值大大超过盲目计算." 甚至人们称 Weyl 是 Hilbert 的"数学儿子". 但是,在研究数学基础时,他们却产生了分歧. Weyl 属于 Brouwer 倡导的直觉主义派,而且发表了许多论述,产生了不小的影响,对倡导形式主义派的 Hilbert 也进行了严厉的批评,乃至攻击.

在物理学方面, Weyl 的贡献也不少. 1916 年当他一接触到 Einstein 的广义相对论时,便立即用张量积等数学工具给它装上了数学的框架. 进而, 1918 年 Weyl 又提出了最初的统一场论.

Weyl 写了 150 多种著作. 除了数学、物理学著作,还包括哲学、历史方面的著作以及各种评论. 有许多名言被人引用,诸如"逻辑是指导数学家保持其思想观念强健的卫生学""如果不知道远溯到古希腊各代前辈所建立和发展的概念、方法和成果,我们就不可能理解近 50 年来数学的目标,也不可能理解近 50 年来数学的成就",等等.

下面我们再来介绍 Weyl 判别法,为了使其通俗易懂,我们采取一种对话形式:

二、是神来之笔吗

学生:老师,我最近做了这样一道题.

题目 1 已给实数 $\alpha > 1$,试构造一个无穷有界数列 $x_0, x_1, x_2, \cdots$,使得对每一对不同的非负整数 i, j 都有 $|x_i - x_j||i - j|^\alpha \geq 1$.

老师:这是一道第 32 届 IMO 试题,并且已发表的解答就有好几种.

学生:解答我倒是能看懂,但很难理解他们是如何想到的,也就是"知其然而不知其所以然",这个解法可否称为"神来之笔"? 这只能出自天才的头脑.

老师:没有什么天才,华罗庚这位举世公认的"天才"早就说过:"天才出自勤奋". 首先题目 1 并不是一道新题,它的一个更强的形式即 $\alpha=1$ 时曾作为 1978 年苏联中学数学竞赛试题出现过,即如下的题目 2.

题目 2 求证:存在无穷有界数列 $\{x_n\}$,使对不同的 m 和 k,不等式 $|x_m-x_k|\geqslant\dfrac{1}{|m-k|}$ 成立.

这一点南京师范大学的单墫教授早已发现,你可以回去查一下相关资料.

学生:老师,能讲一下这道题的证明吗?

老师:可以,先指出满足此题要求的数列是 $\{4\{n\sqrt{2}\}\}(n=1,2,3,\cdots)$,其中,$\{x\}=x-[x]$ 是 x 的小数部分.

事实上,如果 $p\in\mathbf{N},q\in\mathbf{N},p<(4-\sqrt{2})q$,则

$$\left|\sqrt{2}-\frac{p}{q}\right|=\frac{|2q^2-p^2|}{q(q\sqrt{2}+p)}>\frac{1}{4q^2}$$

因此,当 $m>k\geqslant 1$ 时,有

$$|\{m\sqrt{2}\}-\{k\sqrt{2}\}|=|(m-k)\sqrt{2}-l|>\frac{1}{4(m-k)}$$

其中

$$l=[m\sqrt{2}]-[k\sqrt{2}]<m\sqrt{2}-k\sqrt{2}+1$$
$$\leqslant(m-k)(\sqrt{2}+1)<(4-\sqrt{2})(m-k)$$

学生:这个数列 $\{4\{n\sqrt{2}\}\}$ 是怎样想出来的? 数列的形式很多,为什么偏偏选择 $\{n\sqrt{2}\}$ 型的,有什么线索可寻吗?

老师:因为从题中要求条件 $|x_i-x_j|\geqslant\dfrac{1}{|i-j|}$ 可知,数列 $\{x_i\}$ 的项与项之间不可能太"拥挤",因为第 n 项与第 $n+1$ 项之间的距离就大于或等于 1,但这个数列又不能是单调的,因为单调数列两项之间的距离大于 1,就会是一个发散的数列,不能满足有界性,所以这个数列应具有往复性. 由于区间的长短并不是本质的,我们可以将数列 $\{x_i\}$ 乘以一个调节常数,使其振幅不过大,所以我们可以在 $[0,1]$ 内考虑这个问题. 熟悉无理数性质的读者可能会想到对任意一个无理数 α,$n\alpha$ 的小数部分 $\{n\alpha\}=n\alpha-[n\alpha]$ 恰好具有这样的往复性.

为了增加点感性认识,我们可以用袖珍计算器计算 $\{n\sqrt{2}\}(n=1,2,\cdots,30)$,精确到小数点后三位,观察其变化规律

$$n=1,\{n\sqrt{2}\}=0.414;\quad n=11,\{n\sqrt{2}\}=0.556;\quad n=21,\{n\sqrt{2}\}=0.698$$
$$n=2,\{n\sqrt{2}\}=0.828;\quad n=12,\{n\sqrt{2}\}=0.971;\quad n=22,\{n\sqrt{2}\}=0.113$$
$$n=3,\{n\sqrt{2}\}=0.243;\quad n=13,\{n\sqrt{2}\}=0.385;\quad n=23,\{n\sqrt{2}\}=0.527$$
$$n=4,\{n\sqrt{2}\}=0.657;\quad n=14,\{n\sqrt{2}\}=0.799;\quad n=24,\{n\sqrt{2}\}=0.941$$
$$n=5,\{n\sqrt{2}\}=0.071;\quad n=15,\{n\sqrt{2}\}=0.213;\quad n=25,\{n\sqrt{2}\}=0.355$$
$$n=6,\{n\sqrt{2}\}=0.485;\quad n=16,\{n\sqrt{2}\}=0.627;\quad n=26,\{n\sqrt{2}\}=0.770$$
$$n=7,\{n\sqrt{2}\}=0.899;\quad n=17,\{n\sqrt{2}\}=0.042;\quad n=27,\{n\sqrt{2}\}=0.184$$
$$n=8,\{n\sqrt{2}\}=0.314;\quad n=18,\{n\sqrt{2}\}=0.456;\quad n=28,\{n\sqrt{2}\}=0.598$$

$$n = 9, \{n\sqrt{2}\} = 0.728; \quad n = 19, \{n\sqrt{2}\} = 0.870; \quad n = 29, \{n\sqrt{2}\} = 0.012$$

$$n = 10, \{n\sqrt{2}\} = 0.142; \quad n = 20, \{n\sqrt{2}\} = 0.284; \quad n = 30, \{n\sqrt{2}\} = 0.426$$

从以上数据可以看出 $\{n\sqrt{2}\}$ 在 $(0,1)$ 内左右"摇摆"不定,不爱"扎堆",而这正是我们所希望看到的.

学生:老师,既然 $\{n\sqrt{2}\}$ 有这么有趣的性质,为什么在以前的各类竞赛中没有体现呢?

老师:其实,竞赛关注一切有趣的初等数学课题,可谓"疏而不漏",只不过是你没有留意罢了.例如在 1979 年 IMO 中罗马尼亚曾提供了一道候选试题,恰好说明了 $\{n\alpha\}$ 的这一特性.

题目 3 求证:对任意 $n \in \mathbf{N}$,有

$$\{n\sqrt{2}\} > \frac{1}{2n\sqrt{2}}$$

且对任意 $\varepsilon > 0$,总可以找到 $n \in \mathbf{N}$,使得

$$\{n\sqrt{2}\} < \frac{1+\varepsilon}{2n\sqrt{2}}$$

老师:你能证明吗?

学生:我试试看吧,应该不会太困难.

对给定的 $n \in \mathbf{N}$,记 $m = [n\sqrt{2}]$,因为 $m \neq n\sqrt{2}$(否则,会导致 $\sqrt{2} = \dfrac{m}{n}$ 为有理数的矛盾),所以

$$m < n\sqrt{2} \Rightarrow m^2 < 2n^2$$
$$\Rightarrow 1 \leqslant 2n^2 - m^2$$
$$= (n\sqrt{2} - m)(n\sqrt{2} + m)$$
$$= \{n\sqrt{2}\}(n\sqrt{2} + m)$$
$$< \{n\sqrt{2}\} 2n\sqrt{2}$$
$$\Rightarrow \{n\sqrt{2}\} > \frac{1}{2n\sqrt{2}}$$

学生:老师,第二个不等式不知如何证明.

老师:先要构造两个数列 $\{n_i\}$,$\{m_i\}$,满足

$$n_1 = m_1 = 1$$
$$n_{i+1} = 3n_i + 2m_i, \quad m_{i+1} = 4n_i + 3m_i \quad (i \in \mathbf{N})$$

并证明如下一个引理:

引理 对所有 $i \in \mathbf{N}$,有 $2n_i^2 - m_i^2 = 1$.

学生:这个引理我来证明.

对 i 用数学归纳法.当 $i = 1$ 时,结论显然成立,即 $2n_1^2 - m_1^2 = 1$.

假设当 $i = k$ 时,结论成立,即 $2n_k^2 - m_k^2 = 1$,下证当 $i = k+1$ 时,结论也成立.

注意到

$$2n_{k+1}^2 - m_{k+1}^2 = 2(9n_k^2 + 12n_k m_k + 4m_k^2) - (16n_k^2 + 24n_k m_k + 9m_k^2)$$
$$= 2n_k^2 - m_k^2 = 1$$

故由归纳法原理知,引理成立.

老师:现在来证明题目 3.给定 $\varepsilon > 0$,因为数列 $\{n_i\}$ 是递增的,所以存在 $n = n_{i_0}$,使得

$$n > \frac{1}{2\sqrt{2}}\left(1 + \frac{1}{\varepsilon}\right)$$

于是

$$\varepsilon(2n\sqrt{2}-1)>1$$
$$(1+\varepsilon)(2n\sqrt{2}-1)>2n\sqrt{2}$$

因为

$$n<n\sqrt{2}-m=\frac{1}{n\sqrt{2}+m}<1$$

所以由上述不等式或等式 $2n_{i_0}^2-m_{i_0}^2=1$,得到

$$\frac{1+\varepsilon}{2n\sqrt{2}}>\frac{1}{2n\sqrt{2}-1}>\frac{1}{n\sqrt{2}+m}=n\sqrt{2}-m=\{n\sqrt{2}\}$$

三、稠密与等分布数列

学生:在题目 1 的有些解答中,并没有用 $\sqrt{2}$,而是用 $\frac{\sqrt{2}}{2}$,是不是任何无理数 α 都可以用来构造 $[n\alpha]$ 呢?

老师:要回答这个问题,先要介绍一个著名定理.1907 年德国天才数论专家 Minkowski 证明了一个定理:如果 α 是无理数,β 是实数,但不等于 $m\alpha+n(m,n\in\mathbf{Z})$,那么存在无穷多个整数 q,满足不等式

$$\|q\alpha-\beta\|<\frac{1}{4|q|}$$

(其中记号 $\|\theta\|=\min|\theta-z|$ 为任意实数,即 θ 到距它最近的整数的距离.这个定理告诉我们:当 $\alpha\notin\mathbf{Q}$,β 已知时,存在 $q\in\mathbf{N}$,使 $\|q\alpha-\beta\|$ 充分小.由此可知,当 n 充分大时,$\{n\alpha\}$ 可以任意接近区间 $[0,1]$ 中的任意一个给定的实数 β,亦称 $\{n\alpha\}$ 在 $[0,1]$ 中是处处稠密的.)

学生:我在一本杂志上看到了一个等分布的概念,它与这个问题有没有联系呢?

老师:问得好,我正想说:如果进一步,我们还可以得到 $\{n\alpha\}$(α 是无理数)的下列重要性质:对任何 $a<b$,满足 $a\leqslant\{n\alpha\}<b,1\leqslant n\leqslant\theta$ 的 n 的个数与 n 的总数 Q 的比渐近地与区间 $[a,b)$ 的长度相等.这表明 $\{n\alpha\}$ 在 $[0,1)$ 中是均匀地分布的,我们称这种数列为"等分布数列"(亦称一致分布点列).它不仅是数论中的一个重要课题,而且在概率中也是重要的,近数十年来被应用到数值分析中,特别是在 1960 年,J. H. Halton 借助孙子定理推广了 van der Corput 点列,利用 r 进制小数定义了高维空间的等分布点列,同年华罗庚与王元利用实分圆域的独立单位组来构造高维空间等分布点列的思维进行了近似分析.

学生:刚才对等分布数列的定义是描述性的,那么能不能有一个解析的判别法呢?

老师:1914 年,德国数学家 Wely 用解析方法作为有效手段,得到了等分布的充要条件.

数列 $x_1,x_2,\cdots$ 为等分布点列的充要条件是:对任一整数 $h\neq0$,总有

$$\lim_{N\to\infty}\frac{1}{N}\left|\sum_{n=1}^{N}\mathrm{e}^{2\pi ihx_n}\right|=0$$

学生:我们能对 $\{n\alpha\}$ 试用一下 Wely 定理吗?

老师:可以,令 $x_n=n\alpha-[n\alpha]$,$\alpha\notin\mathbf{Z}$,则对任一 $h\in\mathbf{Z},h\neq0$,有

$$\left|\frac{1}{N}\sum_{n=1}^{N}\mathrm{e}^{2\pi ihx_n}\right|=\left|\frac{1}{N}\sum_{n=1}^{N}\mathrm{e}^{2\pi ihn\alpha_k}\right|=\frac{|\mathrm{e}^{2\pi ihN\alpha_i}-1|}{|N(\mathrm{e}^{2\pi iha_i}-1)|}\leqslant\frac{1}{N|\sin\pi h\alpha|}$$

这种手法在解析数论中会遇到,故

$$\lim_{N\to\infty}\frac{1}{N}\left|\sum_{n=1}^{N}\mathrm{e}^{2\pi ihx_n}\right|=0$$

所以由 Wely 判别法知 $\{n\alpha\}$ 为等分布点列.

学生:由 Wely 判别法知 $\{n\alpha\}$ 的等分布性当然简洁,但对高中生来说似乎有些难以理解,能否给出

一个直观、通俗,而且是非描述性的判别法呢?

老师:当然可以,下面这个判别法有一点概率的味道.

数列 $x_1,x_2,\cdots,x_n,\cdots(0\leqslant x_n\leqslant 1)$ 在 $[0,1]$ 上等分布的充要条件是:x_n 落在 $[0,1]$ 的某一子区间中的概率等于这个子区间的长度. 更确切地说,该数列有下述性质:设 $[\alpha,\beta]$ 是 $[0,1]$ 的任一子区间,$N_n(\alpha,\beta)$ 表示 $x_1,x_2,\cdots,x_n$ 含在 $[\alpha,\beta]$ 中的个数,则

$$\lim_{n\to\infty}\frac{N_n(\alpha,\beta)}{n}=\beta-\alpha$$

学生:现在我很有兴趣知道如何用此判别法来判断 $\{n\alpha\}$ 的等分布性.

老师:那我们还需要借助一位著名的德国数学家 Adolf Hurwitz 提出的定理:若 α 为无理数,必有无穷多个有理数 $\frac{p}{q}$,满足 $|\alpha-\frac{p}{q}|<\frac{1}{2q^2}$. 现在我们可以证明 $\{n\alpha\}$ 的等分布性了.

令 $\alpha=\theta$ 为无理数. 设 (a,b) 为 $(0,1)$ 内的任一小区间. 由 Hurwitz 定理,我们有无穷多对整数 $q,p>0$ 使

$$\theta=\frac{p}{q}+\frac{\delta}{q^2}\quad(|\delta|<1,(p,q)=1)$$

令 $u,v\in\mathbf{Z}$,使

$$\frac{u-1}{q}<a\leqslant\frac{u}{q}<\frac{v}{q}\leqslant b<\frac{u+1}{q}$$

又设 $n=rq+s,0\leqslant s<q,j\in\mathbf{Z},0\leqslant j<r$,我们观察完全剩余系 $jq,jq+1,\cdots,jq+q-1$,显然

$$\{(jq+k)\theta\}=\left\{\frac{kp}{q}+\frac{j\delta}{q}+\frac{k\delta}{q^2}\right\}=\left\{\frac{kp+[j\delta]}{q}+\frac{\delta'}{q}\right\},\ |\delta'|<\alpha$$

因 $[j\delta]$ 与 k 无关,故当 $k=0,1,2,\cdots,q-1$ 时,$pk+[j\delta]$ 也遍历一个完全剩余系,故 $\{(jq+k)\theta\}$(包含 q 个数)中,落入 (a,b) 中的数多于 $v-u-4$ 个而少于 $v-u+6$ 个. 因此,$\{n\theta\}(n=1,2,\cdots,u)$ 中,落入 (a,b) 中的数多于

$$r(v-u-4)=\frac{n}{q}(v-u-4)-\frac{s}{q}(v-u-4)$$

$$\geqslant n(b-a)-\frac{\delta}{q}n-(v-u-4)$$

个. 设 $\varepsilon>0$ 为任意给定的数,取足够大的 q 使 $\frac{\theta}{q}<\frac{\varepsilon}{2}$,再取 n,使 $\frac{q+\theta}{n}<\frac{\varepsilon}{2}$,则得

$$n(b-a)-n\varepsilon\leqslant N_n(a,b)\leqslant n(b-a)+n\varepsilon$$

即

$$\lim_{n\to\infty}\frac{N_n(a,b)}{n}=b-a$$

学生:除了 $\{n\alpha\}$ 以外还有其他形式的等分布数列吗? 它们都有什么特征?

老师:等分布数列有许多种,比如我们从德国数学家 Heinz Ernsf Paul Prüfer 的通信中,知道早在 1914 年 Wely 曾证明了如下定理:

设多项式 $p(x)=a_1x+a_2x^2+\cdots+a_rx^r$ 至少有一个无理数的系数,那么数列 $\{p(n)-[p(n)]\}$ 在 $[0,1]$ 上是等分布的.

显然当 $r=1$ 时,$p(n)$ 即为 nx.

更一般的结果是 1931 年由 J. G. Randre Corput 给出的. 如果对于任意的自然数 h,函数 $g(n)-[g(n)]$ 在 $[0,1]$ 内等分布,其中

$$g(x)=f(x+h)+f(x)$$

则 $f(x)$ 也在 $[0,1]$ 内等分布.

学生:除了这些以外还存在其他形式的等分布数列吗?

老师:当然,为了找出更大一类的等分布数列,匈牙利现代数学之父 Leapolt Fejer 还专门证明了一个刻画定理.

设函数 $g(t)$ 对 $t \geqslant 1$ 有以下性质:

(1) $g(t)$ 是连续可微的;

(2) 当 $t \to \infty$ 时,$g(t)$ 单调地增加到 ∞;

(3) 当 $t \to \infty$ 时,$g'(t)$ 单调地减少到 0;

(4) 当 $t \to \infty$ 时,$tg'(t)$ 趋于 ∞.

那么,数列 $x_n = g(n) - [g(n)](n=1,2,3,\cdots)$ 在区间 $[0,1]$ 上是等分布的.

学生:可以举两个例子吗?

老师:可以,比如设 $a > 0, 0 < \sigma < 1$,则数列 $x_n = an^\sigma - [an^\sigma]$ 在区间 $[0,1]$ 上是等分布的.

再比如,设 $a > 0, \sigma > 1$,则数列 $x_n = a(\ln n)^\sigma - [a(\ln n)^\sigma]$ 在 $[0,1]$ 上是等分布的.

四、等分布数列的应用

学生:老师,刚才听您介绍那么多世界著名数学家都研究过等分布数列,它究竟有什么用呢?

老师:最常用的就是用来计算积分值,你也学过一点微积分,回想一下如何计算函数 $f(x)$ 在 $[0,1]$ 上的积分.我们是把 $[0,1]$ 分成 n 等份,取分点的函数值的算术平均值用来作为 $f(x)$ 的积分的近似值(矩形公式),这就是化连续为离散的方法.本来对一重积分来说,用这种方法已臻于至善,因为能够导出最精密的误差(指误差的阶),但当积分不是一重时,便遇到了困难,固定分点的个数,当积分的重数增加时,误差也随之迅速增加.换句话说,当要求有一定的精确度时,所需分点的数目随着积分重数的增加而迅速增加.因此用这一方法来处理高维空间的数值积分,计算量十分巨大,因而难于实现.所以近些年发展了 Monte Carlo 方法,即随机地取 n 个点 $(x_1^{(k)}, \cdots, x_s^{(k)})(k=1,2,\cdots,n)$,然后用这 n 个点的函数值的算术平均值来逼近积分.所谓随机的意思是指取每一点的概率都是相等的,收敛速度较快,但缺点是得到的误差不是真正的误差,而是概率误差.为了克服这一缺点,基于数论的等分布数列方法出现了,它所得到的误差不再是概率的,而是肯定的.不仅如此,这些肯定的误差比概率误差还要好些,而且可以证明,对于某些函数类来说,这种逼近的误差的主阶与单重积分一样.

另外,利用等分布点列还可以求多元函数的最大值,即如果求 k 个变量 $(x_1, \cdots, x_k) = \boldsymbol{x}$ 的函数 $f(\boldsymbol{x})$ 的最大值,其定义域是 $D: \xi_1 \leqslant x_i \leqslant y_i (i=1,2,\cdots,k)$,在区域 D 中取一个等分布的点列 $x^{(j)}(j=1,2,3,\cdots)$,由于等分布点法在求数值积分上已取得了较好的成效,所以可以把求极值问题看成求某一带参数的积分的极限,即

$$\max |f| = \lim_{p \to \infty} (\int_0^1 \cdots \int_0^1) |f(\boldsymbol{x})|^r (\mathrm{d}\boldsymbol{x})^{\frac{1}{p}}$$

学生:在有些书中将 $\{\cdot\}$ 记为 $\bmod 1$,这容易使人想到等分布的概念可否推广到 $\bmod p$ 上.

老师:它确实可以推广到剩余类环上的序列.

设 m 是一个正整数,$\{a_n\}$ 是一个整数序列,定义 $\{a_n\}$ 关于模 m 的分布函数为

$$F_m(k) = \lim_{x \to \infty} \frac{1}{x} |\{a_n \mid n \leqslant x, a_n \equiv k (\bmod m)\}|$$

即是说,$F_m(k)$ 是序列 $\{a_n\}$ 中满足 $n \leqslant x, a_n \equiv k (\bmod m)$ 的 a_n 的个数.如果 $F_m(k)$ 是一有限的常数,即 $F_m(1) = F_m(2) = \cdots = F_m(m)$,由

$$\sum_{i=1}^m F_m(i) = \lim_{x \to \infty} \frac{1}{x} |\{a_n \mid n \leqslant x\}| = 1$$

得

$$F_m(1) = F_m(2) = \cdots = F_m(m) = \frac{1}{m}$$

此时称序列模 m 是等分布的.

如果序列 $\{a_n\}$ 满足:

(1) $\{a_n \mid (a_n, m) = 1\}$ 为无限集;

(2) 对 $1 \leqslant j \leqslant m$, $(j, m) = 1$, 恒有

$$F_m^*(j) = \lim_{x \to \infty} \frac{|\{a_n \mid n \leqslant x, a_m \equiv j (\mathrm{mod}\ m)\}|}{|\{a_n \mid n \leqslant x, (a_n, m) = 1\}|} = \frac{1}{\varphi(m)}$$

则称序列 $\{a_n\}$ 是模 m 弱等分布的.

1984 年, Narkiewicz 证明了如下定理:

Narkiewicz 定理　设 $f(x) \in \mathbf{Z}[x]$, $m = \prod_{i=1}^{k} p_i^{a_i}$ 是 m 的标准分解式.

(1) 序列 $\{f(n) \mid n = 1, 2, \cdots\}$ 是模 m 的等分布序列, 当且仅当多项式 $f(x)$ 是模 m 的置换多项式;

(2) 序列 $\{f(n) \mid n = 1, 2, \cdots\}$ 是模 m 的弱等分布序列, 当且仅当多项式 $f(x)$ 是模 $p_i (i = 1, 2, \cdots, k)$ 的正则置换多项式.

学生:置换多项式和正则置换多项式是什么意思?

老师:设 $f(x)$ 是一个整系数多项式, 如果当 x 过模 m 的一个完全剩余系时, $f(x)$ 也过模 m 的一个完全剩余系, 则称 $f(x)$ 是模 m 的置换多项式. 若多项式 $f(x)$ 满足 $f'(x) \equiv 0 (\mathrm{mod}\ m)$ 无解, 则称 $f(x)$ 是模 m 的正则多项式.

在模 m 的等分布论中, 有两个重要的量 $M(f)$ 和 $M^*(f)$, 其中

$$M(f) = \{m \mid \{f(n)\} \text{ 是模 } m \text{ 的等分布}\}$$
$$M^*(f) = \{m \mid \{f(n)\} \text{ 是模 } m \text{ 的弱等分布}\}$$

对此, Zame 证明了, 设 M 是由正整数组成的一个集合, 则存在一个函数 f 使 $M(f) = M$, 当且仅当 M 具有性质:如果 $n \in M^*$, $d \mid n$, 则 $d \in M^*$. 目前一个没有解决的猜想是关于对应于 $M^*(f)$ 是否有类似的结果.

猜想　设 M^* 是由正整数组成的一个集合, 则存在一个函数 f 使 $M^*(f) = M^*$, 当且仅当 M^* 具有下述性质:如果 $n \in M^*$, $d \mid n$, d 被 n 的所有素因子整除, 则 $d \in M^*$.

这个猜想的必要性是容易证明的, 但充分性则难以证明, 到目前为止, 最好的结果是由 Rose Chowicz 女士得到的, 她证明了:当 M^* 不含偶数时, 上述猜想成立.

学生:能否考虑在剩余类环上构造一个满足题目 1 条件的序列.

老师:应该是不太困难的.

五、再论稠密和等分布

学生:刚才我们讨论的有些远了, 其实我们不一定要求等分布, 只要稠密就已经具有单增教授要求的往复性了.

老师:对于稠密性, Fejer 也给出了如下的刻画定理.

当 $t \geqslant 1$ 时, 函数 $g(t)$ 有如下性质:

(1) $g(t)$ 是连续可微的;

(2) 当 $t \to \infty$ 时 $g(t)$ 单调地增加到 ∞;

(3) 当 $t \to \infty$ 时 $g'(t)$ 单调地减少到 0;

(4) 当 $t \to \infty$ 时 $tg'(t) \to 0$.

这时,数列 $x_n = g(n) - [g(n)] \ (n=1,2,3,\cdots)$ 在区间 $[0,1]$ 上处处稠密,但它们不是等分布的. 利用这一判断定理,我们可得如下两个特例.

例 1 对 $0 < \sigma < 1$,数列 $x_n = a(\ln n)^{\sigma} - [a(\ln n)^{\sigma}] \ (n=1,2,3,\cdots)$ 在区间 $[0,1]$ 上处处稠密,但不是等分布的.

例 2 将自然数 $1,2,3,4,\cdots$ 的常用对数的平方根一个接一个地排成一个无限数列,考虑第 j $(j \geqslant 1)$ 位小数(从小数点往右数)的数码,令 $v_j(n)$ 表示在前 n 个整数 k 中 $\sqrt{\ln k}$ 的第 j 位小数是 g 的个数,则数列 $f(n) = \dfrac{\ln n}{n} \ (n=1,2,3,\cdots)$ 在 $[0,1]$ 上处处稠密.

显然这是一个有理数数列,可以以此回答潘承彪教授的一个提问. 潘教授指出:"在 $a=1$ 时,是否能构造出一个满足条件的有理数数列呢? 我还不知道,可能回答是否定的."

学生:既然对任意的无数理 α,$x_n = n\alpha - [n\alpha]$ 都满足题目 1 的要求,那么对于一个特殊的无理数 e(自然对数的底),$x_n = ne - [ne]$ 当然也可以,但是 $x_n = n! \ e - [n! \ e]$ 也可以吗?

老师:回答是否定的,因为此时 $x_n = n! \ e - [n! \ e]$ 已经不具有往复性了,它以 0 作为它的唯一聚点.

事实上,由 Taylor 定理知

$$e = 1 + \frac{1}{1!} + \frac{1}{2!} + \cdots + \frac{1}{n!} + \frac{e^{\theta_n}}{(n+1)!} \quad (0 < \theta_n < 1)$$

于是

$$n! \ e = n! \ + \frac{n!}{1!} + \frac{n!}{2!} + \cdots + 1 + \frac{e^{\theta_n}}{n+1}$$

当 $n \geqslant 2$ 时,有

$$\frac{e^{\theta_n}}{n+1} < \frac{e}{n+1} < 1$$

所以

$$n! \ e - [n! \ e] < \frac{e^{\theta_n}}{n+1} < \frac{e}{n+1}$$

故

$$\lim_{n \to \infty}(n! \ e - [n! \ e]) = \lim_{n \to \infty} \frac{e}{n+1} = 0$$

与此类似,J. E. Littlewood 曾提出猜想:"$x_n = e^n - [e^n]$ 是否以 0 为唯一聚点?"这个问题目前还没有解决.

另一个未解决的问题涉及 $x_n = \alpha\left(\dfrac{3}{2}\right)^n - \left[\alpha\left(\dfrac{3}{2}\right)^n\right]$ 在区间 $(0,1)$ 上的往复性. 1968 年,Mahler 曾问:"是否存在 $\alpha \in \mathbf{R}$,使得 $0 \leqslant \alpha\left(\dfrac{3}{2}\right)^n - \left[\alpha\left(\dfrac{3}{2}\right)^n\right] < \dfrac{1}{2}$ 对所有 n 成立?"对这个问题,人们倾向于否定. Mahler 证明了在每对相邻整数中至多存在一个 α.

学生:老师,能不能介绍点更初等的等分布问题给我?

老师:这方面的趣味问题很多,例如波兰数学家 H. D. Steinhaus 曾提出的问题.

试构造 n 个这样的实数 $x_1,x_2,\cdots,x_n$,使得 x_1 在 $[0,1]$ 区间内;使 x_1,x_2 中的一个在二等分区间的第一个等分内,另一个在该区间的第二个等分内;使 x_1,x_2,x_3 中的某个在 $[0,1]$ 区间三等分的第一个等分内,其余两个分别在第二、第三两个等分内,依此类推,最后,使 $x_1,x_2,\cdots,x_n$ 这 n 个数中的某个在 $[0,1]$ 区间 n 等分的第一个等分内,其余 $n-1$ 个分别在该区间的另外 $n-1$ 个等分内.

这个数列显然具有往复性,但它的要求更高,$\{n\sqrt{2}\}$ 显然满足不了(可见前 30 个 $\{n\sqrt{2}\}$ 的值),你能

在 $n=10$ 时构造出满足条件的数列吗?

学生:试试看吧!

您看这两个数列是否可以:

$0.95,0.05,0.34,0.74,0.58,0.17,0.45,0.87,0.26,0.66$;

$0.06,0.55,0.77,0.39,0.96,0.28,0.64,0.13,0.88,0.48.$

老师:这两个数列都可以,你能再构造一个 $n=14$ 时满足条件的数列吗?

学生:这只需在第二个数列后面补充上 4 个数就可以得到 $0.06,0.55,0.77,0.39,0.96,0.28,0.64,$ $0.13,0.88,0.48,0.19,0.71,0.35,0.82.$

老师:这个数列很有趣,因为对它进行调整次序后仍然满足要求,即 $0.19,0.96,0.55,0.39,0.77,$ $0.06,0.64,0.28,0.48,0.88,0.13,0.71,0.35,0.82.$

学生:我有一个疑问,这种数列可以无限制地构造下去吗?

老师:不能,波兰数论专家 A. Sincal 曾用初等方法证明了 $n=75$ 时无解,几年以后,另一位数论专家 M. Valmos 证明了满足要求的 n 的最大值为 $n=17$.

学生:能介绍一下这两个证明吗?

老师:A. Sincal 的证明十分简单且又巧妙,不妨介绍一下.用反证法.

假设 $x_1,x_2,\cdots,x_{75}$ 各数能满足规定的条件,则有

$$\frac{7}{35}<x_i<\frac{8}{35},\frac{9}{35}<x_j<\frac{10}{35} \tag{1}$$

其中,$i,j\leqslant 35$.

由此可得

$$\frac{1}{x_j-x_i}+\frac{1}{x_i}<\frac{1}{\frac{9}{35}-\frac{8}{35}}+\frac{1}{\frac{7}{35}}=40$$

且

$$\frac{x_j-x_i}{x_i}+x_j<\frac{\frac{10}{35}-\frac{7}{35}}{\frac{7}{35}}+\frac{10}{35}=\frac{5}{7} \tag{2}$$

设

$$k=\left[35(x_j-x_i)+\frac{5}{7}\right]$$

$$l=-\left[-\frac{(k+\frac{2}{7})x_i}{x_j-x_i}\right]$$

$$m=-\left[-\frac{l}{x_i}\right]$$

($[\cdot]$ 为 Gauss 符号),即

$$35(x_j-x_i)-\frac{2}{7}<k\leqslant 35(x_j-x_i)+\frac{5}{7} \tag{3}$$

$$\frac{(k+\frac{2}{7})x_i}{x_j-x_i}\leqslant l<\frac{(k+\frac{2}{7})x_i}{x_j-x_i}+1 \tag{4}$$

$$\frac{l}{x_i}\leqslant m<\frac{l}{x_i}+1 \tag{5}$$

由(3)和(4)得

$$35x_i < l < \frac{[35(x_j - x_i) + 1]x_i}{x_j - x_i} + 1 = 35x_i + \frac{x_i}{x_j - x_i} + 1$$

再由(5)和(2)得

$$35 < m < 35 + \frac{1}{x_j - x_i} + \frac{1}{x_i} + 1 < 76$$

或

$$36 \leqslant m \leqslant 75$$

由不等式(5)还可推出 $(m-1)x_i < l \leqslant mx_i$,由此

$$[(m-1)x_i] < [mx_i] \tag{6}$$

另一方面,由(5)(4)(1)可知

$$(m-1)x_j \geqslant (\frac{l}{x_i} - 1)x_j = l\frac{x_j}{x_i} - x_j = l + l\frac{x_j - x_i}{x_i} - x_j$$

$$\geqslant l + \frac{(k + \frac{2}{7})x_i}{x_j - x_i} \cdot \frac{x_j - x_i}{x_i} - x_j$$

$$= l + k + \frac{2}{7} - x_j > l + k$$

同理,由(2)得

$$mx_j < (\frac{l}{x_i} + 1)x_j = l\frac{x_j}{x_i} + x_j = l + l\frac{x_j - x_i}{x_i} + x_j$$

$$< l + \left[\frac{(k + \frac{2}{7})x_i}{x_j - x_i} + 1\right]\frac{x_j - x_i}{x_i} + x_j$$

$$= l + k + \frac{2}{7} + \frac{x_j - x_i}{x_i} + x_j < l + k$$

综合以上几个不等式可得

$$l + k < (m-1)x_j < mx_j < l + k + 1$$

由此

$$[(m-1)x_j] = [mx_j] \tag{7}$$

由(6)和(7)得

$$N_{m-1} = [(m-1)x_j] - [(m-1)x_i] > [mx_j] - [mx_i] = N_m \tag{8}$$

由题设的条件以及不等式(6)可知,只要简单地调换一下 $0,1,\cdots,m-2$ 这 $m-1$ 个数的排列次序即可得出 $[(m-1)x_1],[(m-1)x_2],\cdots,[(m-1)x_{m-1}]$ 这个列数.同理 $[mx_1],[mx_2],\cdots,[mx_m]$ 这一数列也可由调换 $0,1,\cdots,m-1$ 的位置而得到.

因为 $i,j \leqslant 35 \leqslant m+1$,所以 N_{m-1} 是 $t \leqslant m$ 时该不等式的解的数目,因此 $N_{m-1} \leqslant N_m$,这与不等式(8)矛盾,这表明 $n = 75$ 时无解.

学生:在我前面给出两个数列时,苦于没有可供遵循的一般性构造方法,明显有硬凑的痕迹,那么是否存在一个有规律性的方法呢?

老师:若随意取一个无理数 α,使 $x_n = n\alpha - [n\alpha]$,看看是否可行.若取 $\alpha = \sqrt{2}$,则由前面的计算知,在 $n = 10$ 时是不满足要求的,于是我们想到具有优良性质的无理数 ω,即黄金分割数

$$\omega = \frac{\sqrt{5} - 1}{2} \approx 0.618$$

对前 10 个 $x_n = n \cdot \frac{\sqrt{5} - 1}{2} - [n \cdot \frac{\sqrt{5} - 1}{2}]$ 计算得到下表:

n	x_n	n	x_n
1	0.618 0	6	0.708 2
2	0.236 1	7	0.326 2
3	0.854 1	8	0.944 3
4	0.472 1	9	0.562 3
5	0.090 2	10	0.180 3

我们列表检验一下：

	2	3	4	5	6	7	8	9	10
0.618 0	2	2	3	4	4	5	5	6	7
0.236 1	1	1	1	2	2	2	2	2	3
0.854 1		3	4	5	6	7	7	8	9
0.472 1			2	3	3	4	4	4	5
0.090 2				1	1	1	1	1	1
0.708 2					5	6	6	7	8
0.326 2						3	3	3	4
0.944 3							8	9	10
0.562 3								5	6
0.180 3									2

表内的数字表示这列数在该区间各种等分中的分布. 表中的数据正确与否很容易校对, 因为只有在栏内数字的数目等于该栏上方标注的数字, 而且同一栏内的数字不同时, 才符合条件.

据计算, 这种令人惊讶的等分布性, 一直到 52 等分才只有三个例外, 并且再稍加观察我们还会发现, x_n 的小数点后第二、三、四位也呈现出惊人的规律性, 小数点后第二位遍历了 0, 1, 2, 3, 4, 5, 6, 7, 8, 9 这 10 个数, 小数点后第三位为 8, 6, 4, 2, 0, 8, 6, 4, 2, 0, 第四位为 0, 1, 1, 1, 2, 2, 2, 3, 3, 3.

学生: 这些是巧和还是有某种规律性? 这些规律都被证明了吗?

老师: 这些都没有被证明, 并且 Steinhaus 还发现了一个有趣的性质.

考虑数偶 $(n, nz - [nz])$, 这里 $z = \dfrac{\sqrt{5}-1}{2}$, 然后将这些数偶按第二个分量 $nz - [nz]$ 从小到大排列, $(n_1, n_1 z - [n_1 z]), (n_2, n_2 z - [n_2 z]), \cdots, (n_m, n_m z - [n_m z])$, 即使 $\{n_i z - [n_i z]\}$ 形成一个增列, 则此时任何相应的相邻两第一分量之差, 即 $n_j - n_{j+1}$, 至多只取三个值.

由前面知, 当 $m = 10$ 时, $n_1 = 5, n_2 = 10, n_3 = 2, n_4 = 7, n_5 = 4, n_6 = 9, n_7 = 1, n_8 = 6, n_9 = 3, n_{10} = 8$, 则 $n_j - n_{j+1}$ 形成的数列为 $5, -8, 5, -3, 5, -8, 5, -3, 5$, 并且在 $n_1, n_2, \cdots, n_m$ 中去掉所有比任意指定的某个数大的数, 或去掉所有比任意指定的某个数小的数, 或去掉任意两个数之间的数时, 上述性质仍然保留. 比如在 $5, 10, 2, 7, 4, 9, 1, 6, 3, 8$ 中去掉 5 和 8 之间的数 6, 7, 余下的数为 $5, 10, 2, 4, 9, 1, 3, 8$, 则 $n_j - n_{j+1}$ 为 $5, -8, 2, 5, -8, 2, 5$.

学生: 今天, 从这道 IMO 试题中我学到了很多知识, 改天我还想就题目 1 的解答中的一个不等式 —— 如果 $p \in \mathbf{N}, q \in \mathbf{N}, p < (4 - \sqrt{2})q$, 那么 $\left| \sqrt{2} - \dfrac{p}{q} \right| > \dfrac{1}{4q^2}$, 请教您.

老师: 这也是 Diophantus 逼近论中的一个重要结论, 咱们下次再谈, 再见!

计算 SOS 方法标准式的一种通用方法

刘保乾

（西藏自治区党委组织部信息管理中心　西藏　拉萨　850000）

关于 SOS 方法的基础知识，请参考文献[1].

我们知道三元代数系统和三角形系统是等价的，对于这两个系统中的对称式，不论是多项式中的基本初等对称式表示，还是三角形中的 s,R,r 表示，都是等价的. 本文的思路是，将一个对称多项式不等式转化成等价的三角形不等式，然后表示成三角形的半周长 s、外接圆半径 R 和内切圆半径 r 的形式，再通过相关恒等式转化成 SOS 方法的标准形式.

先介绍相关恒等式. 在 $\triangle ABC$ 中，有恒等式

$$s=\frac{1}{2}\sqrt{48Rr+12r^2+2Q},R=2r+\frac{1}{4}P \tag{1}$$

其中 $Q=\sum(b-c)^2,P=\sum\cot\frac{A}{2}\frac{(b-c)^2}{s}$.

证明　恒等式（1）的证明很容易. 事实上，恒等式（1）是从文献[2]中的相关恒等式变形得到的.

有了恒等式（1），结合已有的知识和方法，我们就可以得到计算 SOS 标准式的步骤：首先将一个三元对称多项式不等式转化为关于三角形边长的不等式，然后转化成用 s,R,r 表示的形式，接着代入恒等式（1），再变形整理，组合分离出 SOS 的标准形式，最后将所得式子代数化成多项式不等式，从而得到标准式. 大致过程如下：

$$f(x,y,z)\geqslant 0 \Leftrightarrow f_1(s-a,s-b,s-c)\geqslant 0$$
$$\Leftrightarrow f_2(s,R,r)\geqslant 0$$
$$\Leftrightarrow f_3(Q,P)\geqslant 0$$
$$\Leftrightarrow \sum g_{bc}(b-c)^2\geqslant 0$$
$$\Leftrightarrow \sum h_{yz}(y-z)^2\geqslant 0$$

另外，恒等式

$$\sigma_1=x+y+z=s,\sigma_2=xy+yz+zx=r(4R+r),\sigma_3=xyz=r^2s \tag{2}$$

也很关键，它是代数不等式和三角形不等式之间的一个转化接口.

例 1　设 $x,y,z>0$，证明不等式

$$8(xy+xz+yz)^3\geqslant 27xyz(y+z)(z+x)(x+y) \tag{3}$$

证明　不等式（3）即为

$$8\sigma_2^3-27\sigma_2\sigma_3\sigma_1+27\sigma_3^2\geqslant 0$$
$$\Leftrightarrow 8r^3(4R+r)^3-27r^3(4R+r)s^2+27s^2r^4\geqslant 0$$
$$\Leftrightarrow 128R^3+96rR^2+24Rr^2+2r^3-27s^2R\geqslant 0$$
$$\Leftrightarrow 128(2r+\frac{1}{4}P)^3+96r(2r+\frac{1}{4}P)^2+24(2r+\frac{1}{4}P)r^2+$$
$$2r^3-\frac{27}{4}[48(2r+\frac{1}{4}P)r+12r^2+2Q](2r+\frac{1}{4}P)\geqslant 0$$
$$\Leftrightarrow (-216r-27P)Q+2P(P+9r)(8P+63r)\geqslant 0$$

$$\Leftrightarrow (-216r - 27P) \sum (b-c)^2 + 2 \sum \cot \frac{A}{2} \frac{(b-c)^2}{s} (P+9r)(8P+63r) \geqslant 0$$

$$\Leftrightarrow \sum (-216r - 27P)(b-c)^2 + \sum \left\{ 2\cot \frac{A}{2} \frac{(b-c)^2}{s} (P+9r)(8P+63r) \right\} \geqslant 0$$

$$\Leftrightarrow \sum \left\{ (-216r - 27P) + \frac{2}{s} \cot \frac{A}{2} (P+9r)(8P+63r) \right\} (b-c)^2 \geqslant 0$$

$$\Leftrightarrow \frac{1}{2} \frac{1}{\left(\sum x\right)^2} \sum x(32x^3yz + 16x^3y^2 + 16x^3z^2 + 35x^2yz^2 + 35x^2y^2z + 16x^2z^3 +$$

$$16x^2y^3 + 5xy^3z + 5xyz^3 + 8xy^2z^2 - 11y^3z^2 - 11y^2z^3)(y-z)^2 \geqslant 0$$

即

$$S_x = x(32x^3yz + 16x^3y^2 + 16x^3z^2 + 35x^2yz^2 + 35x^2y^2z + 16x^2z^3 +$$

$$16x^2y^3 + 5xy^3z + 5xyz^3 + 8xy^2z^2 - 11y^3z^2 - 11y^2z^3)$$

这可由 SOS 方法的条件 2 证明(具体过程从略).

例 2 设 $x,y,z > 0$,证明不等式

$$(xy^2 + yz^2 + x^2z)(x^2y + y^2z + z^2x) \geqslant (x+y+z)(x^2+y^2+z^2)xyz \tag{4}$$

证明 不等式(4)即为

$$\sigma_3\sigma_1^3 - 6\sigma_2\sigma_3\sigma_1 + \sigma_2^3 + 9\sigma_3^2 \geqslant \sigma_3\sigma_1^3 - 2\sigma_2\sigma_3\sigma_1$$

$$\Leftrightarrow -r^3(-5r + 16R)s^2 + r^3(4R+r)^3 \geqslant 0$$

$$\Leftrightarrow (5r - 16R)s^2 + (4R+r)^3 \geqslant 0$$

$$\Leftrightarrow \frac{1}{4}(-27r - 4P)\left[48\left(2r + \frac{1}{4}P\right)r + 12r^2 + 2Q\right] + (P+9r)^3 \geqslant 0$$

$$\Leftrightarrow (-27r - 4P)Q + 2P(P+9r)(P+6r) \geqslant 0$$

$$\Leftrightarrow \sum (b-c)^2(-27r - 4P) + \sum \frac{2}{s} \cot \frac{A}{2} (b-c)^2(P+9r)(P+6r) \geqslant 0$$

$$\Leftrightarrow \frac{1}{2} \frac{1}{\left(\sum x\right)^2} \sum (2x^3z^2 + 2x^3y^2 + 4x^3yz + 2x^2y^3 +$$

$$2x^2z^3 + xy^2z^2 - 2y^3z^2 - 2y^2z^3)x(y-z)^2 \geqslant 0$$

即

$$S_x = 2x^3z^2 + 2x^3y^2 + 4x^3yz + 2x^2y^3 + 2x^2z^3 + xy^2z^2 - 2y^3z^2 - 2y^2z^3$$

这可由 SOS 方法的条件 2 证明(具体过程从略).

例 3 设 $x,y,z > 0$,证明不等式

$$\frac{(xy+xz+yz)^2(y+z)(z+x)(x+y)}{x+y+z} \geqslant \frac{6}{7}(xy+xz+yz)^3 + \frac{6}{7}x^2y^2z^2 \tag{5}$$

证明 不等式(5)即为

$$-3rs^2 + (2R - 3r)(4R+r)^2 \geqslant 0$$

$$\Leftrightarrow -\frac{3}{4}r\left[48\left(2r + \frac{1}{4}P\right)r + 12r^2 + 2Q\right] + \left(r + \frac{1}{2}P\right)(9r+P)^2 \geqslant 0$$

$$\Leftrightarrow -3rQ + P(P+11r)(9r+P) \geqslant 0$$

$$\Leftrightarrow -3r \sum (b-c)^2 + (P+11r)(9r+P) \sum \cot \frac{A}{2} \frac{(b-c)^2}{s} \geqslant 0$$

$$\Leftrightarrow \frac{1}{7} \frac{1}{\sum x} \sum x(y+z)(y^2z^2 + 2xy^2z + x^2y^2 + x^3y + 2xyz^2 + 6zx^2y + x^3z + x^2z^2)(y-z)^2 \geqslant 0$$

显然成立,故不等式(5)获证.

类似可证

$$(x+y+z)(x^3y^3+y^3z^3+z^3x^3)-(x^2+y^2+z^2)(xy+xz+yz)xyz$$

$$=\frac{1}{2}\frac{1}{\sum x}\sum x[2z^2x^3+2x^3y^2+4x^3yz+2z^3x^2+4x^2yz^2+$$

$$2x^2y^3+4x^2y^2z-y^2z^2(2y+2z+x)](y-z)^2\geqslant 0$$

从而用 SOS 方法的条件 2 证得不等式

$$(x+y+z)(x^3y^3+y^3z^3+z^3x^3)\geqslant(x^2+y^2+z^2)(xy+xz+yz)xyz \tag{6}$$

下面举一个次数稍高的例子.

例 4 设 $x,y,z>0$,证明不等式

$$(xy^3+yz^3+x^3z)(xz^3+x^3y+y^3z)\geqslant(x^2+y^2+z^2)xyz(x^3+y^3+z^3) \tag{7}$$

证明 不等式(7)即为

$$4s^4-(4R+r)(20R-r)s^2+(4R+r)^4\geqslant 0$$

$$\Leftrightarrow 243r^3P-\frac{135}{2}r^2Q+135r^2P^2-30rPQ+Q^2+21P^3r-\frac{5}{2}P^2Q+P^4\geqslant 0$$

$$\Leftrightarrow Q\sum(b-c)^2-\frac{5}{2}(9r+P)(P+3r)\sum(b-c)^2+$$

$$(P+3r)(9r+P)^2\sum\cot\frac{A}{2}\frac{(b-c)^2}{s}\geqslant 0$$

$$\Leftrightarrow\sum\left[Q+\frac{(s-a)(P+3r)(9r+P)^2}{sr}-\frac{5}{2}(9r+P)(P+3r)\right](b-c)^2\geqslant 0$$

$$\Leftrightarrow\frac{1}{2}\frac{1}{(\sum x)^2}x(6x^4y^2z+6x^4yz^2+2x^4y^3+2x^4z^3-3x^3yz^3-$$

$$3x^3y^3z+2x^3z^4+2x^3y^4-6x^3y^2z^2+x^2y^3z^2+x^2y^2z^3+$$

$$x^2yz^4+x^2y^4z+3y^3z^3x-3z^3y^4-3y^3z^4)(y-z)^2\geqslant 0$$

即

$$S_x=x(6x^4y^2z+6x^4yz^2+2x^4y^3+2x^4z^3-3x^3yz^3-$$

$$3x^3y^3z+2x^3z^4+2x^3y^4-6x^3y^2z^2+x^2y^3z^2+$$

$$x^2y^2z^3+x^2yz^4+x^2y^4z+3y^3z^3x-3z^3y^4-3y^3z^4)$$

$$S_y=y(6y^4z^2x+6x^2y^4z+2z^3y^4+2x^3y^4-3x^3y^3z-$$

$$3y^3z^3x+2x^4y^3+2y^3z^4-6x^2y^3z^2+x^2y^2z^3+$$

$$x^3y^2z^2+x^4y^2z+y^2z^4x+3x^3yz^3-3x^3z^4-3x^4z^3)$$

$$S_z=z(6x^2yz^4+6y^2z^4x+2x^3z^4+2y^3z^4-3y^3z^3x-$$

$$3x^3yz^3+2z^3y^4+2x^4z^3-6x^2y^2z^3+x^3y^2z^2+$$

$$x^2y^3z^2+y^4z^2x+x^4yz^2+3x^3y^3z-3x^4y^3-3x^3y^4)$$

故由 SOS 方法的条件 2,要证不等式(7),只需证在 $x\geqslant y\geqslant z$ 的约定下

$$S_y\geqslant 0,S_y+S_x\geqslant 0,S_y+S_z\geqslant 0 \tag{8}$$

成立,但

$$S_y=M+2(y-z)^2x^3y^3+2y^3(y-z)x^4+x(y-z)(x^2y^3z+$$

$$y^2z^4+3x^3yz^2+3x^3y^2z+6xy^4z+3x^2yz^3+3y^4z^2)\geqslant 0$$

$$S_y+S_x=N+3(x-y)^2x^3z^3+2(y-z)^2x^3y^3+$$

$$x(x-y)(5x^3yz^2+3x^3y^2z+2xy^4+2x^2z^4+4y^3z^3)+$$

$$x(y-z)(x^3y^2z+6xy^4z+z^2x^4+4y^3z^3+6y^4z^2)\geqslant 0$$

$$S_y + S_z = T + 2(y-z)^2 x^3 z^3 + (y-z)^2 (x-y)(y^3 z^2 + 2z^2 x^3) +$$
$$2(x-y)^2 y^2 z^4 + 2x^2 (y-z) yz^4 + (y-z)^3 (2x^3 y^2 + y^3 z^2) +$$
$$(y-z)^2 (2x^4 yz + 8x^2 yz^3 + 6x^2 y^2 z^2 + 6x^2 y^3 z + 2x^4 y^2) \geqslant 0$$

其中 M, N, T 是系数全部为正数的多项式,故式(8)成立,从而不等式(7)获证.

例 5 在 $\triangle ABC$ 中,证明 F$-$H 不等式

$$\sum a^2 \geqslant 4\sqrt{3}\Delta + \sum (b-c)^2 \tag{9}$$

其中 Δ 为 $\triangle ABC$ 的面积.

证明 不等式(9)即为

$$-4\sqrt{3}\,sr + 4r(4R+r) \geqslant 0$$
$$\Leftrightarrow 4R + r - \sqrt{3}\,s \geqslant 0$$
$$\Leftrightarrow (4R+r)^2 - 3s^2 \geqslant 0$$
$$\Leftrightarrow (9r+P)^2 - 36(2r + \frac{1}{4}P)r - 9r^2 - \frac{3}{2}Q \geqslant 0$$
$$\Leftrightarrow 18rP + 2P^2 - 3Q \geqslant 0$$
$$\Leftrightarrow (18r + 2P) \sum \cot \frac{A}{2} \frac{(b-c)^2}{s} \geqslant 3 \sum (b-c)^2$$
$$\Leftrightarrow \sum \left(\frac{(18r+2P)(s-a)}{sr} - 3 \right)(b-c)^2 \geqslant 0$$
$$\Leftrightarrow \sum \frac{(b^2 - 2bc + 4ab + 4ac - 5a^2 + c^2)}{(a+c-b)(a+b-c)} (b-c)^2 \geqslant 0$$
$$\Leftrightarrow \sum x(2xz - yz + 2xy)(y-z)^2 \geqslant 0$$

由 SOS 方法的条件 2 易证其成立.

例 6 在 $\triangle ABC$ 中,证明杨学枝不等式

$$(s^2 - 16Rr + 5r^2)(R-r) - r^2(R-2r) \geqslant 0 \tag{10}$$
$$(4R^2 + 4Rr + 3r^2 - s^2)(R-r) - r^2(R-2r) \geqslant 0 \tag{11}$$

证明 由恒等式(1)等易证得(具体过程从略)

$$(s^2 - 16Rr + 5r^2)(R-r) - r^2(R-2r)$$
$$= \frac{1}{8} \sum \left(-4r + 4R - 2 \frac{(s-a)(-3r+4R)}{s} \right)(b-c)^2 \tag{12}$$

故不等式(10)的 SOS 标准式为

$$\sum \left(-4r + 4R - 2 \frac{(s-a)(-3r+4R)}{s} \right)(b-c)^2 \geqslant 0$$
$$\Leftrightarrow \sum \left(-x^3(y+z) + 2zx^2 y + (y+z)(z^2 - 3yz + y^2)x + y(y+z)^2 z \right)(y-z)^2 \geqslant 0$$

即

$$S_x = -x^3(y+z) + 2zx^2 y + (y+z)(z^2 - 3yz + y^2)x + y(y+z)^2 z$$
$$S_y = -y^3(z+x) + 2xy^2 z + (z+x)(x^2 - 3xz + z^2)y + z(z+x)^2 x$$
$$S_z = -z^3(x+y) + 2xyz^2 + (x+y)(y^2 - 3xy + x^2)z + x(x+y)^2 y$$

由 SOS 方法的条件 2,要证不等式(10),只需证在 $x \geqslant y \geqslant z$ 的约定下

$$S_y \geqslant 0, S_y + S_x \geqslant 0, S_y + S_z \geqslant 0$$

成立即可,而

$$S_y \geqslant 0 \Leftrightarrow z^3(x+y) + (x-y)^2 x(y+z) + (x-y)(2xy^2 + 2z^2 x + y^2 z) \geqslant 0$$

$$S_y + S_x \geqslant 0 \Leftrightarrow 2xz^3 + 2yz^3 + 2(x-y)^2z^2 \geqslant 0$$

$$S_y + S_z \geqslant 0 \Leftrightarrow x(2x^2y + 2x^2z) + 2(y-z)^2x^2 \geqslant 0$$

显然成立,故不等式(10)获证.同理由恒等式(1)等可证

$$(4R^2 + 4Rr + 3r^2 - s^2)(R-r) - r^2(R-2r)$$

$$= \frac{1}{4}\sum(b-c)^2\left(\frac{-6Rr+4R^2+r^2}{r} - 2\frac{4R^2-r^2-4Rr}{h_a}\right) \tag{13}$$

其中 h_a 为 $\triangle ABC$ 对应边上的高线长,故不等式(11)的 SOS 标准式为

$$\sum(b-c)^2\left(\frac{-6Rr+4R^2+r^2}{r} - 2\frac{4R^2-r^2-4Rr}{h_a}\right) \geqslant 0$$

$$\Leftrightarrow \sum x(y-z)^2[(y+z)^2x^4 + 2(y+z)(y^2-yz+z^2)x^3 +$$

$$(-2y^3z+y^4-2yz^3-2y^2z^2+z^4)x^2 +$$

$$2y^2z^2(y+z)x - y^2z^2(y+z)^2] \geqslant 0$$

即 S_x, S_y, S_z 的表达式已求得.由 SOS 方法的条件 2,要证不等式(11),只需证在 $x \geqslant y \geqslant z$ 的约定下 $S_y \geqslant 0, S_y + S_x \geqslant 0, S_y + S_z \geqslant 0$ 成立即可,但此时

$$S_y = y^2(z^4 + 2yz^3) + z^2y^4 + (y-z)^2(x^4 + x^2y^2 + 2x^3y + 2x^3z) +$$

$$x(y-z)(xz^3 + 2x^3z + 2y^2z^2 + 3x^2z^2 + 2xy^2z) +$$

$$(x-y)(y-z)z^2x^2 + 2(y-z)xy^3z \geqslant 0$$

$$S_y + S_x = x(xy^4 + x^2y^3 + 2x^3y^2) + 2zxy^4 + 2z^2xy^3 + (y-z)^2(x^2y^2 + 3x^3y) +$$

$$x(x-y)(5xyz^2 + 2zx^2y) + 6(y-z)x^3yz \geqslant 0$$

$$S_y + S_z = y^2(2z^4 + 4yz^3) + 2z^2y^4 + (y-z)^2(2xyz^2 + 2xy^2z + 2zx^2y) \geqslant 0$$

显然成立,故不等式(11)获证.

下面介绍根式型不等式的例子.

例 7 在 $\triangle ABC$ 中,试写出褚小光－杨学枝不等式

$$4s^2 - 16Rr + 5r^2 \geqslant (m_a + m_b + m_c)^2 \tag{14}$$

的 SOS 标准式,在式(14)中,m_a, m_b, m_c 为 $\triangle ABC$ 的中线长.

解 注意有恒等式

$$\sum m_a^2 = \frac{3}{4}\sum a^2$$

$$\sum a^2 = 2s^2 - 2r(4R+r)$$

$$m_a = \frac{1}{2}\sqrt{2(b^2+c^2) - a^2}$$

故不等式(14)即为

$$\frac{5}{4}s^2 - \frac{1}{4}r(-13r+20R) \geqslant \sum m_b m_c$$

$$\Leftrightarrow \sum(m_b - m_c)^2 \geqslant \frac{1}{2}s^2 - \frac{1}{2}r(4R+19r)$$

$$\Leftrightarrow \sum\left(\frac{m_b^2 - m_c^2}{m_b + m_c}\right)^2 \geqslant \frac{1}{2}s^2 - \frac{1}{2}r(4R+19r)$$

$$\Leftrightarrow \sum\frac{(b+c)^2}{(m_b+m_c)^2}(b-c)^2 \geqslant \frac{8}{9}s^2 - \frac{8}{9}r(4R+19r)$$

$$\Leftrightarrow \sum\frac{(b+c)^2}{(m_b+m_c)^2}(b-c)^2 \geqslant \frac{16}{9}rP + \frac{4}{9}Q$$

$$\Leftrightarrow \sum \frac{(b+c)^2}{(m_b+m_c)^2}(b-c)^2 \geqslant \frac{16}{9}r \sum \cot \frac{A}{2} \frac{(b-c)^2}{s} + \frac{4}{9} \sum (b-c)^2$$

$$\Leftrightarrow \sum \left[\left(\frac{b+c}{m_b+m_c}\right)^2 - \frac{4}{9} - \frac{16}{9}\frac{s-a}{s}\right](b-c)^2 \geqslant 0$$

这就是不等式(14)的 SOS 标准式. 至于如何用这个标准式证明不等式(14)还需要进一步探讨.

例 8 在 $\triangle ABC$ 中,试写出不等式[3]

$$s^2 + (18\sqrt{3} - 27)r^2 \geqslant \sum am_a \tag{15}$$

的 SOS 标准式.

解 注意有恒等式

$$\frac{\sqrt{3}}{6} \sum a^2 - \frac{1}{3}(m_a - \frac{\sqrt{3}}{2}a)^2 \sqrt{3} = am_a$$

$$2(x-y)^2 + 2(x-z)^2 - (y-z)^2 = (y+z-2x)^2$$

故不等式(15)即为

$$s^2 + (18\sqrt{3} - 27)r^2 \geqslant \sum \left[\frac{\sqrt{3}}{6} \sum a^2 - \frac{1}{3}(m_a - \frac{\sqrt{3}}{2}a)^2 \sqrt{3}\right]$$

$$\Leftrightarrow s^2 + (18\sqrt{3} - 27)r^2 \geqslant \frac{\sqrt{3}}{2} \sum a^2 - \frac{\sqrt{3}}{3} \sum (m_a - \frac{\sqrt{3}}{2}a)^2$$

$$\Leftrightarrow \sum (m_a - \frac{\sqrt{3}}{2}a)^2 \geqslant (3-\sqrt{3})s^2 + 3(-19r + 9\sqrt{3}r - 4R)r$$

$$\Leftrightarrow \sum \frac{(b^2+c^2-2a^2)^2}{(2\sqrt{3}m_a + 3a)^2} \geqslant \frac{1}{6}(2-\sqrt{3})[6rP + (3+\sqrt{3})Q]$$

$$\Leftrightarrow \sum \frac{2(a^2-b^2)^2 + 2(a^2-c^2)^2 - (b^2-c^2)^2}{(2\sqrt{3}m_a + 3a)^2} \geqslant \frac{1}{6}(2-\sqrt{3})[6rP + (3+\sqrt{3})Q]$$

$$\Leftrightarrow \sum \left[-\frac{(b+c)^2}{(2\sqrt{3}m_a+3a)^2} + \frac{2(b+c)^2}{(2\sqrt{3}m_b+3b)^2} + \frac{2(b+c)^2}{(2\sqrt{3}m_c+3c)^2}\right](b-c)^2$$

$$\geqslant \frac{1}{6}(2-\sqrt{3})\left[6r \sum \cot \frac{A}{2} \frac{(b-c)^2}{s} + (3+\sqrt{3}) \sum (b-c)^2\right]$$

$$\Leftrightarrow \sum \left[-\frac{(b+c)^2}{(2\sqrt{3}m_a+3a)^2} + \frac{2(b+c)^2}{(2\sqrt{3}m_b+3b)^2} + \frac{2(b+c)^2}{(2\sqrt{3}m_c+3c)^2} + \right.$$

$$\left. \frac{1}{6}(-2+\sqrt{3})(9+\sqrt{3}-6\frac{a}{s})\right](b-c)^2 \geqslant 0$$

这就是不等式(15)的 SOS 标准式. 是否由此可证不等式(15)还需要进一步探讨.

本文介绍的方法优点是比较通用,适用性较广,缺点是升高了次数,故得到的 SOS 标准形式可能较繁.

参考文献

[1] 范建熊. 不等式的秘密(第二卷):高级不等式[M]. 隋振林,译. 哈尔滨:哈尔滨工业大学出版社, 2014.

[2] 刘保乾. J. G. Gerretsen 不等式的等价形式及其应用[J]. 西藏大学学报,1995,10(3):74-78.

[3] 尹华焱. 100 个涉及三角形 Ceva 线、旁切圆半径的不等式猜想[C]// 杨学枝. 不等式研究:第 1 辑. 拉萨:西藏人民出版社,2000.

一个多重根式不等式的再加强

李 明

(中国医科大学公共基础学院数学教研室 辽宁 沈阳 110122)

摘 要:本文提出了一个多重根式不等式的再加强猜测,并应用数学归纳法证实了该猜测.

关键词:多重根式 不等式 正项等差数列 数学归纳法

文献[1]中收录了如下一个多重根式不等式

$$\sqrt{k\sqrt{(k+1)\cdots\sqrt{n}}} < k+1 \tag{1}$$

其中,$2 \leqslant k \leqslant n-1$.

文献[2]从方根次数和被开方数列两个角度同时推广了式(1),得到了如下不等式

$$\sqrt[m]{a_1\sqrt[m]{a_2\cdots\sqrt[m]{a_n}}} < 1 + \frac{(a_1-1)(m-2)+(a_2-1)}{(m-1)^2} \tag{2}$$

其中,$2 \leqslant n, m \in \mathbf{N}$,$\{a_n\}$ 是单调递增的正项等差数列且满足末项 $a_n > 1$.

文献[3]将式(2)加强为如下更为简洁的不等式

$$\sqrt[m]{a_1\sqrt[m]{a_2\cdots\sqrt[m]{a_n}}} < (a_1 + \frac{d}{m-1})^{\frac{1}{m-1}} \tag{3}$$

其中,$2 \leqslant n, m \in \mathbf{N}$,$\{a_n\}$ 是正项等差数列且满足公差 $d \geqslant 0$ 和末项 $a_n > 1$.

笔者为了进一步加强式(3),便尝试将式(3)的右端适当缩小.为此,对右端进行恒等变形并应用加权算术 — 几何不等式得

$$(a_1 + \frac{d}{m-1})^{\frac{1}{m-1}} = (a_1 + \frac{a_2-a_1}{m-1})^{\frac{1}{m-1}} = (\frac{m-2}{m-1} \cdot a_1 + \frac{1}{m-1} \cdot a_2)^{\frac{1}{m-1}}$$

$$\geqslant (a_1^{\frac{m-2}{m-1}} \cdot a_2^{\frac{1}{m-1}})^{\frac{1}{m-1}} = (a_1^{m-2} \cdot a_2)^{\frac{1}{(m-1)^2}}$$

于是,笔者得到了式(3)的加强式猜测如下.

猜测 已知 $2 \leqslant n, m \in \mathbf{N}$,$\{a_n\}$ 是正项等差数列且满足公差 $d \geqslant 0$ 和末项 $a_n > 1$,则有

$$\sqrt[m]{a_1\sqrt[m]{a_2\cdots\sqrt[m]{a_n}}} < (a_1^{m-2} \cdot a_2)^{\frac{1}{(m-1)^2}} \tag{4}$$

下面用数学归纳法来证实式(4).

证明 记 $x_k = \sqrt[m]{a_k\sqrt[m]{a_{k+1}\cdots\sqrt[m]{a_n}}}$ $(1 \leqslant k \leqslant n)$.

当 $k = n$ 时,欲证 $x_n < (a_n^{m-2} \cdot a_{n+1})^{\frac{1}{(m-1)^2}}$,即证 $\sqrt[m]{a_n} < (a_n^{m-2} \cdot a_{n+1})^{\frac{1}{(m-1)^2}}$,化简即证 $a_n < a_{n+1}^m$. 由于 $m \geqslant 2$ 且 $a_{n+1} \geqslant a_n > 1$,于是 $a_{n+1}^m = a_{n+1}^{m-1} \cdot a_{n+1} > a_{n+1} \geqslant a_n$. 所以,$x_n < (a_n^{m-2} \cdot a_{n+1})^{\frac{1}{(m-1)^2}}$ 成立.

当 k 是 $[2, n]$ 内的某个整数时,假设 $x_k < (a_k^{m-2} \cdot a_{k+1})^{\frac{1}{(m-1)^2}}$. 于是

$$x_{k-1} = \sqrt[m]{a_{k-1}x_k} < \sqrt[m]{a_{k-1} \cdot (a_k^{m-2} \cdot a_{k+1})^{\frac{1}{(m-1)^2}}}$$

于是,欲证 $x_{k-1} < (a_{k-1}^{m-2} \cdot a_k)^{\frac{1}{(m-1)^2}}$,只需证

$$\sqrt[m]{a_{k-1} \cdot (a_k^{m-2} \cdot a_{k+1})^{\frac{1}{(m-1)^2}}} \leqslant (a_{k-1}^{m-2} \cdot a_k)^{\frac{1}{(m-1)^2}}$$

化简即证 $\sqrt{a_{k-1}a_{k+1}} \leqslant a_k$,对右侧应用二元算术 — 几何平均不等式放大后显然成立.

综上,由数学归纳法知式(4)成立,即猜测得证.

值得一提的是,在式(4)中令 $m=3$ 可得到如下优美的多重根式不等式特例

$$\sqrt[3]{a_1\sqrt[3]{a_2\cdots\sqrt[3]{a_n}}} < \sqrt[4]{a_1a_2} \tag{5}$$

其中,已知 $2 \leqslant n \in \mathbf{N}$,$\{a_n\}$ 是单调递增的正项等差数列且满足末项 $a_n > 1$.

在式(5)中取 $\{a_n\}$ 为 $\{2,3,4,\cdots,2\,021\}$,可得到如下涉及具体数据的多重根式不等式

$$\sqrt[3]{2\cdot\sqrt[3]{3\cdot\sqrt[3]{4\cdots\sqrt[3]{2\,021}}}} < \sqrt[4]{6} \tag{6}$$

运用数学软件可算得式(6)左侧 $\sqrt[3]{2\cdot\sqrt[3]{3\cdot\sqrt[3]{4\cdots\sqrt[3]{2\,021}}}} \approx 1.546\,26$,而右侧 $\sqrt[4]{6} \approx 1.565\,08$.所以,用右侧的根式作为左侧多重根式的近似值,相对误差约为 1.2%.不等式(6)可谓简洁优美且有一定的强度.

参考文献

[1] 匡继昌.常用不等式[M].4 版.济南:山东科学技术出版社,2010.

[2] 李明,韩安静,严文兰.一个多重根式不等式的推广[J].数学空间,2012(11):22.

[2] 李明.一个多重根式不等式的加强[J].数学空间,2013(2):34-35.

作者简介

李明(1981—   ),男,讲师,硕士,沈阳市数学会理事,全国不等式研究会理事,全国初等数学研究会副秘书长.2006 年以来在中国数学会会刊《数学的实践与认识》《数学通报》等期刊发表数学论文 62 篇(其中 1 篇论文被美国《数学评论》检索,4 篇论文被《中国数学文摘》检索),2015 年指导学生获第六届世界数学团体锦标赛少年组团体赛冠军,2016 年指导学生获第七届世界数学团体锦标赛少年组个人赛第一名.研究方向:不等式、数学文化.

Carfunkel 不等式的一个加强

何 灯

(福建省福清第三中学 福建 福清 350315)

Carfunkel 不等式[1] 建立于 1985 年,其形如

$$\frac{2}{\sqrt{3}} \sum \sin A \leqslant \sum \cos \frac{B-C}{2} \leqslant \frac{2}{\sqrt{3}} \sum \cos \frac{A}{2} \tag{1}$$

其中 A,B,C 为 $\triangle ABC$ 的三个内角.

在 $\triangle ABC$ 中,易证

$$\sum \sin A \leqslant \frac{3\sqrt{3}}{2},\sum \cos \frac{B-C}{2} \leqslant 3,\sum \cos \frac{A}{2} \leqslant \frac{3\sqrt{3}}{2}$$

故式(1)可改写为

$$\frac{2}{\sqrt{3}}\left(\frac{3\sqrt{3}}{2} - \sum \cos \frac{A}{2}\right) \leqslant 3 - \sum \cos \frac{B-C}{2} \leqslant \frac{2}{\sqrt{3}}\left(\frac{3\sqrt{3}}{2} - \sum \sin A\right) \tag{2}$$

笔者发现式(2)中的系数 $\frac{2}{\sqrt{3}}$ 可以改进,经探究得 Carfunkel 不等式的如下加强不等式链.

定理 在 $\triangle ABC$ 中,有 $3\left(\frac{3\sqrt{3}}{2} - \sum \cos \frac{A}{2}\right) \leqslant 3 - \sum \cos \frac{B-C}{2} \leqslant \frac{3\sqrt{3}}{2} - \sum \sin A.$

首先介绍几个引理.

引理 1[2] 设 $\triangle ABC$ 的外接圆半径、内切圆半径及半周长分别为 R,r,s(下同),则有

$$\sum \cos B \cos C = \frac{s^2 - 4R^2 + r^2}{4R^2}, \sum \sin B \sin C = \frac{s^2 + 4Rr + r^2}{4R^2}$$

引理 2 在 $\triangle ABC$ 中,有

$$R \geqslant 2r(\text{Euler 不等式}), 16Rr - 5r^2 \leqslant s^2 \leqslant 4R^2 + 4Rr + 3r^2 (\text{Gerrestsen 不等式})$$

引理 3[3] 在非钝角 $\triangle ABC$ 中,有 $s^2 \geqslant 4R^2 + (2 - 2\sqrt{2})Rr + (7 + 4\sqrt{2})r^2.$

引理 4 在 $\triangle ABC$ 中,有 $\sum \sin 2A = \frac{2sr}{R^2}.$

证明

$$\sum \sin 2A = 2 \sum \sin A \cos A = \sum \left(\frac{a}{R} \cdot \frac{b^2 + c^2 - a^2}{2bc}\right) = \frac{2 \sum a^2 b^2 - \sum a^4}{2Rabc}$$

$$= \frac{16[s(s-a)(s-b)(s-c)]}{2R(4Rrs)} = \frac{16(rs)^2}{8R^2 rs} = \frac{2sr}{R^2}$$

定理的证明 作角变换 $\frac{A}{2} \rightarrow \frac{\pi}{2} - A, \frac{B}{2} \rightarrow \frac{\pi}{2} - B, \frac{C}{2} \rightarrow \frac{\pi}{2} - C,$则原不等式等价于在锐角三角形中有

$$3\left(\frac{3\sqrt{3}}{2} - \sum \sin A\right) \leqslant 3 - \sum \cos(B-C) \leqslant \frac{3\sqrt{3}}{2} - \sum \sin 2A \tag{3}$$

注意到 $\sum \sin A = \frac{s}{R},$由引理 1 得

$$\sum \cos(B-C) = \frac{s^2 - 4R^2 + r^2}{4R^2} + \frac{s^2 + 4Rr + r^2}{4R^2} = \frac{s^2 - 2R^2 + 2Rr + r^2}{2R^2}$$

故式(3)左边的不等式等价于

$$3(\frac{3\sqrt{3}}{2} - \frac{s}{R}) \leqslant 3 - \frac{s^2 - 2R^2 + 2Rr + r^2}{2R^2}$$

等价于证明

$$f_1(s) = -s^2 + 6Rs + (8 - 9\sqrt{3})R^2 - 2Rr - r^2 \geqslant 0$$

$f_1(s)$ 是关于 s 的一元二次函数,其图像为开口向下的抛物线的一部分,对称轴为 $s = 3R$. 记区间 $E = [\sqrt{4R^2 + (2 - 2\sqrt{2})Rr + (7 + 4\sqrt{2})r^2}, \sqrt{4R^2 + 4Rr + 3r^2}]$,由引理 2 及引理 3 得 $s \in E$,由 Euler 不等式易证 $\sqrt{4R^2 + 4Rr + 3r^2} < 3R$,故 $f_1(s)$ 关于 s 在区间 E 上单调递增,从而

$$f_1(s) \geqslant f_1(\sqrt{4R^2 + (2 - 2\sqrt{2})Rr + (7 + 4\sqrt{2})r^2})$$
$$= r^2 \{6(\frac{R}{r})\sqrt{4(\frac{R}{r})^2 + (2 - 2\sqrt{2})(\frac{R}{r}) + (7 + 4\sqrt{2})} -$$
$$[(9\sqrt{3} - 4)(\frac{R}{r})^2 + (4 - 2\sqrt{2})(\frac{R}{r}) + (8 + 4\sqrt{2})]\}$$

令 $x = \frac{R}{r}(x \geqslant 2)$,故只需证明

$$[6x\sqrt{4x^2 + (2 - 2\sqrt{2})x + (7 + 4\sqrt{2})}]^2 \geqslant [(9\sqrt{3} - 4)x^2 + (4 - 2\sqrt{2})x + (8 + 4\sqrt{2})]^2$$

经整理,等价于证明 $(x - 2)(D_1 x^3 + D_2 x^2 + D_3 x + 111\,696 + 74\,464\sqrt{2}) \geqslant 0$,其中

$$D_1 = 167\,544\sqrt{3} - 267\,605 > 20\,000, D_3 = 93\,080 + 37\,232\sqrt{2} > 140\,000$$
$$D_2 = -293\,202 + 83\,772\sqrt{6} + 167\,544\sqrt{3} - 204\,776\sqrt{2} > -100\,000$$

注意到

$$D_1 x^3 + D_2 x^2 + D_3 x + 111\,696 + 74\,464\sqrt{2} > 20\,000x(x^2 - 5x + 7) \geqslant 20\,000x(2\sqrt{7}x - 5x) > 0$$

故 $f_1(s) \geqslant f_1(\sqrt{4R^2 + (2 - 2\sqrt{2})Rr + (7 + 4\sqrt{2})r^2}) \geqslant 0$,从而式(3)左边的不等式成立.

由引理 4 得式(3)右边的不等式等价于

$$3 - \frac{s^2 - 2R^2 + 2Rr + r^2}{2R^2} \leqslant \frac{3\sqrt{3}}{2} - \frac{2sr}{R^2}$$

等价于证明

$$f_2(s) = s^2 - 4rs - (8 - 3\sqrt{3})R^2 + 2Rr + r^2 \geqslant 0$$

$f_2(s)$ 是关于 s 的一元二次函数,其图像为开口向上的抛物线的一部分,对称轴为 $s = 2r$,易证

$$2r \leqslant \sqrt{4R^2 + (2 - 2\sqrt{2})Rr + (7 + 4\sqrt{2})r^2}$$

故 $f_2(s)$ 关于 s 在区间 E 上单调递增,从而

$$f_2(s) \geqslant f_2(\sqrt{4R^2 + (2 - 2\sqrt{2})Rr + (7 + 4\sqrt{2})r^2})$$
$$= r^2 \{[(3\sqrt{3} - 4)(\frac{R}{r})^2 + (4 - 2\sqrt{2})(\frac{R}{r}) + (8 + 4\sqrt{2})] -$$
$$4\sqrt{4(\frac{R}{r})^2 + (2 - 2\sqrt{2})(\frac{R}{r}) + (7 + 4\sqrt{2})}\}$$

令 $x = \frac{R}{r}(x \geqslant 2)$,故只需证明

$$[(3\sqrt{3} - 4)x^2 + (4 - 2\sqrt{2})x + (8 + 4\sqrt{2})]^2 \geqslant 16[4x^2 + (2 - 2\sqrt{2})x + (7 + 4\sqrt{2})]$$

经整理,等价于证明 $(x - 2)(D_4 x^3 + D_5 x^2 + D_6 x + 968) \geqslant 0$,其中

$$D_4 = 5\ 203 - 2\ 904\sqrt{3} > 170$$

$$D_5 = 6\ 534 - 1\ 452\sqrt{6} - 2\ 904\sqrt{3} + 1\ 936\sqrt{2} > 660$$

$$D_6 = -1\ 936\sqrt{2} + 484 > -2\ 300$$

注意到

$$D_4 x^3 + D_5 x^2 + D_6 x + 968 > 170x^3 + 660x^2 - 2\ 300x + 900 \geqslant 100(10x^2 - 23x + 9) > 0$$

故 $f_2(s) \geqslant f_2(\sqrt{4R^2 + (2-2\sqrt{2})Rr + (7+4\sqrt{2})r^2}) \geqslant 0$,从而式(3)右边的不等式成立.

综上,定理得证.

参考文献

[1] 匡继昌. 常用不等式[M]. 4 版. 济南:山东科学技术出版社,2010.

[2] 韩京俊. 初等不等式的证明方法[M]. 哈尔滨:哈尔滨工业大学出版社,2011.

[3] 杨学枝. 一个非钝角三角形不等式[J]. 中学数学(湖北),1996(4):30-32.

作者简介

何灯(1984—),男,全国初等数学研究会理事,全国不等式研究会常务理事,福建省初等数学学会理事,现任教于福建省福清第三中学. 他的主要研究方向为初等数学(高考、竞赛),解析不等式及不等式的机器证明. 他在各类中学期刊和大学学报上公开发表论文 100 余篇,其中 2 篇文章发表于国外不等式期刊 *Journal of Inequalities and Applications*(SCI 收录),4 篇文章发表于国内核心期刊,撰写的不等式论文曾获得福建省第十一届初等数学研究暨中小学数学家教育教学学术交流会论文评比一等奖,全国初等数学研究会第十届学术研讨会暨广东省初等数学学会一届三次学术研讨会论文评选一等奖.

两个几何不等式的证明

褚小光

（文武光华数学工作室　江苏　苏州　215128）

Erdös-Mordell 不等式　设 P 是 $\triangle ABC$ 内一点，作 $PD \perp BC$，$PE \perp CA$，$PF \perp AB$，D，E，F 分别为垂足．求证

$$PA + PB + PC \geqslant 2(PD + PE + PF) \tag{1}$$

本文给出了式（1）的一个平行结论和一个加强．在开始得到了

$$PA + PB + PC \geqslant PD(1 + \cos B + \cos C) + PE(1 + \cos C + \cos A) + PF(1 + \cos A + \cos B) \tag{2}$$

下面给出式（2）的加强：

命题 1　设 P 是 $\triangle ABC$ 内任意一点，作 $PD \perp BC$，$PE \perp CA$，$PF \perp AB$，D，E，F 分别为垂足．求证

$$PA + PB + PC \geqslant PD\left(1 + 2\sin\frac{A}{2}\right) + PE\left(1 + 2\sin\frac{B}{2}\right) + PF\left(1 + 2\sin\frac{C}{2}\right) \tag{3}$$

证明　在圆内接四边形 $AEPF$ 和 $\triangle PEF$ 中，由正弦定理与余弦定理，得

$$
\begin{aligned}
PA^2 &= \frac{EF^2}{\sin^2 A} = \frac{PE^2 + PF^2 + 2PE \cdot PF \cos A}{\sin^2 A} \\
&= \frac{(PE + PF)^2 \cos^2\dfrac{A}{2} + (PE - PF)^2 \sin^2\dfrac{A}{2}}{\sin^2 A} \\
&\geqslant \frac{(PE + PF)^2 \cos^2\dfrac{A}{2}}{\sin^2 A} = \frac{(PE + PF)^2}{4\sin^2\dfrac{A}{2}}
\end{aligned}
$$

故得

$$PA \geqslant \frac{PE + PF}{2\sin\dfrac{A}{2}} \tag{4}$$

同理可得

$$PB \geqslant \frac{PF + PD}{2\sin\dfrac{B}{2}} \tag{4'}$$

$$PC \geqslant \frac{PD + PE}{2\sin\dfrac{C}{2}} \tag{4''}$$

因为

$$2 \geqslant \cos\frac{C - A}{2} + \cos\frac{A - B}{2} = \sin\frac{B}{2} + \sin\frac{C}{2} + 2\sin\frac{A}{2}\left(\sin\frac{B}{2} + \sin\frac{C}{2}\right)$$

据此，由 Cauchy 不等式得

$$\frac{1}{2\sin\dfrac{B}{2}} + \frac{1}{2\sin\dfrac{C}{2}} \geqslant \frac{2}{\sin\dfrac{B}{2} + \sin\dfrac{C}{2}} \geqslant 1 + 2\sin\frac{A}{2}$$

因此

$$PA + PB + PC \geqslant \frac{PE + PF}{2\sin\frac{A}{2}} + \frac{PF + PD}{2\sin\frac{B}{2}} + \frac{PD + PE}{2\sin\frac{C}{2}}$$

$$= \frac{PD}{2}\left(\frac{1}{\sin\frac{B}{2}} + \frac{1}{\sin\frac{C}{2}}\right) + \frac{PE}{2}\left(\frac{1}{\sin\frac{C}{2}} + \frac{1}{\sin\frac{A}{2}}\right) + \frac{PF}{2}\left(\frac{1}{\sin\frac{A}{2}} + \frac{1}{\sin\frac{B}{2}}\right)$$

$$\geqslant PD\left(1 + 2\sin\frac{A}{2}\right) + PE\left(1 + 2\sin\frac{B}{2}\right) + PF\left(1 + 2\sin\frac{C}{2}\right)$$

从而命题 1 得证.

设 h_a, h_b, h_c 分别是 $\triangle ABC$ 对应边上的高线长, Δ, R 分别表示 $\triangle ABC$ 的面积和外接圆半径. 记 $BC = a, CA = b, AB = c$. 则

$$aPD + bPE + cPF = 2\Delta \Leftrightarrow \frac{PD}{h_a} + \frac{PE}{h_b} + \frac{PF}{h_c} = 1$$

由 Cauchy 不等式, 得

$$\left(\frac{PD}{h_a} + \frac{PE}{h_b} + \frac{PF}{h_c}\right)(h_a PD + h_b PE + h_c PF) \geqslant (PD + PE + PF)^2$$

下面给出式(1)的加强:

命题 2 设 P 是 $\triangle ABC$ 内一点, 作 $PD \perp BC, PE \perp CA, PF \perp AB, D, E, F$ 分别为垂足. 求证

$$(PA + PB + PC)^2 \geqslant 4(h_a PD + h_b PE + h_c PF) \tag{5}$$

证明 设 $x = \frac{PD}{h_a}, y = \frac{PE}{h_b}, z = \frac{PF}{h_c}$, 则

$$\frac{PD}{h_a} + \frac{PE}{h_b} + \frac{PF}{h_c} = 1 \Leftrightarrow x + y + z = 1$$

$$bcx = 2RPD, cay = 2RPE, abz = 2RPF$$

在圆 $PEAF$ 和 $\triangle PEF$ 中, PA 为圆 $PEAF$ 的直径, 由余弦定理和正弦定理, 得

$$PA^2 = \frac{EF^2}{\sin^2 A} = \frac{PE^2 + PF^2 + 2PE \cdot PF\cos A}{\sin^2 A}$$

$$= \frac{(PE\sin C + PF\sin B)^2 + (PE\cos C - PF\cos B)^2}{\sin^2 A}$$

$$\geqslant \frac{(PE\sin C + PF\sin B)^2}{\sin^2 A} = \frac{(cPE + bPF)^2}{a^2} = \left(\frac{c^2 y + b^2 z}{2R}\right)^2$$

故得

$$PA \geqslant \frac{c^2 y + b^2 z}{2R} \tag{6}$$

同理有

$$PB \geqslant \frac{a^2 z + c^2 x}{2R} \tag{6'}$$

$$PC \geqslant \frac{b^2 x + a^2 y}{2R} \tag{6''}$$

据此只需证

$$\left(\frac{c^2 y + b^2 z}{2R} + \frac{a^2 z + c^2 x}{2R} + \frac{b^2 x + a^2 y}{2R}\right)^2 \geqslant 4(h_a PD + h_b PE + h_c PF)$$

因为 $\frac{b^2 c^2}{4R^2}x = h_a PD, \frac{c^2 a^2}{4R^2}y = h_b PE, \frac{a^2 b^2}{4R^2}z = h_c PF$, 上式等价于

$$(c^2 y + b^2 z + a^2 z + c^2 x + b^2 x + a^2 y)^2 \geqslant 4(x + y + z)(b^2 c^2 x + c^2 a^2 y + a^2 b^2 z) \tag{7}$$

由 Cauchy 不等式, 得

$$c^2 y + b^2 z + a^2 z + c^2 x + b^2 x + a^2 y + \frac{yz}{x}a^2 + \frac{zx}{y}b^2 + \frac{xy}{z}c^2$$

$$= \left(\sqrt{\frac{yz}{x}} + \sqrt{\frac{zx}{y}} + \sqrt{\frac{xy}{z}} \right) \left(\sqrt{\frac{yz}{x}}a^2 + \sqrt{\frac{zx}{y}}b^2 + \sqrt{\frac{xy}{z}}c^2 \right)$$

$$= \sqrt{\left(\sqrt{\frac{yz}{x}} + \sqrt{\frac{zx}{y}} + \sqrt{\frac{xy}{z}} \right)^2 \left(\sqrt{\frac{yz}{x}}a^2 + \sqrt{\frac{zx}{y}}b^2 + \sqrt{\frac{xy}{z}}c^2 \right)^2}$$

$$= \sqrt{\left[\frac{yz}{x} + \frac{zx}{y} + \frac{xy}{z} + 2(x + y + z) \right] \left[\frac{yz}{x}a^4 + \frac{zx}{y}b^4 + \frac{xy}{z}c^4 + 2(b^2 c^2 x + c^2 a^2 y + a^2 b^2 z) \right]}$$

$$\geqslant \frac{yz}{x}a^2 + \frac{zx}{y}b^2 + \frac{xy}{z}c^2 + 2\sqrt{(x + y + z)(b^2 c^2 x + c^2 a^2 y + a^2 b^2 z)}$$

上式整理得

$$a^2(y + z) + b^2(z + x) + c^2(x + y) \geqslant 2\sqrt{(x + y + z)(b^2 c^2 x + c^2 a^2 y + a^2 b^2 z)}$$

上式两边平方即得式(7). 从而命题 2 得证.

一 道 不 等 式 猜 想 的 证 明

邵宏宏[1]　　王凤春[2]

(1.上海市宝山区教育学院数学研究室　上海　201999;

2.上海市宝山区王凤春名师工作室　上海　201999)

叶中豪老师的《平面几何问题思路及探索》中题 1 如下:

如图 1,四条直线 l_1,l_2,l_3,l_4 交于一点 O,在 l_1 上任取一点 A_1,过点 A_1 作 l_4 的平行线,交 l_2 于点 A_2,过点 A_2 作 l_1 的平行线,交 l_3 于点 A_3,过点 A_3 作 l_2 的平行线,交 l_4 于点 A_4,过点 A_4 作 l_3 的平行线,交 l_1 于点 X. 求证: $OX \leqslant \frac{1}{4}OA_1$.

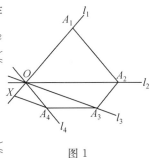

图 1

经萧振纲老师的研究,本题等价于下面的问题.

题目　　如图 2,A,B,C,D 是直线上顺次的四点,求证: $\dfrac{AB \cdot BC \cdot CD}{AD \cdot AC \cdot BD} \leqslant \dfrac{5\sqrt{5}-11}{2}$,当且仅当 B,C 是黄金分割点时等号成立.

证明　　令 $AB=a,BC=b,CD=c,a+b+c=1$,则

$$\frac{AB \cdot BC \cdot CD}{AD \cdot AC \cdot BD} \leqslant \frac{5\sqrt{5}-11}{2} \Leftrightarrow \frac{abc}{(a+b+c)(a+b)(b+c)} \leqslant \frac{5\sqrt{5}-11}{2}$$

图 2

即

$$\frac{(a+b+c)(a+b)(b+c)}{abc} \geqslant \frac{2}{5\sqrt{5}-11} \tag{1}$$

式(1) 左边 $= \dfrac{a}{c} + \dfrac{2b}{c} + \dfrac{a}{b} + \dfrac{c}{b} + \dfrac{2b}{a} + \dfrac{c}{a} + \dfrac{b^2}{ac} + 3$

$= \left(\dfrac{b^2}{ac} + w\dfrac{a}{b} + w\dfrac{c}{b}\right) + \left[\dfrac{2b}{c} + (1-w)\dfrac{c}{b}\right] + \left[\dfrac{2b}{a} + (1-w)\dfrac{a}{b}\right] + \left(\dfrac{a}{c} + \dfrac{c}{a}\right) + 3$

$\geqslant 3\sqrt[3]{w^2} + 2\sqrt{2(1-w)} + 2\sqrt{2(1-w)} + 2 + 3$

$= 3\left(\dfrac{1-w}{2}\right) + 4\sqrt{2(1-w)} + 5$

当且仅当

$$\begin{cases} \dfrac{b^2}{ca} = w\dfrac{a}{b} = w\dfrac{c}{b} \\ \dfrac{2b}{c} = (1-w)\dfrac{c}{b} \\ \dfrac{2b}{a} = (1-w)\dfrac{a}{b} \\ \dfrac{a}{c} = \dfrac{c}{a} \end{cases} \Rightarrow \begin{cases} b^3 = wa^2c = wac^2 \\ 2b^2 = (1-w)c^2 \\ 2b^2 = (1-w)a^2 \\ a=c \end{cases} \Rightarrow \begin{cases} b^3 = wa^3 \\ 2b^2 = (1-w)a^2 \\ a=c \end{cases}$$

所以, $\dfrac{1}{8} = \dfrac{w^2}{(1-w)^3} \Rightarrow w = \sqrt{5}-2$,因而

$$3\left(\frac{1-w}{2}\right) + 4\sqrt{2(1-w)} + 5 = \frac{5\sqrt{5}+11}{2}$$

同时解得 $\begin{cases} a = c = \dfrac{3-\sqrt{5}}{2} \\ b = \sqrt{5}-2 \end{cases}$，显然 $AC = BD = \dfrac{\sqrt{5}-1}{2}$，即 B,C 是黄金分割点.

参考文献

[1] 王凤春.用降幂不等式求多元函数的极值[J].高等数学研究,2015,18(4):80-82.

蝶 形 面 积 及 其 最 小 值

吴 波

（重庆市长寿龙溪中学　重庆　401249）

摘　要：本文推导了蝶形面积公式和圆内接蝶形面积公式，主要探讨了具有不稳定性的蝶形调整到什么形状时其面积最小的问题，并给出最小值.

关键词：蝶形　不稳定性

一、问题的提出

对四边长分别为 a,b,c,d 的圆内接四边形，有印度数学家 Brahmagupta 得到的面积公式[1]

$$S=\sqrt{(p-a)(p-b)(p-c)(p-d)}\quad(2p=a+b+c+d)$$

这里的圆内接四边形指的是凸四边形. 但我们注意到：圆内接四边形不一定是凸的，也有可能是蝶形.

定义 1[2]　　如图 1，有一个自交点的四边封闭的折线叫作蝶形. 其中自交点 X 称为它的脐点，$\triangle A_1XA_2$，$\triangle A_3XA_4$ 称为它的两翅.

为便于表述，本文再补充蝶形的两个概念.

定义 2　对图 1 中的蝶形 $A_1A_2A_3A_4$，不相交的对边 A_1A_2，A_3A_4 称为它的两腰（文献[2]中称为翅边），相交的对边 A_1A_4，A_2A_3 称为它的两条叉边.

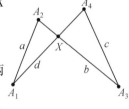

图 1

如图 1，因 $A_1X+A_2X>a$，$A_3X+A_4X>c$，两式相加得 $b+d>a+c$. 因此有：

性质 1　蝶形两叉边之和大于两腰之和.

平面多边形都是有有向面积的（参见文献[3]），蝶形当然也可以定义面积（参见文献[4]）. 所以我们可提出如下问题：

问题 1　蝶形面积公式是什么样的？圆内接蝶形是否有与 Brahmagupta 公式相似的面积公式？

另外，我们都知道：四边形具有不稳定性. 保持凸四边形各边长及顺序不变，总能通过调整其形状使得它有外接圆，此时凸四边形的面积达到最大.

对蝶形，我们可以提出类似的问题：

问题 2　保持蝶形各边长及顺序不变，总能调整其形状（仍保持蝶形）使得它有外接圆吗？

问题 3　保持蝶形各边长及顺序不变，调整到什么形状（仍保持蝶形）时其面积最小？

本文拟解决这三个问题.

二、蝶形面积公式与圆内接蝶形面积公式

如图 1，对蝶形 $A_1A_2A_3A_4$，本文中约定如下记号：S 表示其面积，四边长分别设为 $|A_1A_2|=a$，$|A_2A_3|=b$，$|A_3A_4|=c$，$|A_4A_1|=d$.

对于蝶形面积，文献[4]中张景中教授有如下定义（所用名词及符号略有不同）：

定义 3[4]　　如图 1，点 X 是蝶形 $A_1A_2A_3A_4$ 的脐点，记 $S=\left|S_{\triangle A_1A_2A_3}-S_{\triangle A_1A_3A_4}\right|=\left|S_{\triangle XA_1A_2}-S_{\triangle XA_3A_4}\right|$，则称 S 为蝶形 $A_1A_2A_3A_4$ 的面积.

由平面多边形有向面积的定义(参见文献[3])知:$S_{\triangle A_1A_2A_3}+S_{\triangle A_1A_3A_4}$(或 $S_{\triangle XA_1A_2}+S_{\triangle XA_3A_4}$)是平面四边形 $A_1A_2A_3A_4$ 的有向面积(注意:此处的三角形面积均指有向面积,而定义 3 中涉及的三角形面积不是有向面积).因此定义 3 中的面积 S 其实就是平面四边形 $A_1A_2A_3A_4$ 的有向面积的绝对值.

因此定义 3 与通常的凸四边形及凹四边形这两种平面四边形的面积定义其实是一致的.

由定义 3,蝶形面积为 $0 \Leftrightarrow S_{\triangle A_1A_2A_3}=S_{\triangle A_1A_3A_4} \Leftrightarrow A_1A_3 \parallel A_2A_4$,即有:

性质 2 蝶形面积为 0 的充要条件是它的两条对角线相互平行.

据定义 3,沿用文献[1]的方法,我们就可以给出蝶形面积公式,即:

定理 1 如图 1,对蝶形 $A_1A_2A_3A_4$,在约定记号下

$$S=\frac{1}{4}\sqrt{4(a^2b^2+c^2d^2)-(a^2+b^2-c^2-d^2)^2-8abcd\cos(A_2-A_4)}$$

证明 如图 1,由余弦定理有

$$a^2+b^2-2ab\cos A_2=|A_1A_3|^2=c^2+d^2-2cd\cos A_4$$

变形得

$$\frac{1}{2}(a^2+b^2-c^2-d^2)=ab\cos A_2-cd\cos A_4 \tag{1}$$

由定义 3 有

$$2S=2|S_{\triangle A_1A_2A_3}-S_{\triangle A_1A_3A_4}|=|ab\sin A_2-cd\sin A_4| \tag{2}$$

(1)(2)两式平方并相加得

$$4S^2+\frac{1}{4}(a^2+b^2-c^2-d^2)^2=a^2b^2+c^2d^2-2abcd\cos(A_2-A_4)$$

从中解出 S 即得定理 1 结论中的表达式.证毕.

对照文献[1],将定理 1 的公式中的"A_2-A_4"替换成"A_2+A_4"就是凸四边形面积公式.因此,从有向角的角度看,蝶形面积公式与凸四边形面积公式其实是一致的.

由定理 1 易知:在 a,b,c,d 固定的条件下,当 $A_2=A_4$ 时面积 S 最小.我们有:

推论 对两腰不等的蝶形,若其最长边与最短边之和小于其余两边之和,则当它有外接圆时面积最小.

这里为何要附加条件"最长边与最短边之和小于其余两边之和"呢?请参见下文中的定理 4.

对圆内接蝶形,因 $A_2=A_4$,故定理 1 中的面积公式可分解,即有:

定理 2 对圆内接蝶形 $A_1A_2A_3A_4$,在约定记号下,有

$$S=\sqrt{p(p-a-d)(p-b-d)(p-c-d)} \quad (2p=a+b+c+d)$$

当蝶形有一条腰退化为 0(比如 $d=0$)时,此公式就会退化为大家熟知的 Heron 公式.

易知这个公式关于 a,b,c,d 是全对称的,与 Brahmagupta 公式确有相似之处.

三、蝶形能调整形状使得其有外接圆的充要条件

我们发现:并不是所有的蝶形都可以调整形状(仍保持蝶形)使得其有外接圆.比如:当 $a=1,b=2,c=2,d=4$ 时,$p-a-d<0$,代入定理 2 中的面积公式,被开方数将为负数.这意味着:这个蝶形是不可能有外接圆的.

因此我们有必要探讨蝶形能调整形状使得它有外接圆的充要条件.其中当蝶形两腰相等时的情形是非常简单的.

定理 3 两腰相等的蝶形能调整形状使得它有外接圆的充要条件是它的两条叉边也相等.

证明 如图 2,蝶形 $A_1A_2A_3A_4$ 两腰相等,即 $a=c$.

(1) 充分性. 因 $b=d$, $A_1A_3=A_1A_3$, 则 $\triangle A_1A_2A_3 \cong \triangle A_1A_4A_3$ (SSS).

所以 $\angle A_1A_2A_3 = \angle A_1A_4A_3$. 因此它有外接圆.

(2) 必要性. 如图 2, 蝶形 $A_1A_2A_3A_4$ 有外接圆且 $a=c$, 则 $\overparen{A_1A_2} = \overparen{A_4A_3}$. 所以 $\overparen{A_1A_4} = \overparen{A_2A_3}$, 即有 $b=d$. 证毕.

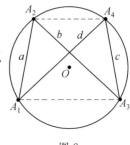

图 2

而对两腰不等的蝶形, 讨论起来比较复杂. 先介绍如下两个命题.

命题 1 如图 3, 若圆内接蝶形 $A_1A_2A_3A_4$ 两腰不等(即 $a \neq c$), 则:

(1) 最短边必是两腰之一; (2) $ab \neq cd$ 且 $ad \neq bc$.

证明 (1) 因两腰不等, 对角线 A_1A_3, A_2A_4 所在直线必相交. 如图 3, 设交点为 P 并且点 P 在靠近腰 A_1A_2 一侧.

注意到 $\angle A_2A_1A_3 > \angle PA_2A_1 > \angle A_2A_4A_1 = \angle A_2A_3A_1$, 所以 $A_2A_3 > A_1A_2$.

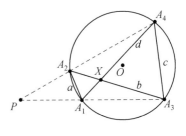

图 3

同理有 $A_1A_4 > A_1A_2$.

而 $\angle PA_1A_4 > \angle A_1A_3A_2 = \angle A_1A_4A_2$, 则 $PA_4 > PA_1$.

又易知 $\triangle PA_1A_2 \backsim \triangle PA_4A_3$, 则 $\dfrac{A_3A_4}{A_1A_2} = \dfrac{PA_4}{PA_1} > 1$. 所以 $A_4A_3 > A_1A_2$.

这表明: 此种情形下腰 A_1A_2 是最短的.

若交点 P 在靠近腰 A_3A_4 一侧, 同理可证腰 A_3A_4 是四边中最短的.

综上可知: 最短边必是两腰之一.

(2) 如图 2, 对圆内接蝶形 $A_1A_2A_3A_4$, 假设 $ab=cd$.

$\angle A_1A_2A_3 = \angle A_1A_4A_3$, 由面积公式就有 $S_{\triangle A_1A_2A_3} = S_{\triangle A_1A_4A_3}$.

它们有公共边 A_1A_3, 由面积相等可知: 点 A_2, A_4 到边 A_1A_3 的距离必相等.

因此 $A_1A_3 /\!/ A_2A_4$. 所以 $a=c$. 这与两腰不等矛盾.

这表明假设不成立, 所以 $ab \neq cd$. 同理可证: $ad \neq bc$. 证毕.

命题 2 若蝶形最长边与最短边之和小于其余两边之和, 则:

(1) 最短边必是两腰之一;

(2) 最短边与任一边之积小于剩下的两边之积.

证明 (1) 假设最短边是两条叉边之一, 如图 4, 不妨设叉边 b 是最短的.

因 b 最短, 故 $c \geqslant b$, 所以 $\angle A_3A_2A_4 \geqslant \angle A_2A_4A_3$.

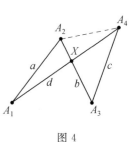

图 4

图 4 中有 $\angle A_1A_2A_4 > \angle A_3A_2A_4$, $\angle A_2A_4A_3 > \angle A_2A_4A_1$.

所以, $\angle A_1A_2A_4 > \angle A_2A_4A_1$. 则 $d > a$.

同理有 $d > c$.

综上可得: 叉边 d 是最长边.

结合题设可知 $b+d < a+c$, 而由性质 1 得 $b+d > a+c$, 两者矛盾.

矛盾表明: "最短边是两条叉边之一" 的假设不成立. 因此, 最短边必是两腰之一.

(2) 由(1)知: 最短边是蝶形的两腰之一. 如图 3, 不妨设腰 a 是四边中最短的.

(i) 若边 b 是最长的, 因 a 最短, 故 $|c-d| < |a-b|$, 而由题设有 $a+b < c+d$, 这两式平方后相加并化简可得 $ab < cd$.

(ii) 若边 c 是最长的, 则 $b \leqslant c$, 而最短边 $a \leqslant d$, 则 $ab \leqslant cd$. 但由于等号不可能同时成立(否则此蝶形将成为呈轴对称的凹四边形), 因此有 $ab < cd$.

(iii) 若边 d 是最长的, 则 $b \leqslant d$, 而最短边 $a \leqslant c$, 但由题设知两处不可能同时取等号, 则 $ab < cd$.

综上,总有 $ab < cd$ 成立.

同理可证 $ac < bd$,$ad < bc$ 成立.证毕.

有了上述两个命题,对两腰不等的蝶形,我们可以证明如下结论:

定理 4 两腰不等的蝶形能调整形状使得其有外接圆的充要条件是其最长边与最短边之和小于其余两边之和.

证明 (1)必要性.此时能调整蝶形 $A_1A_2A_3A_4$ 的形状使其有外接圆,由命题 1 知其最短边必是两腰之一,如图 3,不妨设腰 a 最短.由命题 1 知 $ab \neq cd$.现设边 a,b 的夹角为 α,由式(1)可知:

蝶形 $A_1A_2A_3A_4$ 有外接圆 $\Leftrightarrow \angle A_2 = \angle A_4 = \alpha \Rightarrow \cos \alpha = \dfrac{a^2 + b^2 - c^2 - d^2}{2(ab - cd)}$.

α 存在的充要条件是“$\left| \dfrac{a^2 + b^2 - c^2 - d^2}{2(ab - cd)} \right| < 1$”.将它两边平方后知其等价于(其中 p 为半周长)

$$4(ab - cd)^2 > (a^2 + b^2 - c^2 - d^2)^2$$
$$\Leftrightarrow p(p - a - d)(p - b - d)(p - c - d) > 0$$

上式左边是关于 a,b,c,d 的全对称式(读者可自己验证),因此不妨设 $d \geqslant c \geqslant b \geqslant a$.注意到题设中两腰不等(对圆内接蝶形来说,此时两叉边也不等),因此有 $p - b - d < 0$,$p - c - d < 0$,由此易知

$$p(p - a - d)(p - b - d)(p - c - d) > 0$$
$$\Leftrightarrow p - a - d > 0 \Leftrightarrow a + d < b + c$$

这表明:最长边与最短边之和小于其余两边之和.必要性得证.

(2)充分性.此时蝶形最长边与最短边之和小于其余两边之和.

由命题 2 知:最短边是蝶形的两腰之一,不妨设腰 a 是最短边.再由命题 2 知 $ab \neq cd$,因此可设

$$k = \dfrac{a^2 + b^2 - c^2 - d^2}{2(ab - cd)}$$

而由上面必要性的证明可知:“蝶形的最长边与最短边之和小于其余两边之和”与“$|k| < 1$”等价.这表明:$\arccos k$ 存在且在 $(0, \pi)$ 内.

如图 2,调整蝶形形状使得 $\angle A_2 = \arccos k$,代入式(1)可算得 $\angle A_4 = \arccos k$,这样就有 $\angle A_2 = \angle A_4$.

所以蝶形 $A_1A_2A_3A_4$ 能按上述方法调整形状使得它有外接圆.充分性得证.证毕.

上文提到的例子“$a = 1$,$b = 2$,$c = 2$,$d = 4$”不满足定理 4 的条件,所以此蝶形不可能有外接圆.

另外,结合性质 2,我们容易得到:

性质 3 圆内接蝶形面积为 0 的充要条件是它的两腰相等或两叉边相等.

证明 如图 2,由性质 2 知:蝶形的面积为 $0 \Leftrightarrow S_{\triangle A_1A_2A_3} = S_{\triangle A_1A_3A_4} \Leftrightarrow A_1A_3 \parallel A_2A_4$.

而对圆内接蝶形而言,$A_1A_3 \parallel A_2A_4 \Leftrightarrow a = c \Leftrightarrow b = d$.证毕.

四、蝶形能调整形状使得其对角线相互平行的充要条件

对两腰不等且最长边与最短边之和小于其余两边之和的蝶形,由定理 1 的推论知:当它有外接圆时面积最小.而定理 2 则给出了面积的这个最小值.

定理 3 和定理 4 的结果表明:四边长和顺序都固定的蝶形调整形状(仍保持蝶形)也不可能有外接圆的情形有三种:

(1)蝶形两腰相等但两条叉边不相等;

(2)蝶形两腰不等且最长边与最短边之和等于其余两边之和;

(3)蝶形两腰不等且最长边与最短边之和大于其余两边之和.

上述三种情形下的蝶形不可能有外接圆,那么它们面积的最小值又是多少呢?

对情形(1)我们容易得到:

定理 5 对两腰相等但两条叉边不相等的蝶形,其面积的最小值为 0,当两叉边互相平分时取得.

如图 5,当两腰相等的蝶形两叉边互相平分时,两腰与两对角线恰好围成一个平行四边形.由性质 2 知:此时蝶形 $A_1 A_2 A_3 A_4$ 的面积为 0.显然这就是其面积的最小值.

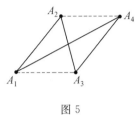

图 5

而对于情形(2),由性质 1 知:此时最长边与最短边不可能是对边,而只能是一组邻边.因此,此时只能是将其四边分成的两组邻边之和相等.如图 6,其中 $a+b=c+d$ 且 $a \neq c$.此时可将此蝶形压缩成无限趋近于一条线段.也就是说,对于情形(2),蝶形面积可无限趋近于 0,即:

定理 6 对两腰不等且最长边与最短边之和等于其余两边之和的蝶形,其面积可无限趋近于 0.

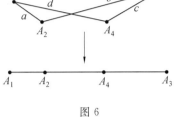

图 6

受情形(1)(2)的影响,对于情形(3),我们猜想其面积的最小值也为 0,即:

猜想 如图 7,对两腰不等且最长边与最短边之和大于其余两边之和的蝶形,保持四边长及顺序不变,总可调整形状使得它的两条对角线互相平行,即其面积的最小值为 0.

因此,我们有必要探讨蝶形能调整形状使得其对角线互相平行的充要条件.经过探讨我们有:

定理 7 如图 7,在蝶形 $A_1 A_2 A_3 A_4$ 中,$A_1 A_3 /\!/ A_2 A_4$,设 $|A_1 A_2|=a$,$|A_2 A_3|=b$,$|A_3 A_4|=c$,$|A_4 A_1|=d$,且 $d>b$,则有

$$a^2+d^2>b^2+c^2, c^2+d^2>a^2+b^2$$

证明 设 $\angle A_1 X A_2=\angle A_3 X A_4=\beta$,因 $A_1 A_3 /\!/ A_2 A_4$,我们还可设

$$|A_1 X|=\lambda d, |A_4 X|=(1-\lambda)d$$
$$|A_3 X|=\lambda b, |A_2 X|=(1-\lambda)b \quad (0<\lambda<1)$$

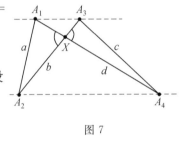

图 7

如图 7,由余弦定理有

$$a^2=|A_1 X|^2+|A_2 X|^2-2|A_1 X||A_2 X|\cos\beta=\lambda^2 d^2+(1-\lambda)^2 b^2-2\lambda(1-\lambda)bd\cos\beta$$
$$c^2=|A_3 X|^2+|A_4 X|^2-2|A_3 X||A_4 X|\cos\beta=\lambda^2 b^2+(1-\lambda)^2 d^2-2\lambda(1-\lambda)bd\cos\beta$$

两式相减并化简得

$$a^2-c^2=(2\lambda-1)(d^2-b^2)$$

解得

$$\lambda=\frac{a^2+d^2-b^2-c^2}{2(d^2-b^2)}$$

代入 $0<\lambda<1$(注意到 $d>b$),化简即得结论.证毕.

定理 7 其实是蝶形 $A_1 A_2 A_3 A_4$ 能调整形状使得其对角线互相平行的一个必要条件.现在的问题是:这个条件是否也是充分的呢?

当 $a^2+d^2>b^2+c^2$,$c^2+d^2>a^2+b^2$(其中 $d>b$)时,对 $\lambda=\frac{a^2+d^2-b^2-c^2}{2(d^2-b^2)}$,必有 $0<\lambda<1$.将 λ 的值代回定理 7 的证明中在两个三角形中使用余弦定理那一步,容易验证此时两式各自所确定的 $\cos\beta$ 的值相等.现在,若能保证 $|\cos\beta|<1$(即保证 β 存在),则就确实能构造出对角线相互平行的蝶形.

具体地说,如图 7,将蝶形两叉边的交点调整到 X(点 X 满足 $|A_1 X|:|A_4 X|=|A_3 X|:|A_2 X|=\lambda:(1-\lambda)$)且使两叉边相交所得的对两腰所张成的那对对顶角等于 β 即可.

而 $|\cos\beta|<1$ 等价于 $a,|A_1X|,|A_2X|$ 能构成三角形且 $c,|A_3X|,|A_4X|$ 能构成三角形,也就是要满足

$$|\lambda d-(1-\lambda)b|<a<\lambda d+(1-\lambda)b,\ |\lambda b-(1-\lambda)d|<c<\lambda b+(1-\lambda)d$$

将 λ 的值代入后即是

$$\frac{\left|(d-b)^2+(a^2-c^2)\right|}{2(d-b)}<a<\frac{(d+b)^2+(a^2-c^2)}{2(d+b)}$$

$$\frac{\left|(d-b)^2+(c^2-a^2)\right|}{2(d-b)}<c<\frac{(d+b)^2+(c^2-a^2)}{2(d+b)}$$

这两个不等式较复杂,并未蕴含在定理 7 的那两个不等式之中.

我们将上述讨论的结果总结为:

定理 8 如图 7,在两叉边不等的蝶形 $A_1A_2A_3A_4$ 中,$|A_1A_2|=a$,$|A_2A_3|=b$,$|A_3A_4|=c$,$|A_4A_1|=d$ 且 $d>b$,则能调整其形状使得其对角线相互平行的充要条件是如下四个不等式同时成立

$$a^2+d^2>b^2+c^2,\ c^2+d^2>a^2+b^2$$

$$\frac{\left|(d-b)^2+(a^2-c^2)\right|}{2(d-b)}<a<\frac{(d+b)^2+(a^2-c^2)}{2(d+b)}$$

$$\frac{\left|(d-b)^2+(c^2-a^2)\right|}{2(d-b)}<c<\frac{(d+b)^2+(c^2-a^2)}{2(d+b)}$$

而对于两条叉边相等的蝶形来说,显然有(证略):

定理 9 两条叉边相等的蝶形的对角线相互平行的充要条件是其两腰也相等.

五、猜想的证明

下面我们将证明第四部分中的猜想是成立的.先介绍如下几个命题:

命题 3 对任意的平面四边形,其中任意三边之和大于第四边.

由两点间线段最短即知命题 3 成立.

命题 4 对最长边与最短边之和大于其余两边之和的蝶形有:

(1)最长边必是两叉边之一;

(2)最长边与最短边的平方和大于其余两边的平方和.

证明 (1)事实上,"最长边与最短边之和大于其余两边之和"意味着"最长边与任一边之和大于剩下两边之和".现在假设最长边是两腰之一,则两腰之和大于其余两边(即两叉边)之和.这与性质 1 矛盾.矛盾表明:假设不成立.所以最长边必是两叉边之一.

(2)假设蝶形 $A_1A_2A_3A_4$ 满足题设,设其四边分别为 a_1,a_2,a_3,a_4,其中 a_4 是最长的叉边.

由(1)知:a_4 是四边中最长的.对于其余三边不妨设 $a_3\geqslant a_2\geqslant a_1$.

因此可设 $a_4=a_3+u$,$a_2=a_1+v$,其中 u,v 为非负数.

由"最长边与最短边之和大于其余两边之和"知 $u>v\geqslant0$,则

$$a_1^2+a_4^2=(a_2-v)^2+(a_3+u)^2=a_2^2+a_3^2+u^2+v^2+2a_3u-2a_2v$$

由 $a_3\geqslant a_2,u>v\geqslant0$ 知 $a_3u>a_2v$.

所以 $a_1^2+a_4^2>a_2^2+a_3^2$.

故最长边与最短边的平方和大于其余两边的平方和.证毕.

由此,我们可以证明:

定理 10 对两叉边不等且最长边与最短边之和大于其余两边之和的蝶形,保持四边长及顺序不变,总可调整形状使得它的两条对角线互相平行,即其面积的最小值为 0.

注 定理 8 和定理 10 中都是"两叉边不等的蝶形",而不再是"两腰不等的蝶形"(易知:由猜想中的

题设和命题 4 可推出"两叉边不等").因此,定理 10 其实已包含了定理 5 的情形.

另外,定理 10 给出了两叉边不等的蝶形能调整形状使得其对角线相互平行的充分条件.其实这个条件也是必要的.但限于篇幅,本文只证了充分性.

证明　只需证定理 10 中的蝶形的边必满足定理 8 结论中的四个不等式.

首先,由命题 4 的结论(1)知:蝶形的最长边必是两叉边中的较长边.

如图 7,在蝶形 $A_1A_2A_3A_4$ 中,设 $|A_1A_2|=a$,$|A_2A_3|=b$,$|A_3A_4|=c$,$|A_4A_1|=d$,其中 d,b 是两叉边且 $d>b$.因此叉边 d 是四边中的最长边.

而命题 4 的结论(2)"最长边与最短边的平方和大于其余两边的平方和"意味着"最长边与任一边的平方和大于剩下两边的平方和".因此定理 8 结论中前两个不等式成立.

下证后两个不等式也成立(注意其中 d 是最长边).

$$a<\frac{(d+b)^2+(a^2-c^2)}{2(d+b)}\Leftrightarrow(d+b)^2+(a^2-c^2)>2a(d+b)$$
$$\Leftrightarrow(d+b)^2-2a(d+b)+a^2-c^2>0$$
$$\Leftrightarrow(d+b-a)^2-c^2>0$$
$$\Leftrightarrow(d+b-a+c)(d+b-a-c)>0 \qquad (3)$$

由"最长边与最短边之和大于其余两边之和"知 $d+b-a-c>0$.

由命题 3 知 $d+b-a+c>0$,所以式(3)成立.

而 $a>\dfrac{|(d-b)^2+(a^2-c^2)|}{2(d-b)}\Leftrightarrow|(d-b)^2+(a^2-c^2)|<2a(d-b)$.

为了去掉绝对值,我们分两种情形讨论.我们将证明在每一种情形下上述不等式都成立.

$$(d-b)^2+(a^2-c^2)<2a(d-b)\Leftrightarrow(d-b-a)^2-c^2<0\Leftrightarrow(d-b-a+c)(d-b-a-c)<0$$
$$ (4)$$

由"最长边与最短边之和大于其余两边之和"知 $d-b-a+c>0$.

由命题 3 知 $d-b-a-c<0$,所以式(4)成立.

$$-(d-b)^2-(a^2-c^2)<2a(d-b)\Leftrightarrow(d-b+a)^2-c^2>0\Leftrightarrow(d-b+a+c)(d-b+a-c)>0$$
$$ (5)$$

由"最长边与最短边之和大于其余两边之和"知 $d-b+a-c>0$.

由命题 3 知 $d-b+a+c>0$,所以上式成立.

综合(4)(5)可知 $a>\dfrac{|(d-b)^2+(a^2-c^2)|}{2(d-b)}$ 也成立.

同理可证:对 c 有类似的结论.

所以定理 8 结论中的后两个不等式也成立.

由定理 8 即知定理 10 的结论成立.证毕.

六、结论

最后,我们将蝶形面积最小值的各种情形总结如下:

(1)两腰不等的蝶形能调整形状使得其有外接圆的充要条件是其最长边与最短边之和小于其余两边之和.在此种情形下,有外接圆时其面积最小,最小值由定理 2 给出.

注　由命题 2 知"两腰相等且最长边与最短边之和小于其余两边之和"是不会发生的.

(2)两叉边不等的蝶形能调整形状使得其对角线相互平行的充要条件是其最长边与最短边之和大于其余两边之和.在此种情形下,对角线相互平行时其面积最小,最小值为 0.

注　由命题 4 知"两叉边相等且最长边与最短边之和大于其余两边之和"是不会发生的.

当蝶形最长边与最短边之和等于其余两边之和时,由性质 1 知:此时最长边与最短边不可能是对边,而只能是一组邻边.因此此时只能是将其四边分成的两组邻边之和相等.此时又分两种情形:

(3)对两组邻边之和相等的蝶形,若其两腰相等,则两叉边也相等.此时的蝶形总有外接圆,对角线总是相互平行,而面积恒为 0.

(4)对两组邻边之和相等的蝶形,若其两腰不等,则两叉边也不等.此时的蝶形无论如何调整形状都不可能使得其有外接圆,也不可能使得其对角线相互平行.在此种情形下,其面积无最小值,但可无限趋近于 0.

这样我们就完全解决了本文开头提出的问题.

参考文献

[1] 沈康身.数学的魅力(二)[M].上海:上海辞书出版社,2006.

[2] 杨世明,王雪琴.蝶形初探[J].中学数学,1997(8):16-18.

[3] 吴波,但春涛.n 对平行线命题的纯几何证明[J].中等数学,2016(3):15-16.

[4] 张景中.平面几何新路(解题研究)[M].成都:四川教育出版社,1994.

作者简介

吴波(1974—),男,重庆长寿人,1996 年毕业于重庆教育学院数学系(后更名为"重庆第二师范学院"),中学一级教师,主要从事初等数学研究和教学工作,发表了《本原海伦数组公式》《也说蝴蝶定理的一般形式》《二次曲线的一个封闭性质 ——whc174 的拓广和本质》《完全四点形九点二次曲线束及其对偶》《Brahmagupta 四边形的构造方法》等多篇论文.

等差数列与等比数列的不等式研究综述

宋志敏[1]　尹　枥[2]

(1.山东省滨州市北镇中学　山东　滨州　256600;

2.滨州学院理学院　山东　滨州　256603)

等差数列与等比数列的有关不等式是中学数学研究的一个重要且有趣的课题,本文对最近十年这方面的研究成果与方法做了一个系统的综述.

一、等差数列或等比数列的凸性与广义凹凸性

在文献[1]中,计惠方、徐方英证明了等差数列与等比数列的前 n 项和的几条统一性质,其主要结果可以叙述如下:

定理 1[1]　若正项等差数列或等比数列的前 n 项和为 S_n,则当 $m+n=2p$,且 $m,n,p \in \mathbf{N}$ 时,$S_n S_m \leqslant S_p^2$ 成立.

定理 2[1]　若正项递增等差数列或递增等比数列的前 n 项和为 S_n,则当 $m+n=2p$,且 $m,n,p \in \mathbf{N}$ 时,$S_n + S_m \geqslant 2S_p$ 成立.

在文献[1]的结尾,他们提出了一个有趣的猜想.之后,在文献[2]中,薛志成,蒲荣飞,周广继对上述猜想做了否定与改进,其改进的结果可以叙述为:

定理 3[2]　若正项递增(非严格)等差数列或递增(非严格)等比数列的前 n 项和为 S_n,则当 $m+n=2p$,且 $m,n,p \in \mathbf{N}$ 时

$$\frac{2}{\frac{1}{S_m}+\frac{1}{S_n}} \leqslant \sqrt{S_n S_m} \leqslant S_p \leqslant \frac{S_n + S_m}{2} \leqslant \sqrt{\frac{S_n^2 + S_m^2}{2}}$$

之后,在文献[3]中,宋志敏、尹枥研究发现这两条性质在本质上揭示了等差数列与等比数列前 n 项和的凸性.由于数列的前 n 项和 S_n 总是和通项 a_n 对偶出现,他们猜测上述性质对通项 a_n 也成立.为叙述方便,下面总假设等差数列的首项为 a_1,公差为 d,等比数列的首项为 a_1,公比为 q.事实上,通过均值不等式他们得到了一些有趣的结论.

定理 4[3]　若等差数列或等比数列的通项为 a_n,则当 $m+n=2p$,且 $m,n,p \in \mathbf{N}$ 时,$a_n a_m \leqslant a_p^2$ 成立.

定理 5[3]　若等差数列或正项递增等比数列的通项为 a_n,则当 $m+n=2p$,且 $m,n,p \in \mathbf{N}$ 时,$a_n + a_m \geqslant 2a_p$ 成立.

定理 6[3]　若等差数列的通项为 a_n 且 $a_1 \geqslant d$,则当 $m+n=2p$,且 $m,n,p \in \mathbf{N}$ 时,$\frac{a_n}{n}+\frac{a_m}{m} \geqslant 2\frac{a_p}{p}$ 成立.

定理 7[3]　若等差数列的前 n 项和为 S_n,则当 $m+n=2p$,且 $m,n,p \in \mathbf{N}$ 时,$\frac{S_n}{n}+\frac{S_m}{m} \geqslant 2\frac{S_p}{p}$ 成立.

定理 8[3]　若等比数列的通项为 a_n 且 $a_1 \geqslant 0,q>0$,则当 $m+n=2p$,且 $m,n,p \in \mathbf{N}$ 时,$\frac{a_n}{n}+\frac{a_m}{m} \geqslant 2\frac{a_p}{p}$ 成立.

定理 9[3]　若等差数列的前 n 项和为 S_n 且 $a_1 > 0, 0 < q \leqslant 1$,则当 $m+n=2p$,且 $m,n,p \in \mathbf{N}$ 时, $\dfrac{S_n}{n} + \dfrac{S_m}{m} \geqslant 2\dfrac{S_p}{p}$ 成立.

在文献[4]中,莫天凤利用均值不等式与比较法进一步研究了这个问题,她的进一步结果为:

定理 10[4]　设 $\{a_n\}$ 为等差数列,当 $k \geqslant l$,且 $k+l \leqslant n+1$ 时,则有 $a_k a_{n-k+1} \geqslant a_l a_{n-l+1}$.

定理 11[4]　设 $\{a_n\}$ 为正项等差数列,则有 $S_k S_{n-k+1} \geqslant S_1 S_n$.

定理 12[4]　设 $\{a_n\}$ 为正项等差数列,S_n 为前 n 项和,则有

$$\sqrt{S_1 S_n} \leqslant \sqrt[n]{S_1 S_2 \cdots S_n} \leqslant \frac{S_1 + S_n}{2}$$

定理 13[4]　设 $\{a_n\}$ 为正项等差数列,$\{b_n\}$ 也为正项等差数列,则有

$$(a_k + b_k)(a_{n-k+1} + b_{n-k+1}) \geqslant (a_1 + b_1)(a_n + b_n)$$

2014 年,石焕南、李明在文献[5]中研究了等差数列通项与前 n 项和的对数凸性问题,其中的定理 1.5 证明了等差数列前 n 项和是对数凹的. 在上面工作的基础上,宋志敏、尹栴在文献[6]中提出了一个更广泛的问题,即研究等差数列与等比数列的广义凹凸性问题. 一般的可以研究如下类型的不等式问题:$b_{M(m,n)} \geqslant (\leqslant) N(b_n, b_m)$? 其中 $M(m,n), N(m,n)$ 为任意的两个平均. 而这实际上开辟了一个有趣的课题,我们可以研究其他的平均,诸如幂平均、对数平均、指数平均等,还可以研究其他数列以及函数的广义凹凸性问题. 文献[6]中讨论了算术平均、几何平均与调和平均,其主要结果列举如下:

定理 14[6]　若等差数列 $\{a_n\}$ 的通项为 a_n 且满足 $a_1 d < 0$,则 $a_n a_m \leqslant (a_{\sqrt{mn}})^2$.

定理 15[6]　若等差数列 $\{a_n\}$ 的通项为 a_n 且满足 $a_1 d < 0$,则 $a_{\frac{2mn}{m+n}} \geqslant \dfrac{2a_n a_m}{a_n + a_m}$.

定理 16[6]　若等比数列的通项为 b_n 且公比 $q > 0$,则:

(1) 当 $b_1 > 0$ 时,$b_{\frac{m+n}{2}} \leqslant \dfrac{b_n + b_m}{2}$;

(2) 当 $b_1 < 0$ 时,$b_{\frac{m+n}{2}} \geqslant \dfrac{b_n + b_m}{2}$.

定理 17[6]　若等比数列的通项为 b_n 且公比 $q > 0$,则 $(b_{\sqrt{mn}})^2 \leqslant b_n b_m$.

一般的可以提出如下一些有趣的问题:

(1) 当 $M(m,n), N(m,n)$ 取得的平均不同时,有什么样的结果?

(2) 等差数列与等比数列的前 n 项和公式具有什么样的结果(可以考虑所选平均相同或者不同的情况)?

(3) 算术平均成立是否意味着几何平均、调和平均的不等式也成立?

(4) 上面的结果对于一阶等差数列有没有类似的结论?

二、正项等差数列的等幂和研究

在文献[7]中,宋志敏、尹栴注意到可以把正项等差数列嵌入到等幂和进行研究,通过利用数学归纳法,得到了含正项等差数列的两个优美的不等式.

定理 18[7]　设 $\{a_n\}$ 为正项等差数列且满足 $d \geqslant 0, r \geqslant 0$ 以及 $d \leqslant a_1$,则有

$$\frac{(n+1)\sum\limits_{i=1}^{n} a_i^r}{n\sum\limits_{i=1}^{n+1} a_i^r} \geqslant \left(\frac{n}{n+1}\right)^r$$

定理 19[7]　设 $\{a_n\}$ 为正项等差数列且满足 $d \geqslant 0, r$ 为自然数以及 $\dfrac{d}{a_1} \geqslant \dfrac{\sqrt{5}-1}{2} = 0.618\cdots$,则有

$$\frac{a_{n+1} \sum\limits_{i=1}^{n} a_i^r}{a_n \sum\limits_{i=1}^{n+1} a_i^r} \geqslant \left(\frac{a_n}{a_{n+1}}\right)^r$$

值得注意的是,定理条件中出现了黄金分割数.

此外,在文献[8]中,宋志敏、尹栃还研究了 $a_1^\lambda + a_2^\lambda + \cdots + a_n^\lambda$ 的上下界问题,其中 a_n 为正项等差数列,首项设为 a_1,公差为 $d \neq 0$.其结果可以叙述为:

定理 20[8]   对任意的 $\lambda \in \mathbf{N}^*$ 以及 $\{a_n\}$ 为正项等差数列,首项设为 a_1,公差为 $d \neq 0$,则有

$$\frac{(2na_1 + n(n-1)d)^\lambda}{2^\lambda n^{\lambda-1}} < a_1^\lambda + a_2^\lambda + \cdots + a_n^\lambda < \frac{(a_1 + nd)^{\lambda+1} - a_1^{\lambda+1}}{(\lambda+1)d}$$

注   若在定理 20 中令 $a_1 = 1$,公差为 $d = 1$,则定理 20 中不等式即为文献[9]中的不等式

$$\frac{n^{\lambda+1}}{\lambda+1} < 1^\lambda + 2^\lambda + \cdots + n^\lambda < \frac{(n+1)^{\lambda+1}}{\lambda+1}$$

三、等差数列的上下界研究

在文献[10]匡继昌的《常用不等式》中给出了等差数列的一个有趣性质:

定理 21[10]   设 $\{a_n\}$ 为等差数列且满足公差 $d \geqslant 0$ 以及 $a_1 > 0$,则当 $n \geqslant 2$ 时如下不等式成立

$$2(\sqrt{a_{n+1}} - \sqrt{a_n}) < \frac{d}{\sqrt{a_n}} < 2(\sqrt{a_n} - \sqrt{a_{n-1}})$$

在文献[11]中,尹雪琪利用数列的初等性质将其推广到一类更广泛的递推数列中去.

定理 22[11]   设 $\{a_n\}$ 为等差数列且满足公差 $d \geqslant 0$,$a_1 > 0$ 以及 $k \geqslant 2$ 为自然数,则当 $n \geqslant 2$ 时如下不等式成立

$$k(\sqrt[k]{a_{n+1}} - \sqrt[k]{a_n}) < \frac{d}{a_n^{(k-1)/k}} < k(\sqrt[k]{a_n} - \sqrt[k]{a_{n-1}})$$

定理 23[11]   设 $\{a_n\}$ 为等差数列且满足公差 $d \geqslant 0$,$a_1 > 0$ 以及 $k \geqslant 2$ 为自然数,则当 $n \geqslant 2$ 时如下不等式成立

$$k(\sqrt[k]{a_{n+1}} - \sqrt[k]{a_1}) < \sum_{i=1}^{n} \frac{d}{a_i^{(k-1)/k}} < k \sqrt[k]{a_n}$$

定理 24[11]   设数列 $\{a_n\}$ 满足,$f(x)$ 为一个自然数集上的正函数,$a_1 > 0$ 以及 $k \geqslant 2$ 为自然数,则当 $n \geqslant 2$ 时如下不等式成立

$$k(\sqrt[k]{a_{n+1}} - \sqrt[k]{a_n}) < \frac{f(n)}{a_n^{(k-1)/k}} < k(\sqrt[k]{a_n} - \sqrt[k]{a_{n-1}})$$

进而双边不等式成立

$$k(\sqrt[k]{a_{n+1}} - \sqrt[k]{a_1}) < \sum_{i=1}^{n} \frac{f(i)}{a_i^{(k-1)/k}} < k \sqrt[k]{a_n}$$

最后,我们以文献[3]中的两个猜想结束,直到现在,这两个猜想仍是公开的.

猜想 1[3]   若一般数列 $\{a_n\}$ 的前 n 项和为 S_n,且 $m + n = 2p$;$m, n, p \in \mathbf{N}$,则当 $a_n + a_m \geqslant 2a_p$ 成立时,必有 $\dfrac{S_n}{n} + \dfrac{S_m}{m} \geqslant 2\dfrac{S_p}{p}$?

猜想 2[3]   若一般数列 $\{a_n\}$ 的前 n 项和为 S_n,且 $m + n = 2p$;$m, n, p \in \mathbf{N}$,则当 $a_n a_m \leqslant a_p^2$ 成立时,必有 $\dfrac{S_n}{n} \dfrac{S_m}{m} \geqslant \left(\dfrac{S_p}{p}\right)^2$?

参考文献

[1]计惠方,徐方英.等差数列与等比数列的一条统一性质[J].数学通讯,2010(22).

［2］薛志成,蒲荣飞,周广继.等差与等比数列的一个统一猜想的否定与改进［J］.数学通讯,2011(10).

［3］宋志敏,尹栃.等差数列与等比数列的凸性对偶［J］.河北理科教学研究,2012(004):22-23.

［4］莫天凤.关于等差数列的几个优美不等式［J］.中学数学研究,2013(012):24-25.

［5］石焕南,李明.等差数列的凸性和对数凸性［J］.湖南理工学院学报(自然科学版),2014,27(3):1-6.

［6］宋志敏,尹栃.等差数列与等比数列的广义凹凸性［J］.数学通讯,2020(10).

［7］宋志敏,尹栃.含正项等差数列的两个不等式［J］.河北理科教学研究,2018(004):30-31.

［8］宋志敏,尹栃.关于等幂和一个不等式的注记［J］.中学数学杂志,2015(3):28-29.

［9］王伯龙.自然数等幂和的一个不等式［J］.数学通讯.2013(7):37.

［10］匡继昌.常用不等式［M］,山东科技出版社,2010.

［11］尹雪琪.等差数列的不等式及其拓广［J］.中学数学研究,2019(003):17-18.

作者简介

宋志敏,1979出生,女,汉族,山东滨州人,中教一级,大学本科,山东省北镇中学教师.其主要研究方向为不等式及其应用,并在各类数学杂志上以第一作者发表论文20余篇,其中SCI收录1篇,中文核心期刊《数学通报》2篇.山东省教育教学研究课题:一般课题,核心素养下高中数学体验式课堂教学设计研究,2020JXY321.

有心圆锥曲线中类西摩松线的几何性质

张俭文

（河北省秦皇岛市第五中学　河北　秦皇岛　066000）

提　要：本文利用有心圆锥曲线中类西摩松线方程，运用解析几何方法，介绍有心圆锥曲线中类西摩松线的几何性质，西摩松线的几何性质是其中的组成部分.

关键词：有心圆锥曲线　类西摩松线　方程　几何性质

沿非渐近方向的直线 l 及其平行线被有心二次曲线 L（椭圆、双曲线、两条相交直线）截得弦的中点和曲线 L 的中心都在同一直线 l' 上，直线 l' 叫有心二次曲线 L 共轭于直线 l 的直径. 在平面直角坐标系中，有心二次曲线 L 的方程统一写成 $A(x-x_0)^2+B(x-x_0)(y-y_0)+C(y-y_0)^2=F$，直线 l,l' 的斜率分别为 k_1,k_2，利用点差法可证 $2A+B(k_1+k_2)+2Ck_1k_2=0$. 有心圆锥曲线（椭圆、双曲线）中类西摩松[1]的内容是：$\triangle ABC$ 的顶点在中心为 O 的有心圆锥曲线 L 上，曲线 L 共轭于直线 BC,CA,AB 的直径 OD,OE,OF，在曲线 L 上取一点 P，作直线 $PM /\!/ OD$，$PN /\!/ OE$，$PQ /\!/ OF$，直线 PM 与 BC，PN 与 CA，PQ 与 AB 分别相交于 M,N,Q. M,N,Q 三点所在直线叫圆锥曲线 L 上 $\triangle ABC$ 关于点 P 的类西摩松线，西摩松线是其中的组成部分. 在平面直角坐标系中，有心圆锥曲线 L 的方程为 $mx^2+ny^2=1$，其中 m,n 都不等于零，且至少有一个大于零. 点 P,A,B,C 的坐标分别为 x_0 与 y_0，x_1 与 y_1，x_2 与 y_2，x_3 与 y_3，用 x_i 与 $y_i(i=0,1,2,3)$ 表示 P,A,B,C 中任一点的坐标，$\triangle ABC$ 关于点 P 的类西摩松线方程为

$$y-\frac{1}{2}\sum_{i=0}^{3}y_i=k(x-\frac{1}{2}\sum_{i=0}^{3}x_i)$$

椭圆 L 的方程为 $b^2x^2+a^2y^2=a^2b^2(a>b>0)$，$x_i$ 与 y_i 满足 $x_i=a\cos\theta_i$，$y_i=b\sin\theta_i$. $\triangle ABC$ 关于点 P 的类西摩松线方程为

$$y-\frac{1}{2}b\sum_{i=0}^{3}\sin\theta_i=\frac{b\sin(\theta_1+\theta_2+\theta_3-\theta_0)}{a[1+\cos(\theta_1+\theta_2+\theta_3-\theta_0)]}(x-\frac{1}{2}a\sum_{i=0}^{3}\cos\theta_i)$$

双曲线 L 的方程为 $b^2x^2-a^2y^2=a^2b^2(a>0,b>0)$，$x_i$ 与 y_i 满足 $2x_i=a(t_i+t_i^{-1})$，$2y_i=b(t_i-t_i^{-1})$. $\triangle ABC$ 关于点 P 的类西摩松线方程为

$$y-\frac{1}{4}b\sum_{i=0}^{3}(t_i-t_i^{-1})=\frac{b(t_1t_2t_3-t_0)}{a(t_1t_2t_3+t_0)}[x-\frac{1}{4}a\sum_{i=0}^{3}(t_i+t_i^{-1})]$$

对于任意欧氏空间内 n 个点所组成的有限点集 $\{A_1,A_2,A_3,\cdots,A_n\}$ 和任意取定的一点 P，k 为任意给定的正整数，欧氏空间内有且只有一点 Q_k 满足 $k\overrightarrow{PQ_k}=\overrightarrow{PA_1}+\overrightarrow{PA_2}+\overrightarrow{PA_3}+\cdots+\overrightarrow{PA_n}$，点 Q_k 叫点集 $\{A_1,A_2,A_3,\cdots,A_n\}$ 关于点 P 的 k 号心[2]，三角形的 k 号心[3]是其中的组成部分. 文[4]将史坦纳定理推广为有心圆锥曲线中类西摩松线的史坦纳定理：$\triangle ABC$ 的顶点在中心为 O 的有心圆锥曲线 L 上，$\triangle ABC$ 关于点 O 的一号心为 H，$\triangle ABC$ 关于曲线 L 上一点 P 的类西摩松线经过线段 PH 的中点 K. 根据有心圆锥曲线中类西摩松线方程可直接得到这一结论，由此可见，有心圆锥曲线中类西摩松线方程是内容与形式的高度统一. 文[5]将九点圆推广为有心圆锥曲线上 n 点的二号 $3n$ 点有心圆锥曲线：中心为 O 的有心圆锥曲线 L 上有 $n(n\geqslant 3)$ 点 $A_1,A_2,A_3,\cdots,A_n$，此点关于点 O 的一号心、二号心分别为 Q_1,Q_2. 在 n 点 $A_1,A_2,A_3,\cdots,A_n$ 中任意去掉一点 $A_i(i=1,2,3,\cdots,n)$ 后剩下 $n-1$ 点关于点 O 的二号心为 O_i，线段 A_iQ_1 的中点为 D_i，直线 A_iQ_1 与有心圆锥曲线 L 的另一交点为 B_i，线段 Q_1B_i 的中点为 E_i. 则 $3n$ 点

O_i, D_i, E_i 都在以点 Q_2 为中心的同一有心圆锥曲线 L' 上,有心圆锥曲线 L' 叫有心圆锥曲线 L 上 n 点的二号 $3n$ 点有心圆锥曲线. 有心圆锥曲线 L 的方程为 $mx^2 + ny^2 = 1$,其中 m, n 都不等于零,且至少有一个大于零. 用 x_i 与 y_i 表示点 A_i 的坐标,有心圆锥曲线 L' 的方程为

$$m(x - \frac{1}{2}\sum_{i=1}^{n} x_i)^2 + n(y - \frac{1}{2}\sum_{i=1}^{n} y_i)^2 = \frac{1}{4}$$

下面运用有心圆锥曲线中类西摩松线方程介绍有心圆锥曲线中类西摩松线的诸多性质.

定理 1 中心为点 O 的有心圆锥曲线 L 上有六点 $A_1, A_2, A_3, P_1, P_2, P_3$,在点 $A_1, A_2, A_3, P_1, P_2, P_3$ 中任意去掉一点 $P_i (i=1,2,3)$ 后剩下五点关于点 O 的一号心为 H_i,$\triangle A_1 A_2 A_3$ 关于在 P_1, P_2, P_3 任意去掉一点 P_i 后剩下两点的类西摩松线的交点为 M_i. 则点 H_i 关于点 M_i 的对称点 R_i 在有心圆锥曲线 L 上,$\triangle A_1 A_2 A_3$ 关于点 P_1, P_2, P_3 的三条类西摩松线共点的充要条件是点 H_i 与 P_i 关于点 M_i 对称.

证明 在以点 O 为坐标原点的平面直角坐标系中,用 x_i 与 y_i 表示点 A_1, A_2, A_3 中任一点 A_i 的坐标,用 x'_i 与 y'_i 表示 P_1, P_2, P_3 中任一点 P_i 的坐标,设点 H_i, M_i, R_i 的坐标分别为 x_{H_i} 与 y_{H_i},x_{M_i} 与 y_{M_i},x_{R_i} 与 y_{R_i},有

$$x_{H_i} = x_1 + x_2 + x_3 + x'_1 + x'_2 + x'_3 - x'_i \tag{1}$$

$$y_{H_i} = y_1 + y_2 + y_3 + y'_1 + y'_2 + y'_3 - y'_i \tag{2}$$

$$2x_{M_i} = x_{H_i} + x_{R_i} \tag{3}$$

$$2y_{M_i} = y_{H_i} + y_{R_i} \tag{4}$$

椭圆 L 的方程为 $b^2 x^2 + a^2 y^2 = a^2 b^2 (a > b > 0)$,$x_i$ 与 y_i 满足 $x_i = a\cos\theta_i, y_i = b\sin\theta_i$,$x'_i$ 与 y'_i 满足 $x'_i = a\cos\varphi_j, y'_i = b\sin\varphi_j$. 令 $\alpha = \theta_1 + \theta_2 + \theta_3 - \varphi_1 - \varphi_2 - \varphi_3$,取 $i=3$,$\triangle A_1 A_2 A_3$ 关于点 P_1, P_2 的两条类西摩松线方程分别为

$$y - \frac{1}{2}b(\sum_{i=1}^{3}\sin\theta_i + \sin\varphi_1) = \frac{b\sin(\alpha + \varphi_2 + \varphi_3)}{a[1 + \cos(\alpha + \varphi_2 + \varphi_3)]}[x - \frac{1}{2}a(\sum_{i=1}^{3}\cos\theta_i + \cos\varphi_1)]$$

$$y - \frac{1}{2}b(\sum_{i=1}^{3}\sin\theta_i + \sin\varphi_2) = \frac{b\sin(\alpha + \varphi_1 + \varphi_3)}{a[1 + \cos(\alpha + \varphi_1 + \varphi_3)]}[x - \frac{1}{2}a(\sum_{i=1}^{3}\cos\theta_i + \cos\varphi_2)]$$

设 $u = x - \frac{1}{2}a(\sum_{i=1}^{3}\cos\theta_i + \cos\varphi_1 + \cos\varphi_2)$,$v = y - \frac{1}{2}b(\sum_{i=1}^{3}\sin\theta_i + \sin\varphi_1 + \sin\varphi_2)$,将以上两个关于 x, y 的二元一次方程分别化为关于 u, v 的二元一次方程

$$bu\sin\frac{\alpha + \varphi_2 + \varphi_3}{2} - av\cos\frac{\alpha + \varphi_2 + \varphi_3}{2} + \frac{1}{2}ab\sin\frac{\alpha - \varphi_2 + \varphi_3}{2} = 0$$

$$bu\sin\frac{\alpha + \varphi_1 + \varphi_3}{2} - av\cos\frac{\alpha + \varphi_1 + \varphi_3}{2} + \frac{1}{2}ab\sin\frac{\alpha - \varphi_1 + \varphi_3}{2} = 0$$

以上两个关于 u, v 的二元一次方程总有唯一的公共解 $u = \frac{1}{2}a\cos(\alpha + \varphi_3)$,$v = \frac{1}{2}b\sin(\alpha + \varphi_3)$,点 M_3 的坐标 x_{M_3} 与 y_{M_3} 为

$$x_{M_3} = \frac{1}{2}a[\sum_{i=1}^{3}(\cos\theta_i + \cos\varphi_i) - \cos\varphi_3 + \cos(\alpha + \varphi_3)]$$

$$y_{M_3} = \frac{1}{2}b[\sum_{i=1}^{3}(\sin\theta_i + \sin\varphi_i) - \sin\varphi_3 + \sin(\alpha + \varphi_3)]$$

一般地,点 M_i 的坐标 x_{M_i} 与 y_{M_i} 为

$$x_{M_i} = \frac{1}{2}a[\sum_{i=1}^{3}(\cos\theta_i + \cos\varphi_i) - \cos\varphi_i + \cos(\alpha + \varphi_i)] \tag{5}$$

$$y_{M_i} = \frac{1}{2}b[\sum_{i=1}^{3}(\sin\theta_i + \sin\varphi_i) - \sin\varphi_i + \sin(\alpha + \varphi_i)] \tag{6}$$

再由式 (1)(2)(3)(4) 得点 R_i 的坐标 x_{R_i} 与 y_{R_i} 为

$$x_{R_i} = a\cos(\alpha + \varphi_i), \quad y_{R_i} = b\sin(\alpha + \varphi_i)$$

因此，点 R_i 在椭圆 L 上．在 P_1, P_2, P_3 去掉异于点 P_i 的任意一点 $P_j(j=1,2,3; j \neq i)$，$\triangle A_1A_2A_3$ 关于点 P_1, P_2, P_3 去掉一点 P_j 后剩下两点的类西摩松线的交点 M_j 的坐标 x_{M_j} 与 y_{M_j} 为

$$x_{M_j} = \frac{1}{2}a\Big[\sum_{i=1}^{3}(\cos\theta_i + \cos\varphi_i) - \cos\varphi_j + \cos(\alpha + \varphi_j)\Big] \tag{7}$$

$$y_{M_j} = \frac{1}{2}b\Big[\sum_{i=1}^{3}(\sin\theta_i + \sin\varphi_i) - \sin\varphi_j + \sin(\alpha + \varphi_j)\Big] \tag{8}$$

$\triangle A_1A_2A_3$ 关于点 P_1, P_2, P_3 的三条类西摩松线共点的充要条件是点 M_i 与 M_j 重合，等式 $x_{M_i} = x_{M_j}$，$y_{M_i} = y_{M_j}$ 同时成立，利用式 (5)(6)(7)(8) 将此充要条件化为

$$\cos(\alpha + \varphi_i) - \cos\varphi_i = \cos(\alpha + \varphi_j) - \cos\varphi_j, \quad \sin(\alpha + \varphi_i) - \sin\varphi_i = \sin(\alpha + \varphi_j) - \sin\varphi_j$$

利用两角和公式将上面两式化为

$$(\cos\varphi_i - \cos\varphi_j)(\cos\alpha - 1) - (\sin\varphi_i - \sin\varphi_j)\sin\alpha = 0$$

$$(\cos\varphi_i - \cos\varphi_j)\sin\alpha + (\sin\varphi_i - \sin\varphi_j)(\cos\alpha - 1) = 0$$

由于 P_i, P_j 两点不重合，$\cos\varphi_i - \cos\varphi_j$，$\sin\varphi_i - \sin\varphi_j$ 不同时等于零，运用加减消元法由以上两式导出 $\cos\alpha - 1 = 0$，$\sin\alpha = 0$，$\triangle A_1A_2A_3$ 关于点 P_1, P_2, P_3 的类西摩松线共点的充要条件是

$$\cos\alpha = 1 \tag{9}$$

点 H_i 与点 P_i 关于点 M_i 对称的充要条件是 P_i, R_i 两点重合，即等式 $x'_i = x_{R_i}$，$y'_i = y_{R_i}$ 同时成立．利用点 P_i 与点 R_i 的坐标，将此充要条件化为

$$\cos\varphi_i = \cos(\alpha + \varphi_i), \quad \sin\varphi_i = \sin(\alpha + \varphi_i)$$

利用两角和公式，将以上两式化为

$$\cos\varphi_i(\cos\alpha - 1) - \sin\varphi_i\sin\alpha = 0, \quad \cos\varphi_i\sin\alpha + \sin\varphi_i(\cos\alpha - 1) = 0$$

由于 $\cos\varphi_i$，$\sin\varphi_i$ 不同时等于零，运用加减消元法得式 (9) 是以上两式同时成立的充要条件，即 P_i, R_i 两点重合的充要条件．因此，$\triangle A_1A_2A_3$ 关于点 P_1, P_2, P_3 的三条类西摩松线共点的充要条件是点 H_i 与点 P_i 关于点 M_i 对称．

双曲线 L 的方程为 $b^2x^2 - a^2y^2 = a^2b^2(a>0, b>0)$，$x_i$ 与 y_i 满足 $2x_i = a(t_i + t_i^{-1})$，$2y_i = b(t_i - t_i^{-1})$（其中 $t_i \neq 0$），x'_i 与 y'_i 满足 $2x'_i = a(s_i + s_i^{-1})$，$2y'_i = b(s_i - s_i^{-1})$（其中 $s_i \neq 0$）．令 $\sigma = t_1t_2t_3s_1^{-1}s_2^{-1}s_3^{-1}$，取 $i=3$，$\triangle A_1A_2A_3$ 关于点 P_1, P_2 的两条类西摩松线方程分别为

$$y - \frac{1}{4}b\Big[\sum_{i=1}^{3}(t_i - t_i^{-1}) + s_1 - s_1^{-1}\Big] = \frac{b(\sigma s_2 s_3 - 1)}{a(\sigma s_2 s_3 + 1)}\Big\{x - \frac{1}{4}a\Big[\sum_{i=1}^{3}(t_i + t_i^{-1}) + s_1 + s_1^{-1}\Big]\Big\}$$

$$y - \frac{1}{4}b\Big[\sum_{i=1}^{3}(t_i - t_i^{-1}) + s_2 - s_2^{-1}\Big] = \frac{b(\sigma s_1 s_3 - 1)}{a(\sigma s_1 s_3 + 1)}\Big\{x - \frac{1}{4}a\Big[\sum_{i=1}^{3}(t_i + t_i^{-1}) + s_2 + s_2^{-1}\Big]\Big\}$$

设 $u = x - \frac{1}{4}a\Big[\sum_{i=1}^{3}(t_i + t_i^{-1}) + \sum_{i=1}^{2}(s_i + s_i^{-1})\Big]$，$v = y - \frac{1}{4}b\Big[\sum_{i=1}^{3}(t_i - t_i^{-1}) + \sum_{i=1}^{2}(s_i - s_i^{-1})\Big]$，将以上两个关于 x, y 的二元一次方程分别化为关于 u, v 的二元一次方程

$$b(\sigma s_2 s_3 - 1)u - a(\sigma s_2 s_3 + 1)v + \frac{1}{2}ab(\sigma s_3 - s_2) = 0$$

$$b(\sigma s_1 s_3 - 1)u - a(\sigma s_1 s_3 + 1)v + \frac{1}{2}ab(\sigma s_3 - s_1) = 0$$

以上两个关于 u, v 的二元一次方程总有唯一公共解

$$u = \frac{1}{4}a(\sigma s_3 + \sigma^{-1}s_3^{-1}), \quad v = \frac{1}{4}b(\sigma s_3 - \sigma^{-1}s_3^{-1})$$

点 M_3 的坐标 x_{M_3} 与 y_{M_3} 为

$$x_{M_3} = \frac{1}{4}a\Big[\sum_{i=1}^{3}(t_i + t_i^{-1} + s_i + s_i^{-1}) - s_3 - s_3^{-1} + \sigma s_3 + \sigma^{-1}s_3^{-1}\Big]$$

$$y_{M_3} = \frac{1}{4}b\Big[\sum_{i=1}^{3}(t_i - t_i^{-1} + s_i - s_i^{-1}) - s_3 + s_3^{-1} + \sigma s_3 - \sigma^{-1}s_3^{-1}\Big]$$

一般地,点 M_i 的坐标 x_{M_i} 与 y_{M_i} 为

$$x_{M_i} = \frac{1}{4}a\Big[\sum_{i=1}^{3}(t_i + t_i^{-1} + s_i + s_i^{-1}) - s_i - s_i^{-1} + \sigma s_i + \sigma^{-1}s_i^{-1}\Big] \tag{10}$$

$$y_{M_i} = \frac{1}{4}b\Big[\sum_{i=1}^{3}(t_i - t_i^{-1} + s_i - s_i^{-1}) - s_i + s_i^{-1} + \sigma s_i - \sigma^{-1}s_i^{-1}\Big] \tag{11}$$

再由式(1)(2)(3)(4) 得点 R_i 的坐标为

$$x_{R_i} = \frac{1}{2}a(\sigma s_i + \sigma^{-1}s_i^{-1}), y_{R_i} = \frac{1}{2}b(\sigma s_i - \sigma^{-1}s_i^{-1})$$

因此,点 R_i 在双曲线 L 上. 在 P_1, P_2, P_3 去掉异于点 P_i 的任意一点 $P_j(j=1,2,3; j \neq i)$, $\triangle A_1A_2A_3$ 关于在 P_1, P_2, P_3 去掉一点 P_j 后剩下两点的类西摩松线的交点 M_j 的坐标 x_{M_j} 与 y_{M_j} 为

$$x_{M_j} = \frac{1}{4}a\Big[\sum_{i=1}^{3}(t_i + t_i^{-1} + s_i + s_i^{-1}) - s_j - s_j^{-1} + \sigma s_j + \sigma^{-1}s_j^{-1}\Big] \tag{12}$$

$$y_{M_j} = \frac{1}{4}b\Big[\sum_{i=1}^{3}(t_i - t_i^{-1} + s_i - s_i^{-1}) - s_j + s_j^{-1} + \sigma s_j - \sigma^{-1}s_j^{-1}\Big] \tag{13}$$

$\triangle A_1A_2A_3$ 关于点 P_1, P_2, P_3 的类西摩松线共点的充要条件是点 M_i 与 M_j 重合,等式 $x_{M_i} = x_{M_j}$, $y_{M_i} = y_{M_j}$ 同时成立,利用式(10)(11)(12)(13) 将此充要条件化为

$$\sigma s_i + \sigma^{-1}s_i^{-1} - s_i - s_i^{-1} = \sigma s_j + \sigma^{-1}s_j^{-1} - s_j - s_j^{-1}$$

$$\sigma s_i - \sigma^{-1}s_i^{-1} - s_i + s_i^{-1} = \sigma s_j - \sigma^{-1}s_j^{-1} - s_j + s_j^{-1}$$

由于 P_i, P_j 两点不重合,$s_i \neq s_j$,将以上两式的左右两边分别相加,即可导出 $\triangle A_1A_2A_3$ 关于点 P_1, P_2, P_3 的类西摩松线共点的充要条件是

$$\sigma = 1 \tag{14}$$

点 H_i 与点 P_i 关于点 M_i 对称的充要条件是 P_i, R_i 两点重合,等式 $x'_i = x_{R_i}$, $y'_i = y_{R_i}$ 同时成立. 利用点 P_i, R_i 两点的坐标,将此充要条件化为

$$\sigma s_i + \sigma^{-1}s_i^{-1} = s_i + s_i^{-1}, \sigma s_i - \sigma^{-1}s_i^{-1} = s_i - s_i^{-1}$$

运用加减消元法得式(14)是以上两式同时成立的充要条件,即 P_i, R_i 两点重合的充要条件. 因此, $\triangle A_1A_2A_3$ 关于点 P_1, P_2, P_3 的三条类西摩松线共点的充要条件是点 H_i 与 P_i 关于点 M_i 对称.

定理 2 中心为 O 的有心圆锥曲线 L 上有五点 A_1, A_2, A_3, P_1, P_2,有心圆锥曲线 L 上有且只有一点 P_3,使 $\triangle A_1A_2A_3$ 关于点 P_1, P_2, P_3 的三条类西摩松线共点.

定理 3 椭圆 $L: b^2x^2 + a^2y^2 = a^2b^2$ 上有六点 $A_1, A_2, A_3, P_1, P_2, P_3$,点 A_1, A_2, A_3 中任一点 $A_i(i=1,2,3)$ 的坐标 x_i 与 y_i 满足 $x_i = a\cos\theta_i, y_i = b\sin\theta_i$,点 P_1, P_2, P_3 中任一点 P_i 的坐标 x'_i 与 y'_i 满足 $x'_i = a\cos\varphi_i, y'_i = b\sin\varphi_i$. 则 $\triangle A_1A_2A_3$ 关于点 P_1, P_2, P_3 的三条类西摩松线共点的充要条件是 $\cos(\theta_1 + \theta_2 + \theta_3 - \varphi_1 - \varphi_2 - \varphi_3) = 1$.

定理 4 双曲线 $L: b^2x^2 - a^2y^2 = a^2b^2$ 上有六点 $A_1, A_2, A_3, P_1, P_2, P_3$,点 A_1, A_2, A_3 中任一点 $A_i(i=1,2,3)$ 的坐标 x_i 与 y_i 满足 $2x_i = a(t_i + t_i^{-1}), 2y_i = b(t_i - t_i^{-1})$,点 P_1, P_2, P_3 中任一点 P_i 的坐标 x'_i 与 y'_i 满足 $2x'_i = a(s_i + s_i^{-1}), 2y'_i = b(s_i - s_i^{-1})$. 则 $\triangle A_1A_2A_3$ 关于点 P_1, P_2, P_3 的三条类西摩松线共点的充要条件是 $t_1t_2t_3 = s_1s_2s_3$.

定理 5 $\triangle A_1A_2A_3, \triangle P_1P_2P_3$ 的顶点都在中心为 O 的有心圆锥曲线 L 上,若 $\triangle A_1A_2A_3$ 关于点 P_1,

P_2，P_3 的三条类西摩松线相交于一点 X，则 $\triangle P_1P_2P_3$ 关于点 A_1，A_2，A_3 的三条类西摩松线也相交于点 X，点 X 一定是六点 A_1，A_2，A_3，P_1，P_2，P_3 中任取三点关于点 O 的一号心与剩下三点关于点 O 的一号心之间线段的中点，也是此六点关于点 O 的二号心.

定理 6 中心为 O 的有心圆锥曲线 L 上有六点 A_1，A_2，A_3，B_1，B_2，B_3，此六点关于点 O 的二号心为 X，$\triangle A_1A_2A_3$ 关于点 B_1，B_2，B_3 的三条类西摩松线共点的充要条件是 $\triangle A_1A_2A_3$ 关于 B_1，B_2，B_3 三点中任一点的类西摩松线与有心圆锥曲线 L 共轭于此三点中其余两点连线的直径平行，或 $\triangle A_1A_2A_3$ 关于 B_1，B_2，B_3 三点中任一点的类西摩松线经过点 X.

证明 A_1，A_2，A_3 三点中任一点 A_i 的坐标为 x_{A_i} 与 y_{A_i}，B_1，B_2，B_3 三点中任一点 B_i 的坐标为 x_{B_i} 与 y_{B_i}. 椭圆 L 的方程为 $b^2x^2+a^2y^2=a^2b^2$，x_{A_i} 与 y_{A_i}，x_{B_i} 与 y_{B_i} 满足 $x_{A_i}=a\cos\theta_i$，$y_{A_i}=b\sin\theta_i$，$x_{B_i}=a\cos\varphi_i$，$y_{B_i}=b\sin\varphi_i$，令 $\alpha=\theta_1+\theta_2+\theta_3-\varphi_1-\varphi_2-\varphi_3$. 不失一般性，在 B_1，B_2，B_3 中取一点 B_1，$\triangle A_1A_2A_3$ 关于 B_1 的类西摩松线方程为

$$y-\frac{1}{2}b\left(\sum_{i=1}^{3}\sin\theta_i+\sin\varphi_1\right)=\frac{b\sin(\alpha+\varphi_2+\varphi_3))}{a[1+\cos(\alpha+\varphi_2+\varphi_3)]}\left[x-\frac{1}{2}a\left(\sum_{i=1}^{3}\cos\theta_i+\cos\varphi_1\right)\right]$$

在 B_1，B_2，B_3 中取一点 B_1 后剩下两点为 B_2，B_3，椭圆 L 共轭于直线 B_2B_3 的直径的方程为

$$y=\frac{b(\sin\varphi_2+\sin\varphi_3)}{a(\cos\varphi_2+\cos\varphi_3)}x$$

点 X 的坐标 x_X 与 y_X 为

$$x_X=\frac{1}{2}a\sum_{i=1}^{3}(\cos\theta_i+\cos\varphi_i),\quad y_X=\frac{1}{2}b\sum_{i=1}^{3}(\sin\theta_i+\sin\varphi_i)$$

$\triangle A_1A_2A_3$ 关于点 B_1 的类西摩松线与椭圆 L 共轭于直线 B_2B_3 的直径平行的充要条件，$\triangle A_1A_2A_3$ 关于点 B_1 的类西摩松线经过点 X 的充要条件，都是下面的等式

$$\frac{\sin(\alpha+\varphi_2+\varphi_3)}{1+\cos(\alpha+\varphi_2+\varphi_3)}=\frac{\sin\varphi_2+\sin\varphi_3}{\cos\varphi_2+\cos\varphi_3}$$

对上式左边分子、分母应用倍角公式，右边分子、分母应用和差化积公式得

$$\sin\frac{\gamma+\varphi_2+\varphi_3}{2}\cos\frac{\varphi_2+\varphi_3}{2}-\cos\frac{\gamma+\varphi_2+\varphi_3}{2}\sin\frac{\varphi_2+\varphi_3}{2}=0$$

由两角和公式得 $\sin\frac{\alpha}{2}=0$，再由倍角公式得 $\cos\alpha=1$，其推导过程可逆，根据定理 3，$\triangle A_1A_2A_3$ 关于点 B_1，B_2，B_3 的三条类西摩松线共点的充要条件是 $\triangle A_1A_2A_3$ 关于点 B_1 的类西摩松线与椭圆 L 共轭于直线 B_2B_3 的直径平行，或 $\triangle A_1A_2A_3$ 关于 B_1 的类西摩松线经过点 X.

双曲线 L 的方程为 $b^2x^2-a^2y^2=a^2b^2$，x_{A_i} 与 y_{A_i}，x_{B_i} 与 y_{B_i} 满足 $2x_{A_i}=a(t_i+t_i^{-1})$，$2y_{A_i}=b(t_i-t_i^{-1})$，$2x_{B_i}=a(s_i+s_i^{-1})$，$2y_{B_i}=b(s_i-s_i^{-1})$，令 $\sigma=t_1t_2t_3s_1^{-1}s_2^{-1}s_3^{-1}$. 不失一般性，在 B_1，B_2，B_3 中取一点 B_1，$\triangle A_1A_2A_3$ 关于点 B_1 的类西摩松线方程为

$$y-\frac{1}{4}b\left[\sum_{i=1}^{3}(t_i-t_i^{-1})+s_1-s_1^{-1}\right]=\frac{b(\sigma s_2s_3-1)}{a(\sigma s_2s_3+1)}\left\{x-\frac{1}{4}a\left[\sum_{i=1}^{3}(t_i+t_i^{-1})+s_1+s_1^{-1}\right]\right\}$$

在 B_1，B_2，B_3 中取一点 B_1 后剩下两点为 B_2，B_3，双曲线 L 共轭于直线 B_2B_3 的直径的方程为

$$y=\frac{b(s_2-s_2^{-1}+s_3-s_3^{-1})}{a(s_2+s_2^{-1}+s_3+s_3^{-1})}x$$

点 X 的坐标 x_X 与 y_X 为

$$x_X=\frac{1}{2}a\sum_{i=1}^{3}(t_i+t_i^{-1}+s_i+s_i^{-1}),\quad y_X=\frac{1}{2}b\sum_{i=1}^{3}(t_i-t_i^{-1}+s_i-s_i^{-1})$$

$\triangle A_1A_2A_3$ 关于点 B_1 的类西摩松线与双曲线 L 共轭于直线 B_2B_3 的直径平行的充要条件，$\triangle A_1A_2A_3$ 关于点 B_1 的类西摩松线经过点 X 的充要条件，都是下面的等式

$$\frac{\sigma s_2 s_3 - 1}{\sigma s_2 s_3 + 1} = \frac{s_2 - s_2^{-1} + s_3 - s_3^{-1}}{s_2 + s_2^{-1} + s_3 + s_3^{-1}}$$

对上式运用合分比定理即可导出 $\sigma=1$，其推导过程可逆，根据定理 4，$\triangle A_1 A_2 A_3$ 关于点 B_1, B_2, B_3 的三条类西摩松线共点的充要条件是 $\triangle A_1 A_2 A_3$ 关于点 B_1 的类西摩松线与双曲线 L 共轭于直线 $B_2 B_3$ 的直径平行，或 $\triangle A_1 A_2 A_3$ 关于点 B_1 的类西摩松线经过点 X.

因此，$\triangle A_1 A_2 A_3$ 关于点 B_1, B_2, B_3 的三条类西摩松线共点的充要条件是 $\triangle A_1 A_2 A_3$ 关于点 B_1, B_2, B_3 三点中任一点的类西摩松线与有心圆锥曲线 L 共轭于此三点中其余两点连线的直径平行，或 $\triangle A_1 A_2 A_3$ 关于点 B_1, B_2, B_3 三点中任一点的类西摩松线经过点 X.

定理 7 $\triangle ABC$ 的顶点在中心为 O 的有心圆锥曲线 L 上，M, N 是曲线 L 上的两点，$\triangle ABC$ 关于点 M, N 的类西摩松线分别为 l_1, l_2，过点 M 且与曲线 L 共轭于直线 l_2 的直径平行的直线为 l_M. 过点 N 且与曲线 L 共轭于直线 l_1 的直径平行的直线为 l_N，则直线 l_M, l_N 相交于有心圆锥曲线 L 上一点 P，$\triangle ABC$ 关于点 P 的类西摩松线 l_P 与有心圆锥曲线 L 共轭于直线 MN 的直径平行，三条直线 l_P, l_1, l_2 共点.

文[6]用比较大的篇幅介绍了波朗杰—藤下定理及其推论，其中波朗杰—藤下定理是定理 3 的组成部分，推论 1 和推论 2 是定理 5 的组成部分，推论 3（有贺定理）是定理 6 的组成部分. 文[7]第 203 页 54 题是定理 7 的组成部分. 波朗杰—藤下定理的推论 4 的内容是：从 $\triangle ABC$ 的顶点向边 BC, CA, AB 引垂线，其垂足分别为 D, E, F，边 BC, CA, AB 的中点分别为 L, M, N，则 D, E, F, L, M, N 在同一圆（此圆是 $\triangle ABC$ 的九点圆）上，L, M, N 三点关于 $\triangle DEF$ 的西摩松线相交于一点. 这个推论中所蕴含的几何关系非常丰富，现将这个推论拓广为下面的定理 8：

定理 8 $\triangle A_1 A_2 A_3$ 的顶点在中心为 O 的有心圆锥曲线 L 上，$\triangle A_1 A_2 A_3$ 关于点 O 的一号心，二号心分别为 H, O'. 线段 $A_1 H, A_2 H, A_3 H$ 的中点分别为 B_1, B_2, B_3，线段 $A_2 A_3, A_3 A_1, A_1 A_2$ 的中点分别为 C_1, C_2, C_3，直线 $A_1 H$ 与 $A_2 A_3$，$A_2 H$ 与 $A_3 A_1$，$A_3 H$ 与 $A_1 A_2$ 的交点 H_1, H_2, H_3 都在有心圆锥曲线 L 上 $\triangle A_1 A_2 A_3$ 的二号九点有心圆锥曲线 L' 上. $\triangle H_1 H_2 H_3$ 关于点 O' 的一号心为 H'，线段 HH' 的中点为 U，线段 $O'U$ 的中点为 V. 过线段 $H_2 H_3, H_3 H_1, H_1 H_2$ 的中点 X, Y, Z 分别作 $l_X \parallel B_1 H$ 与 $l'_X \parallel B_2 B_3$，$l_Y \parallel B_2 H$ 与 $l'_Y \parallel B_3 B_1$，$l_Z \parallel B_3 H$ 与 $l'_Z \parallel B_1 B_2$. 过直线 $B_1 H$ 与 $B_2 B_3$，$B_2 H$ 与 $B_3 B_1$，$B_3 H$ 与 $B_1 B_2$ 的交点 D, E, F 各作一条直线 $l_D \parallel EF$，$l_E \parallel FD$，$l_F \parallel DE$，直线 l_E 与 l_F，l_F 与 l_D，l_D 与 l_E 分别相交于 D_1, E_1, F_1（见图 1，图 2）. 则：

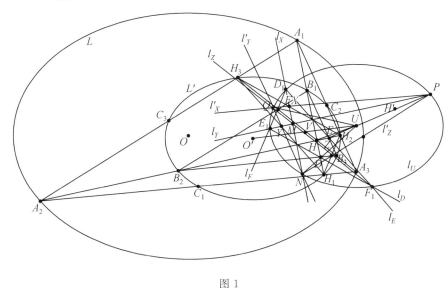

图 1

（Ⅰ）直线 l_X 与 l'_X，l_Y 与 l'_Y，l_Z 与 l'_Z 分别是有心圆锥曲线 L' 上 $\triangle H_1 H_2 H_3$ 关于点 C_1 与 B_1，C_2 与 B_2，C_3 与 B_3 的类西摩松线，直线 l_X, l_Y, l_Z 共点于点 M，直线 l_X, l'_Y, l'_Z 共点于点 N，直线 l'_X, l_Y, l'_Z 共点

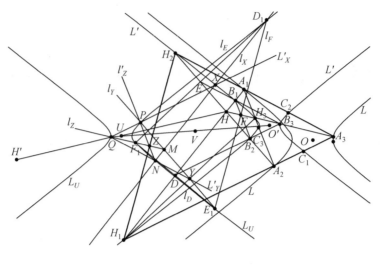

图 2

于点 P, 直线 l'_X, l'_Y, l_Z 共点于点 Q. 点 M 与 H, N 与 B_1, P 与 B_2, Q 与 B_3 关于点 V 对称.

(Ⅱ)直线 l_D, l_E, l_F 分别是有心圆锥曲线 L' 上 $\triangle B_1 B_2 B_3$ 关于点 H_1, H_2, H_3 的类西摩松线. D_1 与 H_1, E_1 与 H_2, F_1 与 H_3 都关于点 V 对称, D, E, F 分别是线段 $E_1 F_1, F_1 D_1, D_1 E_1$ 的中点, 点 D_1, E_1, F_1 分别在直线 l_X, l_Y, l_Z 上.

(Ⅲ)直线 DN, EP, FQ 都经过点 $U. D_1, E_1, F_1, N, P, Q$ 六点在以点 U 为中心的同一有心圆锥曲线 L_U 上, 有心圆锥曲线 L_U 与 L' 关于点 V 对称.

证明 在以点 O' 为坐标原点的平面直角坐标系中, 曲线 L' 的方程为 $mx^2 + ny^2 = 1$, 其中 m, n 都不为零, 且至少有一个大于零, 点 B_1, B_2, B_3 的坐标分别为 x_1 与 y_1, x_2 与 y_2, x_3 与 y_3. 由于点 H, O' 分别是 $\triangle A_1 A_2 A_3$ 关于点 O 的一号心, 二号心, 点 O' 是线段 OH 的中点, 有 $2\overrightarrow{O'B_1} = \overrightarrow{OA_1}, 2\overrightarrow{O'B_2} = \overrightarrow{OA_2},$ $2\overrightarrow{O'B_3} = \overrightarrow{OA_3}, \overrightarrow{OH} = 2\overrightarrow{O'H} = \overrightarrow{OA_1} + \overrightarrow{OA_2} + \overrightarrow{OA_3}$. 所以, $\overrightarrow{O'H} = \overrightarrow{O'B_1} + \overrightarrow{O'B_2} + \overrightarrow{O'B_3}$, 点 H 又是 $\triangle B_1 B_2 B_3$ 关于点 O' 的一号心, 点 H 的坐标 x_H 与 y_H 为

$$x_H = x_1 + x_2 + x_3, \quad y_H = y_1 + y_2 + y_3 \tag{15}$$

设点 A_1, A_2, A_3 的坐标分别为 x_{A_1} 与 y_{A_1}, x_{A_2} 与 y_{A_2}, x_{A_3} 与 y_{A_3}, 由于点 B_1 是线段 $A_1 H$ 的中点, 则 $x_{A_1} = x_1 - x_2 - x_3, y_{A_1} = y_1 - y_2 - y_3$. 同理, $x_{A_2} = x_2 - x_1 - x_3, y_{A_2} = y_2 - y_1 - y_3, x_{A_3} = x_3 - x_1 - x_2, y_{A_3} = y_3 - y_1 - y_2$. 由于点 C_1, C_2, C_3 分别是线段 $A_2 A_3, A_3 A_1, A_1 A_2$ 的中点, 点 C_1, C_2, C_3 的坐标分别为 $-x_1$ 与 $-y_1, -x_2$ 与 $-y_2, -x_3$ 与 $-y_3$. 线段 $B_1 C_1, B_2 C_2, B_3 C_3$ 是有心圆锥曲线 L' 的直径. 设 $H_1,$ H_2, H_3 各点坐标分别为 x_{H_1} 与 y_{H_1}, x_{H_2} 与 y_{H_2}, x_{H_3} 与 y_{H_3}, 点 H' 的坐标 $x_{H'}$ 与 $y_{H'}$ 为

$$x_{H'} = x_{H_1} + x_{H_2} + x_{H_3}, \quad y_{H'} = y_{H_1} + y_{H_2} + y_{H_3} \tag{16}$$

设 U, V 两点的坐标分别为 x_U 与 y_U, x_V 与 y_V, 则

$$x_U = 2x_V = \frac{x_1 + x_2 + x_3 + x_{H_1} + x_{H_2} + x_{H_3}}{2}, \quad y_U = 2y_V = \frac{y_1 + y_2 + y_3 + y_{H_1} + y_{H_2} + y_{H_3}}{2} \tag{17}$$

由 B_2 与 B_3, B_1 与 H 的坐标可知, 直线 $B_1 H_1$ 与有心圆锥曲线 L' 共轭于直线 $B_2 B_3$ 的直径平行, 直线 $B_2 B_3$ 与有心圆锥曲线 L' 共轭于直线 $B_1 H_1$ 的直径也平行. 所以

$$(x_2 + x_3)(y_{H_1} - y_1) - (x_{H_1} - x_1)(y_2 + y_3) = 0 \tag{18}$$

$$(x_2 - x_3)(y_1 + y_{H_1}) - (x_1 + x_{H_1})(y_2 - y_3) = 0 \tag{19}$$

将以上两式的左、右两边相减得

$$y_3 x_{H_1} - x_3 y_{H_1} - x_1 y_2 + x_2 y_1 = 0 \tag{20}$$

同理, 由直线 $B_3 B_1, B_2 H_2$ 中任意一条直线与有心圆锥曲线 L' 共轭于另一条直线的直径平行得

$$y_3 x_{H_2} - x_3 y_{H_2} + x_1 y_2 - x_2 y_1 = 0 \tag{21}$$

将式(18)(19)的左、右两边相加得

$$x_3 (y_{H_1} + y_{H_2}) - (x_{H_1} + x_{H_2}) y_3 = 0 \tag{22}$$

设点 Z 的坐标为 x_Z 与 y_Z,由中点坐标公式得

$$2 x_Z = x_{H_1} + x_{H_2}, 2 y_Z = y_{H_1} + y_{H_2} \tag{23}$$

由式(20)(21)得

$$x_3 y_Z - x_Z y_3 = 0 \tag{24}$$

由等式(24)可知,点 Z 在直线 $B_3 C_3$ 上.同理,点 X, Y 分别在直线 $B_1 C_1, B_2 C_2$ 上.直线 $B_3 C_3$ 是有心圆锥曲线 L' 共轭于直线 $H_1 H_2$ 的直径,$\triangle H_1 H_2 H_3$ 关于点 C_3, B_3 的两条类西摩松线都经过点 Z.根据有心圆锥曲线中类西摩松线的史坦纳定理,$\triangle H_1 H_2 H_3$ 关于点 C_3, B_3 的两条类西摩松线分别经过线段 $C_3 H', B_3 H'$ 的中点,直线 $l_Z \parallel B_3 H', l'_Z \parallel B_1 B_2$,要证明直线 l_Z, l'_Z 分别是 $\triangle H_1 H_2 H_3$ 关于点 C_3, B_3 的类西摩松线,只须证明下面两个待证等式

$$\frac{y_{H'} - y_3 - 2 y_Z}{x_{H'} - x_3 - 2 x_Z} = \frac{y_1 + y_2}{x_1 + x_2} \tag{25}$$

$$\frac{y_3 + y_{H'} - 2 y_Z}{x_3 + x_{H'} - 2 x_Z} = \frac{y_2 - y_1}{x_2 - x_1} \tag{26}$$

利用式(16)(23)消去待证等式(25)(26)中 $x_{H'}$ 与 $y_{H'}$,x_Z 与 y_Z,待证等式(25)(26)等价于

$$(x_1 + x_2)(y_{H_3} - y_3) - (x_{H_3} - x_3)(y_1 + y_2) = 0 \tag{27}$$

$$(x_2 - x_1)(y_{H_3} + y_3) - (x_{H_3} + x_3)(y_2 - y_1) = 0 \tag{28}$$

由于直线 $B_3 B_1, B_2 H_2$ 中任意一条直线与有心圆锥曲线 L' 共轭且与另一条直线的直径平行,待证等式(27)(28)都成立,直线 l_Z 与 l'_Z 分别是 $\triangle H_1 H_2 H_3$ 关于点 C_3 与 B_3 的类西摩松线.同理,直线 l_X 与 l'_X, l_Y 与 l'_Y 分别是 $\triangle H_1 H_2 H_3$ 关于点 C_1 与 B_1,C_2 与 B_2 的类西摩松线.直线 $l_X \parallel B_1 H, C_2 C_3 \parallel B_2 B_3$,直线 l_X 与 $C_2 C_3$,直线 l_X 与 $B_2 B_3$ 中任一直线与有心圆锥曲线 L' 共轭于另一直线的直径平行,根据定理 6,三条直线 l_X, l_Y, l_Z 共点于点 M,三条直线 l_X, l'_Y, l'_Z 共点于点 N.同理,三条直线 l_Y, l'_X, l'_Z 共点于点 P,三条直线 l_Z, l'_X, l'_Y 共点于点 Q.设点 M, N, P, Q 的坐标分别为 x_M 与 y_M,x_N 与 y_N,x_P 与 y_P,x_Q 与 y_Q,写出 $\triangle C_1 C_2 C_3, \triangle B_2 B_3 C_1, \triangle B_1 B_3 C_2, \triangle B_1 B_2 C_3$ 关于点 O' 的一号心的坐标,利用式(16),根据定理 5 得

$$x_M = \frac{x_{H_1} + x_{H_2} + x_{H_3} - x_1 - x_2 - x_3}{2}, y_M = \frac{y_{H_1} + y_{H_2} + y_{H_3} - y_1 - y_2 - y_3}{2} \tag{29}$$

$$x_N = \frac{x_{H_1} + x_{H_2} + x_{H_3} - x_1 + x_2 + x_3}{2}, y_N = \frac{y_{H_1} + y_{H_2} + y_{H_3} - y_1 + y_2 + y_3}{2} \tag{30}$$

$$x_P = \frac{x_{H_1} + x_{H_2} + x_{H_3} + x_1 - x_2 + x_3}{2}, y_P = \frac{y_{H_1} + y_{H_2} + y_{H_3} + y_1 - y_2 + y_3}{2} \tag{31}$$

$$x_Q = \frac{x_{H_1} + x_{H_2} + x_{H_3} + x_1 + x_2 - x_3}{2}, y_Q = \frac{y_{H_1} + y_{H_2} + y_{H_3} + y_1 + y_2 - y_3}{2} \tag{32}$$

运用中点坐标公式和式(17)即可证明点 M 与 H,N 与 B_1,P 与 B_2,Q 与 B_3 都关于点 V 对称.

由于直线 $B_1 H_1$ 与有心圆锥曲线 L' 共轭于直线 $B_2 B_3$ 的直径平行,$\triangle B_1 B_2 B_3$ 关于点 H_1 的类西摩松线经过点 D,根据有心圆锥曲线中类西摩松线的史坦纳定理,点 D 是线段 $H H_1$ 的中点.同理,$\triangle B_1 B_2 B_3$ 关于点 H_2, H_3 的类西摩松线经过点 E, F,点 E, F 分别是线段 $H H_2, H H_3$ 的中点.D, E, F 三点的坐标 x_D 与 y_D,x_E 与 y_E,x_F 与 y_F 分别为

$$x_D = \frac{x_1 + x_2 + x_3 + x_{H_1}}{2}, y_D = \frac{y_1 + y_2 + y_3 + y_{H_1}}{2} \tag{33}$$

$$x_E = \frac{x_1 + x_2 + x_3 + x_{H_2}}{2}, y_E = \frac{y_1 + y_2 + y_3 + y_{H_2}}{2} \tag{34}$$

$$x_F = \frac{x_1 + x_2 + x_3 + x_{H_3}}{2}, y_F = \frac{y_1 + y_2 + y_3 + y_{H_3}}{2} \tag{35}$$

要证明直线 l_D 是 $\triangle B_1 B_2 B_3$ 关于点 H_1 的类西摩松线, 只须证明 $\triangle B_1 B_2 B_3$ 关于点 H_1 的类西摩松线与直线 EF 平行. 如图 3, 图 4 所示, 过点 H_1 作直线 $H_1 I \parallel B_2 H$, $H_1 J \parallel B_3 H$, 直线 $H_1 I$ 与 $B_3 B_1$, $H_1 J$ 与 $B_1 B_2$ 分别相交于 I, J, 直线 $H_1 I, H_1 J$ 分别与有心圆锥曲线 L' 共轭于直线 $B_3 B_1$, $B_1 B_2$ 的直径平行, 直线 IJ 是 $\triangle B_1 B_2 B_3$ 关于点 H_1 的类西摩松线. 由线段 $B_1 E : B_1 I = B_1 H : B_1 H_1$, $B_1 F : B_1 J = B_1 H : B_1 H_1$ 得 $B_1 E : B_1 I = B_1 F : B_1 J$, 直线 $IJ \parallel EF$, $\triangle B_1 B_2 B_3$ 关于点 H_1 的类西摩松线与直线 EF 平行, 即直线 l_D 是 $\triangle B_1 B_2 B_3$ 关于点 H_1 的类西摩松线. 同理, 直线 l_E, l_F 分别是 $\triangle B_1 B_2 B_3$ 关于点 H_2, H_3 的类西摩松线. 由 D, E, F 三点坐标以及式 (19)(20)(21) 写出直线 l_E, l_F 方程

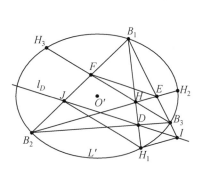
图 3

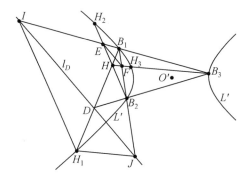
图 4

$$(y_{H_1} - y_{H_3})(2x - x_1 - x_2 - x_3 - x_{H_2}) - (x_{H_1} - x_{H_3})(2y - y_1 - y_2 - y_3 - y_{H_2}) = 0 \tag{36}$$

$$(y_{H_2} - y_{H_1})(2x - x_1 - x_2 - x_3 - x_{H_3}) - (x_{H_2} - x_{H_1})(2y - y_1 - y_2 - y_3 - y_{H_3}) = 0 \tag{37}$$

设点 H_1 关于点 V 的对称点为 R, 其坐标为 x_R 与 y_R, 利用式 (17) 的中点坐标公式得

$$x_R = \frac{x_1 + x_2 + x_3 - x_{H_1} + x_{H_2} + x_{H_3}}{2}, y_R = \frac{y_1 + y_2 + y_3 - y_{H_1} + y_{H_2} + y_{H_3}}{2} \tag{38}$$

将式 (38) 分别代入二元一次方程 (36)(37) 可知, 点 R 的坐标是二元一次方程 (36)(37) 的公共解, 点 R 是直线 l_E, l_F 的交点, R, D_1 两点重合. 因此, D_1 与 H_1 两点关于点 V 对称. 同理, E_1 与 H_2, F_1 与 H_3 都关于点 V 对称, 点 D_1, E_1, F_1 的坐标 x_{D_1} 与 y_{D_1}, x_{E_1} 与 y_{E_1}, x_{F_1} 与 y_{F_1} 分别为

$$x_{D_1} = \frac{x_1 + x_2 + x_3 - x_{H_1} + x_{H_2} + x_{H_3}}{2}, y_{D_1} = \frac{y_1 + y_2 + y_3 - y_{H_1} + y_{H_2} + y_{H_3}}{2} \tag{39}$$

$$x_{E_1} = \frac{x_1 + x_2 + x_3 + x_{H_1} - x_{H_2} + x_{H_3}}{2}, y_{E_1} = \frac{y_1 + y_2 + y_3 + y_{H_1} - y_{H_2} + y_{H_3}}{2} \tag{40}$$

$$x_{F_1} = \frac{x_1 + x_2 + x_3 + x_{H_1} + x_{H_2} - x_{H_3}}{2}, y_{F_1} = \frac{y_1 + y_2 + y_3 + y_{H_2} + y_{H_1} - y_{H_3}}{2} \tag{41}$$

由中点坐标公式可知, 点 D, E, F 分别是线段 $E_1 F_1$, $F_1 D_1$, $D_1 E_1$ 的中点. 直线 l_X 的方程为

$$y - \frac{y_{H_2} + y_{H_3}}{2} = \frac{y_2 + y_3}{x_2 + x_3}\left(x - \frac{x_{H_2} + x_{H_3}}{2}\right) \tag{42}$$

将式 (39) 代入式 (42), 利用等式 (18) 即可证明点 D_1 的坐标满足直线 l_X 的方程, 点 D_1 在直线 l_X 上. 同理, E_1, F_1 分别在直线 l_Y, l_Z 上. 为了证明直线 FQ 经过点 U, 由 F, Q, U 三点共线的充要条件得待证等式

$$(x_F - x_Q)(y_Q - y_U) - (x_Q - x_U)(y_F - y_Q) = 0 \tag{43}$$

利用式 (17)(32)(35) 消去待证等式 (42) 中的 x_U 与 y_U, x_Q 与 y_Q, x_F 与 y_F, 利用已证等式 (22) 即可

证明待证等式(43)成立,直线 FQ 经过点 U.同理,直线 DN,EP 都经过点 U.用 x_0 与 y_0 统一表示点 B_1, B_2,B_3,H_1,H_2,H_3 的坐标,用 x 与 y 统一表示点 N,P,Q,D_1,E_1,F_1 的坐标,由于 N 与 B_1,P 与 B_2,Q 与 B_3,D_1 与 H_1,E_1 与 H_2,F_1 与 H_3 都关于点 V 对称,利用式(17)得 $x_0+x=x_U$,$y_0+y=y_U$,由此解出 $x_0=x_U-x$,$y_0=y_U-y$,由点 B_1,B_2,B_3,H_1,H_2,H_3 都在有心圆锥曲线 L' 上得点 N,P,Q,D_1,E_1,F_1 的坐标所满足的二元二次方程为 $m(x-x_U)^2+n(y-y_U)^2=1$.因此,D_1,E_1,F_1,N,P,Q 六点都在以点 U 为中心的同一有心圆锥曲线 L_U 上,有心圆锥曲线 L_U 与 L' 关于点 V 对称.

定理 9 中心为 O 的有心圆锥曲线 L 上五点 A_1,A_2,A_3,A_4,A_5 的二号十五点有心圆锥曲线为 L',此五点中任意三点所组成的三角形关于剩下两点的两条类西摩松线的交点都在有心圆锥曲线 L' 上.

证明 在平面直角坐标系中,有心圆锥曲线 L 的方程为 $mx^2+ny^2=1$,其中 m,n 都不等于零,且至少有一个大于零.A_1,A_2,A_3,A_4,A_5 各点坐标为 x_1 与 y_1,x_2 与 y_2,x_3 与 y_3,x_4 与 y_4,x_5 与 y_5,五点 A_1,A_2,A_3,A_4,A_5 关于点 O 的一号心为 H,点 H 的坐标 x_H 与 y_H 为

$$x_H=x_1+x_2+x_3+x_4+x_5,y_H=y_1+y_2+y_3+y_4+y_5 \tag{44}$$

五点 A_1,A_2,A_3,A_4,A_5 中某三点所组成的三角形关于剩下两点的两条类西摩松线的交点记为 $M(x_M,y_M)$,点 H 关于点 M 的对称点为 $N(x_N,y_N)$,则

$$2x_M=x_H+x_N,2y_M=y_H+y_N \tag{45}$$

根据定理1,点 N 在有心圆锥曲线 L 上,有

$$mx_N^2+ny_N^2=1 \tag{46}$$

由式(44)(45)(46)导出点 N 的坐标所满足的二元二次方程为

$$m(x-\frac{x_1+x_2+x_3+x_4+x_5}{2})^2+n(y-\frac{y_1+y_2+y_3+y_4+y_5}{2})^2=\frac{1}{4} \tag{47}$$

此方程是有心圆锥曲线 L 上五点 A_1,A_2,A_3,A_4,A_5 的二号十五点有心圆锥曲线 L' 的方程,点 M 在有心圆锥曲线 L' 上.因此,五点 A_1,A_2,A_3,A_4,A_5 中任意三点所组成的三角形关于剩下两点的类西摩松线的交点都在有心圆锥曲线 L' 上.

定理 10 中心为 O 的有心圆锥曲线 L 上 $\triangle ABC$ 的二号九点有心圆锥曲线为 L',有心圆锥曲线 L 上两点 P_1,P_2 关于点 O 对称,$\triangle ABC$ 关于点 P_1,P_2 的两条类西摩松线分别为 l_1,l_2.则有心圆锥曲线 L 上五点 A,B,C,P_1,P_2 中任意三点所组成的三角形关于剩下两点的两条类西摩松线的交点都在有心圆锥曲线 L' 上,直线 l_1,l_2 中的一条直线与有心圆锥曲线 L' 共轭于另一条直线的直径平行.

证明 在平面直角坐标系中,有心圆锥曲线 L 的方程为 $mx^2+ny^2=1$,其中 m,n 都不等于零,且至少有一个大于零.A,B,C,P_1,P_2 各点坐标分别为 x_1 与 y_1,x_2 与 y_2,x_3 与 y_3,x_0 与 y_0,$-x_0$ 与 $-y_0$,根据定理9及其证明可知,有心圆锥曲线 L 上五点 A,B,C,P_1,P_2 中任意三点所组成的三角形关于剩下两点的两条类西摩松线的交点坐标所满足的二元二次方程为

$$m(x-\frac{x_1+x_2+x_3}{2})^2+n(y-\frac{y_1+y_2+y_3}{2})^2=\frac{1}{4}$$

此二元二次方程是有心圆锥曲线 L 上 $\triangle ABC$ 的二号九点有心圆锥曲线 L' 的方程,五点 A,B,C,P_1,P_2 中任意三点所组成的三角形关于剩下两点的两条类西摩松线的交点都在有心圆锥曲线 L' 上.五点 A,B,C,P_1,P_2 关于点 O 的一号心和 $\triangle ABC$ 关于点 O 的一号心是同一点 H,$\triangle ABC$ 关于点 P_1,P_2 的类西摩松线的交点为 M,前面已证点 M 在有心圆锥曲线 L' 上.线段 P_1H,P_2H 的中点分别为 K_1,K_2,根据有心圆锥曲线中类西摩松线的史坦纳定理,K_1,K_2 分别在 $\triangle ABC$ 关于点 P_1,P_2 的类西摩松线 l_1,l_2 上,即直线 K_1M,K_2M 分别是 $\triangle ABC$ 关于点 P_1,P_2 的类西摩松线 l_1,l_2,线段 P_1P_2 是有心圆锥曲线 L 的直径,根据有心圆锥曲线 L' 与 L 的位似关系可知,线段 K_1K_2 是有心圆锥曲线 L' 的直径,直线 l_1,l_2 中的一条直线与有心圆锥曲线 L' 共轭于另一条直线的直径平行.

文[6]第 82 页介绍了西摩松线的一个性质:△ABC 外接圆的直径两端点 P,Q 的关于该三角形的西摩松线相互垂直,其交点在九点圆上.西摩松线这一性质是定理 10 的组成部分,而定理 10 又是定理 9 的特例.

定理 11 中心为 O 的有心圆锥曲线 L 上有六点 A_1,A_2,A_3,B_1,B_2,B_3,此六点关于点 O 的二号心为点 X.△$A_1A_2A_3$ 关于 B_1,B_2,B_3 三点中任意去掉一点 $B_j(j=1,2,3)$ 后剩下两点的两条类西摩松线的交点为 M_j,△$B_1B_2B_3$ 关于 A_1,A_2,A_3 三点中任意去掉一点 A_j 后剩下两点的两条类西摩松线的交点为 N_j.则六点 M_j,N_j 在以点 X 为中心的同一有心圆锥曲线 L' 上(见图 5,图 6),或重合为一点 X.

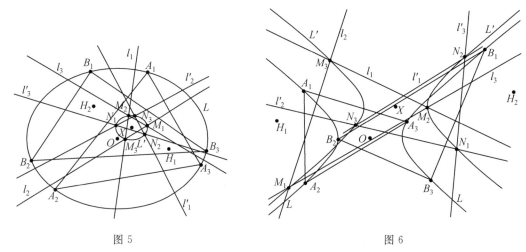

图 5　　　　　　　　　　图 6

证明 用 x_{A_i} 与 $y_{A_i}(i=1,2,3)$ 表示点 A_1,A_2,A_3 中任一点 A_i 的坐标,用 x_{B_i} 与 y_{B_i} 表示点 B_1,B_2,B_3 中任一点 B_i 的坐标.椭圆 L 的方程为 $b^2x^2+a^2y^2=a^2b^2(a>b>0)$,$x_{A_i}$ 与 y_{A_i},x_{B_i} 与 y_{B_i} 满足 $x_{A_i}=a\cos\theta_i,y_{A_i}=b\sin\theta_i,x_{B_i}=a\cos\varphi_i,y_{B_i}=b\sin\varphi_i$,令 $\alpha=\theta_1+\theta_2+\theta_3-\varphi_1-\varphi_2-\varphi_3$.根据定理 1 的证明结果,点 M_j 的坐标 x_{M_j} 与 y_{M_j} 为

$$x_{M_j}=\frac{1}{2}a\Big[\sum_{i=1}^{3}(\cos\theta_i+\cos\varphi_i)+\cos(\alpha+\varphi_j)-\cos\varphi_j\Big] \tag{48}$$

$$y_{M_j}=\frac{1}{2}b\Big[\sum_{i=1}^{3}(\sin\theta_i+\sin\varphi_i)+\sin(\alpha+\varphi_j)-\sin\varphi_j\Big] \tag{49}$$

点 X 的坐标 x_X 与 y_X 为

$$x_X=\frac{1}{2}a\sum_{i=1}^{3}(\cos\theta_i+\cos\varphi_i),\quad y_X=\frac{1}{2}b\sum_{i=1}^{3}(\sin\theta_i+\sin\varphi_i) \tag{50}$$

由式(48)(49)(50)得

$$2b(x_{M_j}-x_X)=ab[\cos(\alpha+\varphi_j)-\cos\varphi_j]$$

$$2a(y_{M_j}-y_X)=ab[\sin(\alpha+\varphi_j)-\sin\varphi_j]$$

先将以上两式的左、右两边分别平方,再相加得点 M_j 的坐标所满足的关于 x,y 的二元二次方程

$$b^2(x-x_X)^2+a^2(y-y_X)^2=\frac{1}{2}a^2b^2[1-\cos\alpha] \tag{51}$$

仿照上述证明同理可证,点 N_j 的坐标也满足二元二次方程(51),方程(51)代表椭圆的充要条件是 $\cos\alpha\neq1$,若 $\cos\alpha=1$,根据定理 3,定理 5,点 M_j,N_j 重合为一点 X.因此,M_j,N_j 六点在以点 X 为中心的同一椭圆 L' 上,或重合为一点 X.

双曲线 L 的方程为 $b^2x^2-a^2y^2=a^2b^2(a>0,b>0)$,$x_{A_i}$ 与 y_{A_i},x_{B_i} 与 y_{B_i} 分别满足 $2x_{A_i}=a(t_i+t_i^{-1})$,$2y_{A_i}=b(t_i-t_i^{-1})$,$2x_{B_i}=a(s_i+s_i^{-1})$,$2y_{B_i}=b(s_i-s_i^{-1})$,其中 $t_i\neq0,s_i\neq0$,令 $\sigma=t_1t_2t_3s_1^{-1}s_2^{-1}s_3^{-1}$.根据定理 1 的证明结果,点 M_j 的坐标 x_{M_j} 与 y_{M_j} 为

$$x_{M_j} = \frac{1}{4}a\Big[\sum_{i=1}^{3}(t_i + t_i^{-1} + s_i + s_i^{-1}) + \sigma s_j + \sigma^{-1}s_j^{-1} - s_j - s_j^{-1}\Big] \tag{52}$$

$$y_{M_j} = \frac{1}{4}b\Big[\sum_{i=1}^{3}(t_i - t_i^{-1} + s_i - s_i^{-1}) + \sigma s_j - \sigma^{-1}s_j^{-1} - s_j + s_j^{-1}\Big] \tag{53}$$

点 X 的坐标 x_X 与 y_X 为

$$x_X = \frac{1}{2}a\sum_{i=1}^{3}(t_i + t_i^{-1} + s_i + s_i^{-1}),\quad y_X = \frac{1}{2}b\sum_{i=1}^{3}(t_i - t_i^{-1} + s_i - s_i^{-1}) \tag{54}$$

由(52)(53)(54)得

$$4b(x_{M_j} - x_X) = ab(\eta s_j + \eta^{-1}s_j^{-1} - s_j - s_j^{-1})$$

$$4a(y_{M_j} - y_X) = ab(\eta s_j - \eta^{-1}s_j^{-1} - s_j + s_j^{-1})$$

先将以上两式的左、右两边分别平方,再相减得点 M_j 的坐标所满足的关于 x,y 的二元二次方程为

$$4b^2(x - x_X)^2 - 4a^2(y - y_X)^2 = a^2b^2(\sigma - 1)(\sigma^{-1} - 1) \tag{55}$$

仿照上述证明同理可证,点 N_j 的坐标也满足二元二次方程(55),方程(55)代表双曲线的充要条件是 $\sigma \neq 1$,若 $\sigma = 1$,根据定理4,定理5,点 M_j,N_j 重合为一点 X.因此,M_j,N_j 六点在以点 X 为中心的同一双曲线 L' 上,或重合为一点 X.

文[7]第 203 页 56 题的内容是:两个三角形有共同的外接圆,求证此形三顶点关于另一形的三西摩松线的交点以及另一形三顶点关于此形的三西摩松线的交点凡六点共圆,圆心是两三角形的垂心连线的中点.此题目是定理 11 的组成部分.

定理 12 $\triangle ABC$ 的顶点在中心为 O 的有心圆锥曲线 L 上,$\triangle ABC$ 关于点 O 的一号心为点 H,$\triangle ABC$ 关于曲线 L 上一点 P 的类西摩松线 l 与直线 BC,CA,AB 分别相交于 M_1,N_1,Q_1,与直线 AH,BH,CH 分别相交于 M_2,N_2,Q_2.分别过点 A,B,C 作曲线 L 共轭于直线 l 的直径 OX 的平行线,分别与直线 l 相交于点 D,E,F.则 $\overrightarrow{DE} = \overrightarrow{N_1M_1} = \overrightarrow{M_2N_2}$,$\overrightarrow{EF} = \overrightarrow{Q_1N_1} = \overrightarrow{N_2Q_2}$,$\overrightarrow{FD} = \overrightarrow{M_1Q_1} = \overrightarrow{Q_2M_2}$(图7,图8).

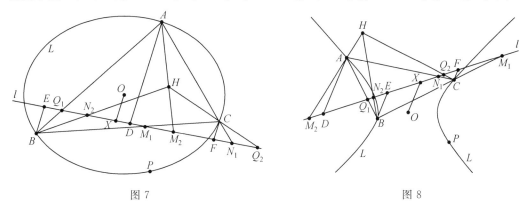

图 7   图 8

证明   用 x_i 与 y_i($i=0,1,2,3$) 表示点 P,A,B,C 的坐标 x_0 与 y_0,x_1 与 y_1,x_2 与 y_2,x_3 与 y_3.设点 D,E,M_1,N_1,M_2,N_2 的坐标分别为 x_D 与 y_D,x_E 与 y_E,x_{M_1} 与 y_{M_1},x_{N_1} 与 y_{N_1},x_{M_2} 与 y_{M_2},x_{N_2} 与 y_{N_2},由于点 D,E,M_1,N_1,M_2,N_2 都在 $\triangle ABC$ 关于点 P 的类西摩松线 l 上,要证明 $\overrightarrow{DE} = \overrightarrow{N_1M_1} = \overrightarrow{M_2N_2}$,只需证

$$y_E - y_D = y_{M_1} - y_{N_1} = y_{N_2} - y_{M_2} \tag{56}$$

椭圆 L 的方程为 $b^2x^2 + a^2y^2 = a^2b^2(a > b > 0)$,$x_i$ 与 y_i 分别满足 $x_i = a\cos\theta_i$,$y_i = b\sin\theta_i$,$\triangle ABC$ 关于点 P 的类西摩松线 l 的方程为

$$y - \frac{1}{2}b\sum_{i=0}^{3}\sin\theta_i = \frac{b\sin(\theta_1 + \theta_2 + \theta_3 - \theta_0)}{a[1 + \cos(\theta_1 + \theta_2 + \theta_3 - \theta_0)]}\Big(x - \frac{1}{2}a\sum_{i=0}^{3}\cos\theta_i\Big)$$

由 D,E 两点在直线 l 上,有

$$a[1+\cos(\theta_1+\theta_2+\theta_3-\theta_0)](y_E-y_D)=b\sin(\theta_1+\theta_2+\theta_3-\theta_0)(x_E-x_D) \tag{57}$$

椭圆 L 共轭于直线 l 的直径 OX 的方程为

$$bx\sin(\theta_1+\theta_2+\theta_3-\theta_0)+ay[1-\cos(\theta_1+\theta_2+\theta_3-\theta_0)]=0$$

由于直线 AD，BE 与直线 OX 平行，因此

$$b\sin(\theta_1+\theta_2+\theta_3-\theta_0)(x_D-a\cos\theta_1)+a[1-\cos(\theta_1+\theta_2+\theta_3-\theta_0)](y_D-b\sin\theta_1)=0$$

$$b\sin(\theta_1+\theta_2+\theta_3-\theta_0)(x_E-a\cos\theta_2)+a[1-\cos(\theta_1+\theta_2+\theta_3-\theta_0)](y_E-b\sin\theta_2)=0$$

将以上两式的左、右两边相减得

$$b\sin(\theta_1+\theta_2+\theta_3-\theta_0)(x_E-x_D)+a[1-\cos(\theta_1+\theta_2+\theta_3-\theta_0)](y_E-y_D)=$$
$$ab[\sin(\theta_1+\theta_3-\theta_0)-\sin(\theta_2+\theta_3-\theta_0)+\sin\theta_2-\sin\theta_1] \tag{58}$$

将式(57)(58) 左、右两边相加得

$$y_E-y_D=\frac{1}{2}b[\sin(\theta_1+\theta_3-\theta_0)-\sin(\theta_2+\theta_3-\theta_0)+\sin\theta_2-\sin\theta_1] \tag{59}$$

利用线段 BC 的中点坐标写出直线 BC 的方程为

$$y-\frac{1}{2}b(\sin\theta_2+\sin\theta_3)=\frac{b(\sin\theta_2-\sin\theta_3)}{a(\cos\theta_2-\cos\theta_3)}\left[x-\frac{1}{2}a(\cos\theta_2+\cos\theta_3)\right]$$

设

$$u=x-\frac{1}{2}a(\cos\theta_0+\cos\theta_2+\cos\theta_3),v=y-\frac{1}{2}b(\sin\theta_0+\sin\theta_2+\sin\theta_3)$$

将直线 l 和 BC 的方程分别化为关于 u,v 的二元一次方程

$$bu\sin\frac{\theta_1+\theta_2+\theta_3-\theta_0}{2}-av\cos\frac{\theta_1+\theta_2+\theta_3-\theta_0}{2}-\frac{1}{2}ab\sin\frac{\theta_2+\theta_3-\theta_0-\theta_1}{2}=0$$

$$bu\cos\frac{\theta_2+\theta_3}{2}+av\sin\frac{\theta_2+\theta_3}{2}+\frac{1}{2}ab\cos\frac{\theta_2+\theta_3-2\theta_0}{2}=0$$

以上两个关于 u,v 的二元一次方程的公共解为

$$u=-\frac{1}{2}a\cos(\theta_2+\theta_3-\theta_0),v=-\frac{1}{2}b\sin(\theta_2+\theta_3-\theta_0)$$

点 M_1 的纵坐标为

$$y_{M_1}=\frac{1}{2}b[\sin\theta_0+\sin\theta_2+\sin\theta_3-\sin(\theta_2+\theta_3-\theta_0)]$$

仿照点 M_1 的纵坐标写出点 N_1 的纵坐标

$$y_{N_1}=\frac{1}{2}b[\sin\theta_0+\sin\theta_1+\sin\theta_3-\sin(\theta_1+\theta_3-\theta_0)]$$

因此

$$y_{M_1}-y_{N_1}=\frac{1}{2}b[\sin(\theta_1+\theta_3-\theta_0)-\sin(\theta_2+\theta_3-\theta_0)+\sin\theta_2-\sin\theta_1] \tag{60}$$

$\triangle ABC$ 关于点 O 的一号心 H 的坐标为

$$x_H=a\sum_{i=1}^{3}\cos\theta_i,y_H=b\sum_{i=1}^{3}\sin\theta_i$$

利用线段 AH 的中点坐标写出直线 AH 的方程为

$$y-\frac{1}{2}b(\sin\theta_1+\sum_{i=1}^{3}\sin\theta_i)=\frac{b(\sin\theta_2+\sin\theta_3)}{a(\cos\theta_2+\cos\theta_3)}\left[x-\frac{1}{2}a(\cos\theta_1+\sum_{i=1}^{3}\cos\theta_i)\right]$$

设

$$u'=x-\frac{1}{2}a(\sum_{i=0}^{3}\cos\theta_i+\cos\theta_1),v'=y-\frac{1}{2}b(\sum_{i=0}^{3}\sin\theta_i+\sin\theta_1)$$

将直线 l 和 AH 的方程分别化为

$$bu'\sin\frac{\theta_1+\theta_2+\theta_3-\theta_0}{2}-av'\cos\frac{\theta_1+\theta_2+\theta_3-\theta_0}{2}+\frac{1}{2}ab\sin\frac{\theta_2+\theta_3-\theta_0-\theta_1}{2}=0$$

$$bu'\sin\frac{\theta_2+\theta_3}{2}-av'\cos\frac{\theta_2+\theta_3}{2}+\frac{1}{2}ab\sin\frac{\theta_2+\theta_3-2\theta_0}{2}=0$$

以上两个关于 u',v' 的二元一次方程的公共解为

$$u'=\frac{1}{2}a(\theta_2+\theta_3-\theta_0),v'=\frac{1}{2}b\sin(\theta_2+\theta_3-\theta_0)$$

点 M_2 的纵坐标为

$$y_{M_2}=\frac{1}{2}b\Big[\sum_{i=0}^{3}\sin\theta_i+\sin\theta_1+\sin(\theta_2+\theta_3-\theta_0)\Big]$$

仿照点 M_2 的纵坐标写出点 N_2 的纵坐标

$$y_{N_2}=\frac{1}{2}b\Big[\sum_{i=0}^{3}\sin\theta_i+\sin\theta_2+\sin(\theta_1+\theta_3-\theta_0)\Big]$$

因此

$$y_{N_2}-y_{M_2}=\frac{1}{2}b\big[\sin(\theta_1+\theta_3-\theta_0)-\sin(\theta_2+\theta_3-\theta_0)+\sin\theta_2-\sin\theta_1\big] \tag{61}$$

由式(59)(60)(61)可知,待证等式(56)成立.

双曲线 L 的方程为 $b^2x^2-a^2y^2=a^2b^2(a>0,b>0)$,$x_i$ 与 y_i 分别满足 $2x_i=a(t_i+t_i^{-1}),2y_i=b(t_i-t_i^{-1})$.

$\triangle ABC$ 关于点 P 的类西摩松线 l 的方程为

$$y-\frac{1}{4}b\sum_{i=0}^{3}(t_i-t_i^{-1})=\frac{b(t_1t_2t_3-t_0)}{a(t_1t_2t_3+t_0)}\Big[x-\frac{1}{4}a\sum_{i=0}^{3}(t_i+t_i^{-1})\Big]$$

由 D,E 两点在直线 l 上,有

$$b(t_1t_2t_3-t_0)(x_E-x_D)=a(t_1t_2t_3+t_0)(y_E-y_D) \tag{62}$$

直线 OX 的方程为

$$b(t_1t_2t_3+t_0)x-a(t_1t_2t_3-t_0)y=0$$

由于直线 AD,BE 与直线 OX 平行,有

$$b(t_1t_2t_3+t_0)x_D-a(t_1t_2t_3-t_0)y_D=\frac{1}{2}ab(t_0t_1+t_2t_3)$$

$$b(t_1t_2t_3+t_0)x_E-a(t_1t_2t_3-t_0)y_E=\frac{1}{2}ab(t_0t_2+t_1t_3)$$

将以上两式的左、右两边相减得

$$b(t_1t_2t_3+t_0)(x_E-x_D)-a(t_1t_2t_3-t_0)(y_E-y_D)=\frac{1}{2}ab(t_0t_2+t_1t_3-t_0t_1-t_2t_3) \tag{63}$$

将式(60)(61)联立,消去 x_E-x_D 得

$$4(y_E-y_D)=(t_0^{-1}-t_1^{-1}t_2^{-1}t_3^{-1})(t_0t_2+t_1t_3-t_0t_1-t_2t_3)$$

由等式

$$(t_0^{-1}-t_1^{-1}t_2^{-1}t_3^{-1})(t_0t_2+t_1t_3-t_0t_1-t_2t_3)=(t_0^{-1}t_1t_3-t_0t_1^{-1}t_3^{-1}-t_0^{-1}t_2t_3+t_0t_2^{-1}t_3^{-1}+t_2-t_2^{-1}-t_1+t_1^{-1})$$

得

$$y_E-y_D=\frac{1}{4}b(t_0^{-1}t_1t_3-t_0t_1^{-1}t_3^{-1}-t_0^{-1}t_2t_3+t_0t_2^{-1}t_3^{-1}+t_2-t_2^{-1}-t_1+t_1^{-1}) \tag{64}$$

利用线段 BC 的中点坐标写出直线 BC 的方程为

$$y-\frac{1}{4}b(t_2-t_2^{-1}+t_3-t_3^{-1})=\frac{b(t_2t_3+1)}{a(t_2t_3-1)}\Big[x-\frac{1}{4}a(t_2+t_2^{-1}+t_3+t_3^{-1})\Big]$$

设

$$u = x - \frac{1}{4}a(t_0 + t_0^{-1} + t_2 + t_2^{-1} + t_3 + t_3^{-1}), v = y - \frac{1}{4}b(t_0 - t_0^{-1} + t_2 - t_2^{-1} + t_3 - t_3^{-1})$$

将直线 l 和 BC 的方程分别化为关于 u, v 的二元一次方程

$$b(t_0^{-1}t_1t_2t_3 - 1)u - a(t_0^{-1}t_1t_2t_3 + 1)v = \frac{1}{2}ab(t_0^{-1}t_2t_3 - t_1)$$

$$b(t_2t_3 + 1)u - a(t_2t_3 - 1)v = -\frac{1}{2}ab(t_0^{-1}t_2t_3 + t_0)$$

以上两个关于 u, v 的二元一次方程的公共解为

$$u = -\frac{1}{4}a(t_0^{-1}t_2t_3 + t_0t_2^{-1}t_3^{-1}), v = -\frac{1}{4}b(t_0^{-1}t_2t_3 - t_0t_2^{-1}t_3^{-1})$$

点 M_1 的纵坐标为

$$y_{M_1} = \frac{1}{4}b[t_0 - t_0^{-1} + t_2 - t_2^{-1} + t_3 - t_3^{-1} - t_0^{-1}t_2t_3 + t_0t_2^{-1}t_3^{-1}]$$

仿照点 M_1 的纵坐标写出点 N_1 的纵坐标

$$y_{N_1} = \frac{1}{4}b[t_0 - t_0^{-1} + t_1 - t_1^{-1} + t_3 - t_3^{-1} - t_0^{-1}t_1t_3 + t_0t_1^{-1}t_3^{-1}]$$

因此

$$y_{M_1} - y_{N_1} = \frac{1}{4}b(t_0^{-1}t_1t_3 - t_0t_1^{-1}t_3^{-1} - t_0^{-1}t_2t_3 + t_0t_2^{-1}t_3^{-1} + t_2 - t_2^{-1} - t_1 + t_1^{-1}) \tag{65}$$

$\triangle ABC$ 关于点 O 的一号心 H 的坐标为

$$x_H = \frac{1}{2}a\sum_{i=1}^{3}(t_i + t_i^{-1}), y_H = \frac{1}{2}b\sum_{i=1}^{3}(t_i - t_i^{-1})$$

利用线段 AH 的中点坐标写出直线 AH 的方程为

$$y - \frac{1}{4}b[t_1 - t_1^{-1} + \sum_{i=1}^{3}(t_i - t_i^{-1})] = \frac{b(t_2t_3 - 1)}{a(t_2t_3 + 1)}\{x - \frac{1}{4}a[t_1 + t_1^{-1} + \sum_{i=1}^{3}(t_i + t_i^{-1})]\}$$

设

$$u' = x - \frac{1}{4}a[\sum_{i=0}^{3}(t_i + t_i^{-1}) + t_1 + t_1^{-1}], v' = y - \frac{1}{4}b[\sum_{i=0}^{3}(t_i - t_i^{-1}) + t_1 - t_1^{-1}]$$

将直线 l 和 AH 的方程分别化为

$$b(t_0^{-1}t_1t_2t_3 - 1)u' - a(t_0^{-1}t_1t_2t_3 + 1)v' = -\frac{1}{2}ab(t_0^{-1}t_2t_3 - t_1)$$

$$b(t_2t_3 - 1)u' - a(t_2t_3 + 1)v' = -\frac{1}{2}ab(t_0^{-1}t_2t_3 - t_0)$$

以上两个关于 u', v' 的二元一次方程的公共解为

$$u' = \frac{1}{4}a(t_0^{-1}t_2t_3 + t_0t_2^{-1}t_3^{-1}), v' = \frac{1}{4}b(t_0^{-1}t_2t_3 - t_0t_2^{-1}t_3^{-1})$$

点 M_2 的纵坐标

$$y_{M_2} = \frac{1}{4}b[\sum_{i=0}^{3}(t_i - t_i^{-1}) + t_1 - t_1^{-1} + t_0^{-1}t_2t_3 - t_0t_2^{-1}t_3^{-1}]$$

仿照点 M_2 的纵坐标写出点 N_2 的纵坐标

$$y_{N_2} = \frac{1}{4}b[\sum_{i=0}^{3}(t_i - t_i^{-1}) + t_2 - t_2^{-1} + t_0^{-1}t_1t_3 - t_0t_1^{-1}t_3^{-1}]$$

因此

$$y_{N_2} - y_{M_2} = \frac{1}{4}b(t_0^{-1}t_1t_3 - t_0t_1^{-1}t_3^{-1} - t_0^{-1}t_2t_3 + t_0t_2^{-1}t_3^{-1} + t_2 - t_2^{-1} - t_1 + t_1^{-1}) \tag{66}$$

由式(64)(65)(66)可知,待证等式(56)成立.

因此,$\overrightarrow{DE}=\overrightarrow{N_1M_1}=\overrightarrow{M_2N_2}$.同理,$\overrightarrow{EF}=\overrightarrow{Q_1N_1}=\overrightarrow{N_2Q_2}$,$\overrightarrow{FD}=\overrightarrow{M_1Q_1}=\overrightarrow{Q_2M_2}$.文[8]第117页介绍了西摩松线的一个性质:三角形任一边在一点的西摩松线上的射影,等于这点到其他两边的垂线的垂足之间的距离.西摩松线的这一性质是定理12的组成部分.

定理 13 中心为 O 的有心圆锥曲线 L 上的六点 A_1 与 B_1,A_2 与 B_2,A_3 与 B_3 都关于点 O 对称的,$\triangle A_1A_2A_3$,$\triangle B_1B_2B_3$ 关于有心圆锥曲线 L 上一点 P 的类西摩松线分别为 l_1,l_2,则直线 l_1,l_2 中的一条直线与有心圆锥曲线 L 共轭于另一条直线的直径平行.

证明 用 x_{A_i} 与 y_{A_i},x_{B_i} 与 y_{B_i}($i=1,2,3$)表示 $\triangle A_1A_2A_3$,$\triangle B_1B_2B_3$ 的顶点坐标,点 P 的坐标为 $P(x_0,y_0)$.有心圆锥曲线 L 是椭圆 $b^2x^2+a^2y^2=a^2b^2(a>b>0)$,$x_{A_i}$ 与 y_{A_i},x_{B_i} 与 y_{B_i},x_0 与 y_0 分别满足 $x_{A_i}=a\cos\theta_i$,$y_{A_i}=b\sin\theta_i$,$x_{B_i}=a\cos\varphi_i$,$y_{B_i}=b\sin\varphi_i$,$x_0=a\cos\theta_0$,$y_0=b\sin\theta_0$.由于点 A_i 与 B_i 关于点 O 对称,$\cos\varphi_i=-\cos\theta_i$,$\sin\varphi_i=-\sin\theta_i$,则

$$\cos(\varphi_1+\varphi_2+\varphi_3-\theta_0)=-\cos(\theta_1+\theta_2+\theta_3-\theta_0)$$
$$\sin(\varphi_1+\varphi_2+\varphi_3-\theta_0)=-\sin(\theta_1+\theta_2+\theta_3-\theta_0) \tag{67}$$

直线 l_1,l_2 的斜率 k_1,k_2 分别为

$$k_1=\frac{b\sin(\theta_1+\theta_2+\theta_3-\theta_0)}{a[1+\cos(\theta_1+\theta_2+\theta-\theta_0)]} \tag{68}$$

$$k_2=\frac{b\sin(\varphi_1+\varphi_2+\varphi_3-\theta_0)}{a[1+\cos(\varphi_1+\varphi_2+\varphi-\theta_0)]} \tag{69}$$

由式(67)(68)(69)得 $k_1k_2=-a^{-2}b^2$.直线 l_1,l_2 中的一条直线与椭圆 L 共轭于另一条直线的直径平行.

双曲线 L 的方程为 $b^2x^2-a^2y^2=a^2b^2(a>0,b>0)$,$x_{A_i}$ 与 y_{A_i},x_{B_i} 与 y_{B_i},x_0 与 y_0 分别满足 $2x_{A_i}=a(t_i+t_i^{-1})$,$2y_{A_i}=b(t_i-t_i^{-1})$,$2x_{B_i}=a(s_i+s_i^{-1})$,$2y_{B_i}=b(s_i-s_i^{-1})$,$2x_0=a(t_0+t_0^{-1})$,$2y_0=b(t_0-t_0^{-1})$.由于 A_1 与 B_1 关于点 O 对称,因此 $s_1+s_1^{-1}=-(t_1+t_1^{-1})$,$s_1-s_1^{-1}=-(t_1-t_1^{-1})$,由此得 $s_1=-t_1$.同理 $s_2=-t_2$,$s_3=-t_3$,所以

$$s_1s_2s_3=-t_1t_2t_3 \tag{70}$$

直线 l_1,l_2 的斜率 k_1,k_2 分别为

$$k_1=\frac{b(t_1t_2t_3-t_0)}{a(t_1t_2t_3+t_0)} \tag{71}$$

$$k_2=\frac{b(s_1s_2s_3-t_0)}{a(s_1s_2s_3+t_0)} \tag{72}$$

由式(70)(71)(72)得 $k_1k_2=a^{-2}b^2$.直线 l_1,l_2 中的一条直线与双曲线 L 共轭于另一条直线的直径平行.

推论 $\triangle A_1A_2A_3$ 外接圆 L 的圆心为 O,$\triangle A_1A_2A_3$ 与 $\triangle B_1B_2B_3$ 关于点 O 对称,$\triangle A_1A_2A_3$,$\triangle B_1B_2B_3$ 关于圆 L 上一点 P 的西摩松线分别为 l_1,l_2,则直线 $l_1\perp l_2$.

定理 14 $\triangle A_1A_2A_3$ 的顶点在中心为 O 的有心圆锥曲线 L 上,$\triangle A_1A_2A_3$ 关于点 O 的一号心为 H,直线 A_1H,A_2H,A_3H 与曲线 L 的另一个交点分别为 C_1,C_2,C_3.$\triangle A_1A_2A_3$,$\triangle C_1C_2C_3$ 关于有心圆锥曲线 L 上一点 P 的类西摩松线分别为 l_1,l_2,则直线 l_1,l_2 中的一条直线与有心圆锥曲线 L 共轭于另一条直线的直径平行.

证明 用 x_{A_i} 与 y_{A_i},x_{C_i} 与 y_{C_i}($i=1,2,3$)分别表示 $\triangle A_1A_2A_3$,$\triangle C_1C_2C_3$ 的顶点坐标,点 P 的坐标为 (x_0,y_0).有心圆锥曲线 L 是椭圆 $b^2x^2+a^2y^2=a^2b^2(a>b>0)$,$x_{A_i}$ 与 y_{A_i},x_{C_i} 与 y_{C_i},x_0 与 y_0 分别满足 $x_{A_i}=a\cos\theta_i$,$y_{A_i}=b\sin\theta_i$,$x_{C_i}=a\cos\varphi_i$,$y_{C_i}=b\sin\varphi_i$,$x_0=a\cos\theta_0$,$y_0=b\sin\theta_0$.

点 H 的坐标为 $x_H=a(\cos\theta_1+\cos\theta_2+\cos\theta_3)$,$y_H=b(\sin\theta_1+\sin\theta_2+\sin\theta_3)$,由 A_1,H,C_1 三

点共线得

$$\frac{\sin\varphi_1-\sin\theta_1}{\cos\varphi_1-\cos\theta_1}=\frac{\sin\theta_2+\sin\theta_3}{\cos\theta_2+\cos\theta_3}$$

将上式左、右两边的分子、分母应用和差化积公式,再去分母,由两角和公式得

$$\cos\frac{\theta_1+\varphi_1-\theta_2-\theta_3}{2}=0$$

由此得 $\cos(\theta_1+\varphi_1-\theta_2-\theta_3)=-1$,所以

$$\cos\varphi_1=-\cos(\theta_2+\theta_3-\theta_1),\sin\varphi_1=-\sin(\theta_2+\theta_3-\theta_1) \tag{73}$$

同理得

$$\cos\varphi_2=-\cos(\theta_1+\theta_3-\theta_2),\sin\varphi_2=-\sin(\theta_1+\theta_3-\theta_2) \tag{74}$$

$$\cos\varphi_3=-\cos(\theta_1+\theta_2-\theta_3),\sin\varphi_3=-\sin(\theta_1+\theta_2-\theta_3) \tag{75}$$

由式(67)(68)(69) 得

$$\cos(\varphi_1+\varphi_2+\varphi_3-\theta_0)=-\cos(\theta_1+\theta_2+\theta_3-\theta_0),$$
$$\sin(\varphi_1+\varphi_2+\varphi_3-\theta_0)=-\sin(\theta_1+\theta_2+\theta_3-\theta_0) \tag{76}$$

直线 l,l' 的斜率 k,k' 分别为

$$k=\frac{b\sin(\theta_1+\theta_2+\theta_3-\theta_0)}{a[1+\cos(\theta_1+\theta_2+\theta-\theta_0)]} \tag{77}$$

$$k'=\frac{b\sin(\varphi_1+\varphi_2+\varphi_3-\theta_0)}{a[1+\cos(\varphi_1+\varphi_2+\varphi_3-\theta_0)]} \tag{78}$$

由式(76)(77)(78) 得 $kk'=-a^{-2}b^2$. 直线 l_1,l_2 中的一条直线与椭圆 L 共轭于另一条直线的直径平行.

双曲线 L 的方程为 $b^2x^2-a^2y^2=a^2b^2(a>0,b>0)$,$x_{A_i}$ 与 y_{A_i},x_{B_i} 与 y_{B_i},x_{C_i} 与 y_{C_i},x_0 与 y_0 分别满足 $2x_{A_i}=a(t_i+t_i^{-1})$,$2y_{A_i}=b(t_i-t_i^{-1})$,$2x_{C_i}=a(u_i+u_i^{-1})$,$2y_{C_i}=b(u_i-u_i^{-1})$,$2x_0=a(t_0+t_0^{-1})$,$2y_0=b(t_0-t_0^{-1})$. 点 H 的坐标为

$$x_H=\frac{1}{2}a\sum_{i=1}^3(t_i+t_i^{-1}),y_H=\frac{1}{2}b\sum_{i=1}^3(t_i-t_i^{-1})$$

由 A_1,H,C_1 三点共线得

$$\frac{u_1-u_1^{-1}-(t_1-t_1^{-1})}{u_1+u_1^{-1}-(t_1+t_1^{-1})}=\frac{t_2-t_2^{-1}+t_3-t_3^{-1}}{t_2+t_2^{-1}+t_3+t_3^{-1}}$$

对上式应用等比定理,解得

$$u_1=-t_1^{-1}t_2t_3 \tag{79}$$

同理

$$u_2=-t_2^{-1}t_3t_1 \tag{80}$$

$$u_3=-t_3^{-1}t_1t_2 \tag{81}$$

由式(79)(80)(81) 得

$$u_1u_2u_3=-t_1t_2t_3 \tag{82}$$

直线 l,l' 的斜率 k,k' 分别为

$$k=\frac{b(t_1t_2t_3-t_0)}{a(t_1t_2t_3+t_0)} \tag{83}$$

$$k'=\frac{b(u_1u_2u_3-t_0)}{a(u_1u_2u_3+t_0)} \tag{84}$$

由式(82)(83)(84) 得 $kk'=a^{-2}b^2$. 直线 l_1,l_2 中的一条直线与双曲线 L 共轭于另一条直线的直径平行.

推论 $\triangle A_1A_2A_3$ 外接圆为 L，$\triangle A_1A_2A_3$ 的垂心为 H，直线 A_1H,A_2H,A_3H 与圆 L 另一交点分别为 C_1,C_2,C_3，$\triangle A_1A_2A_3$，$\triangle C_1C_2C_3$ 关于圆 L 上一点 P 的西摩松线分别为 l_1,l_2，则直线 $l_1 \perp l_2$.

定理 15 $\triangle ABC$ 的顶点在中心为 O 的有心圆锥曲线 L 上，若曲线 L 共轭于直线 BC 的直径并与曲线 L 相交于点 D,E，$\triangle ABC$ 关于曲线 L 上一点 P 的类西摩松线为 l，两条相交直线 AD 与 AE 共轭于直线 AP 的直径为 l'. 则直线 l,l' 中的一条直线与有心圆锥曲线 L 共轭于另一条直线的直径平行.

证明 用 $x_i,y_i(i=0,1,2,3)$ 统一表示点 P,A,B,C 的坐标 x_0 与 y_0,x_1 与 y_1,x_2 与 y_2,x_3 与 y_3. 设 $\triangle ABC$ 关于有心圆锥曲线 L 上一点 P 的类西摩松线 l 的斜率为 k，直线 AP 斜率为 k_{AP}，两条相交直线 AD 与 AE 共轭于直线 AP 的直径的斜率为 k'.

有心圆锥曲线 L 是椭圆 $b^2x^2+a^2y^2=a^2b^2$，x_i,y_i 满足 $x_i=a\cos 2\theta_i,y_i=b\sin 2\theta_i$. 直线 l 的斜率 k 为

$$k=\frac{b\sin 2(\theta_1+\theta_2+\theta_3-\theta_0)}{a[1+\cos 2(\theta_1+\theta_2+\theta_3-\theta_0)]}=\frac{b\sin(\theta_1+\theta_2+\theta_3-\theta_0)}{a\cos(\theta_1+\theta_2+\theta_3-\theta_0)} \tag{85}$$

椭圆 L 共轭于直线 BC 的直径 DE 的方程为 $bx\sin(\theta_2+\theta_3)-ay\cos(\theta_2+\theta_3)=0$，由直线 DE 的方程与椭圆 L 的方程所组成的方程组有两组解

$$x_D=-a\cos(\theta_2+\theta_3) \text{ 与 } y_D=-b\sin(\theta_2+\theta_3)$$

$$x_E=a\cos(\theta_2+\theta_3) \text{ 与 } y_E=b\sin(\theta_2+\theta_3)$$

两条相交直线 AD 与 AE 的方程为

$$\{b[\sin 2\theta_1+\sin(\theta_2+\theta_3)](x-a\cos 2\theta_1)-a[\cos 2\theta_1+\cos(\theta_2+\theta_3)](y-b\sin 2\theta_1)\} \times$$

$$\{b[\sin 2\theta_1-\sin(\theta_2+\theta_3)](x-a\cos 2\theta_1)-a[\cos 2\theta_1-\cos(\theta_2+\theta_3)](y-b\sin 2\theta_1)\}=0$$

利用三个等式

$$[\sin 2\theta_1+\sin(\theta_2+\theta_3)][\sin 2\theta_1-\sin(\theta_2+\theta_3)]=-\sin(2\theta_1+\theta_2+\theta_3)\sin(\theta_2+\theta_3-2\theta_1)$$

$$[\cos 2\theta_1+\cos(\theta_2+\theta_3)][\cos 2\theta_1-\cos(\theta_2+\theta_3)]=\sin(2\theta_1+\theta_2+\theta_3)\sin(\theta_2+\theta_3-2\theta_1)$$

$$[\sin 2\theta_1+\sin(\theta_2+\theta_3)][\cos 2\theta_1-\cos(\theta_2+\theta_3)]+$$
$$[\sin 2\theta_1-\sin(\theta_2+\theta_3)][\cos 2\theta_1+\cos(\theta_2+\theta_3)]=$$
$$-2\cos(2\theta_1+\theta_2+\theta_3)\sin(\theta_2+\theta_3-2\theta_1)$$

将两条相交直线 AD 与 AE 的方程化为关于 $x-a\cos 2\theta_1,y-b\sin 2\theta_1$ 的二元二次方程

$b^2\sin(2\theta_1+\theta_2+\theta_3)(x-a\cos 2\theta_1)2-2ab\cos(2\theta_1+\theta_2+\theta_3)(x-a\cos 2\theta_1)(y-b\sin 2\theta_1)-a^2\sin(2\theta_1+\theta_2+\theta_3)(y-b\sin 2\theta_1)2=0$

直线 AP 的斜率 k_{AP} 为

$$k_{AP}=\frac{b(\sin 2\theta_0-\sin 2\theta_1)}{a(\cos 2\theta_0-\cos 2\theta_1)}=-\frac{b\cos(\theta_0+\theta_1)}{a\sin(\theta_0+\theta_1)}$$

设两条相交直线 AD 与 AE 共轭于直线 AP 的直径的斜率 k' 为

$$k'=\frac{b^2\sin(2\theta_1+\theta_2+\theta_3)-ab\cos(2\theta_1+\theta_2+\theta_3)k_{AP}}{a^2\sin(2\theta_1+\theta_2+\theta_3)k_{AP}+ab\cos(2\theta_1+\theta_2+\theta_3)}=-\frac{b\cos(\theta_1+\theta_2+\theta_3-\theta_0)}{a\sin(\theta_1+\theta_2+\theta_3-\theta_0)} \tag{86}$$

由式(85)(86)可知 $kk'=-a^{-2}b^2$. 直线 l,l' 中的一条直线与椭圆 L 共轭于另一条直线的直径平行. 有心圆锥曲线 L 是双曲线 $b^2x^2-a^2y^2=a^2b^2(a>0,b>0)$，$P,A$ 两点的坐标满足

$$2x_0=a(t_0+t_0^{-1}),2y_0=b(t_0-t_0^{-1}),2x_1=a(t_1+t_1^{-1}),2y_1=b(t_1-t_1^{-1})$$

为了使双曲线 L 共轭于直线 BC 的直径与双曲线 L 相交于 D,E 两点，B,C 两点必须在双曲线 L 的同一支上，为了不失一般性，令 B,C 两点的坐标满足

$$2x_2=a(t_2^2+t_2^{-2}),2y_2=b(t_2^2-t_2^{-2});2x_3=a(t_3^2+t_3^{-2}),2y_3=b(t_3^2-t_3^{-2})$$

直线 l 的斜率 k 为

$$k=\frac{b(t_1t_2^2t_3^2-t_0)}{a(t_1t_2^2t_3^2+t_0)} \tag{87}$$

双曲线 L 共轭于直线 BC 的直径 DE 的方程为 $b(t_2 t_3 - t_2^{-1} t_3^{-1})x - a(t_2 t_3 + t_2^{-1} t_3^{-1})y = 0$. 由直线 DE 的方程与双曲线 L 的方程所组成的方程组有两组解

$$x_D = -\frac{1}{2}a(t_2 t_3 + t_2^{-1} t_3^{-1}) \ \text{与} \ y_D = -\frac{1}{2}b(t_2 t_3 - t_2^{-1} t_3^{-1})$$

$$x_E = \frac{1}{2}a(t_2 t_3 + t_2^{-1} t_3^{-1}) \ \text{与} \ y_E = \frac{1}{2}b(t_2 t_3 - t_2^{-1} t_3^{-1})$$

两条相交直线 AD 与 AE 的方程为

$$\{b(t_1 - t_1^{-1} + t_2 t_3 - t_2^{-1} t_3^{-1})[x - \frac{1}{2}a(t_1 + t_1^{-1})] - a(t_1 + t_1^{-1} + t_2 t_3 + t_2^{-1} t_3^{-1})[y - \frac{1}{2}b(t_1 - t_1^{-1})]\} \times$$

$$\{b(t_1 - t_1^{-1} - t_2 t_3 + t_2^{-1} t_3^{-1})[x - \frac{1}{2}a(t_1 + t_1^{-1})] - a(t_1 + t_1^{-1} - t_2 t_3 - t_2^{-1} t_3^{-1})[y - \frac{1}{2}b(t_1 - t_1^{-1})]\} = 0$$

将上式化为关于 $x - \frac{1}{2}a(t_1 + t_1^{-1}), y - \frac{1}{2}b(t_1 - t_1^{-1})$ 的二元二次方程

$$b^2(t_1^2 + t_1^{-2} - t_2^2 t_3^2 - t_2^{-2} t_3^{-2})[x - a(t_1 + t_1^{-1})]^2 - 2ab(t_1^2 - t_1^{-2} - t_2^2 t_3^2 + t_2^{-2} t_3^{-2})[x -$$
$$\frac{1}{2}a(t_1 + t_1^{-1})][y - \frac{1}{2}b(t_1 - t_1^{-1})] + a^2(t_1^2 + t_1^{-2} - t_2^2 t_3^2 - t_2^{-2} t_3^{-2})[y - \frac{1}{2}b(t_1 - t_1^{-1})]^2 = 0$$

直线 AP 的斜率 k_{AP} 为

$$k_{AP} = \frac{b(t_0 - t_0^{-1} - t_1 + t_1^{-1})}{a(t_0 + t_0^{-1} - t_1 - t_1^{-1})} = \frac{b(t_0 t_1 + 1)}{a(t_0 t_1 - 1)}$$

两条相交直线 AD 与 AE 共轭于直线 AP 的直径的斜率 k' 为

$$k' = -\frac{b^2(t_1^2 + t_1^{-2} - t_2^2 t_3^2 - t_2^{-2} t_3^{-2}) - ab(t_1^2 - t_1^{-2} - t_2^2 t_3^2 + t_2^{-2} t_3^{-2})k_{AP}}{a^2(t_1^2 + t_1^{-2} - t_2^2 t_3^2 - t_2^{-2} t_3^{-2})k_{AP} - ab(t_1^2 - t_1^{-2} - t_2^2 t_3^2 + t_2^{-2} t_3^{-2})} = \frac{b[t_1^2 - t_2^2 t_3^2 - t_0 t_1(t_1^{-2} - t_2^{-2} t_3^{-2})]}{a[t_1^2 - t_2^2 t_3^2 + t_0 t_1(t_1^{-2} - t_2^{-2} t_3^{-2})]}$$

$$(88)$$

证明一个等式

$$\frac{t_1^2 - t_2^2 t_3^2 - t_0 t_1(t_1^{-2} - t_2^{-2} t_3^{-2})}{t_1^2 - t_2^2 t_3^2 + t_0 t_1(t_1^{-2} - t_2^{-2} t_3^{-2})} = \frac{t_1 t_2^2 t_3^2 + t_0}{t_1 t_2^2 t_3^2 - t_0}$$

$$(89)$$

为了证明等式(89)成立,对式(89)应用合分比定理得

$$\frac{t_1^2 - t_2^2 t_3^2}{t_0 t_1(t_1^{-2} - t_2^{-2} t_3^{-2})} = -\frac{t_1 t_2^2 t_3^2}{t_0}$$

不难证明上式成立,待证等式(89)成立,由式(87)(88)(89)得 $kk' = a^{-2}b^2$,直线 l, l' 中的一条直线与双曲线 L 共轭于另一条直线的直径平行. 在定理 15 中,如果有心圆锥曲线是圆,直线 l' 是直线 AP 的等角线. 文[8]第 179 页给出西摩松线的一个性质:三角形关于其外接圆上一点的西摩松线垂直于该点与顶点连线的等角线. 西摩松线的这个性质是定理 15 的组成部分.

综上所述,本文利用有心圆锥曲线中类西摩松线方程,运用解析几何方法,介绍有心圆锥曲线中类西摩松线的诸多性质,揭示有心圆锥曲线中类西摩松线与有心圆锥曲线共轭于非渐近方向的直径,欧氏空间内有限点集的一号心,二号心,有心圆锥曲线上 n 点的二号 $3n$ 点有心圆锥曲线有着不可分割的内在联系,西摩松线的诸多性质是其中的组成部分.

参考文献

[1] 张俭文.有心圆锥曲线中类西摩松线方程[J].数学通报,2011,50(2):52-54.

[2] 熊曾润.一般有限点集的 k 号心及其性质[J].鲁东大学学报(自然科学版),2011(03):193-196.

[3] 曾建国,熊曾润.趣谈闭折线 K 号心[M].南昌:江西高校出版社,2006.

[4] 张俭文.史坦纳定理与镜像线在有心圆锥曲线中的拓广[J].数学通报,2014,53(3):57-61.

［5］张俭文.运用有限点集 k 号心在有心圆锥曲线中拓广九点圆［J］.数学通报,2015,54(010):49-54.

［6］矢野健太郎.几何的有名定理［M］.陈永明,译.上海:上海科学技术出版社,1986.

［7］梁绍鸿.初等数学复习及研究:平面几何［M］.哈尔滨:哈尔滨工业大学出版社,2008.

［8］约翰逊.近代欧氏几何学［M］.单壿,译.上海:上海教育出版社,2000.

作者简介

张俭文,1964 年出生,男,汉族,河北省秦皇岛市人,从教于河北省秦皇岛市第五中学,中学高级教师,理学学士学位,研究方向:圆锥曲线中的几何问题.

从 Galileo 问题到 Bernoulli 双纽线的推广

陈 都

(湖南省祁东县育英实验学校 湖南 衡阳 421600)

摘 要:通过研读一个古老的 Galileo 问题,得到了一个有趣的轨迹问题,由此发现了一族优美而对称的四次曲线,它是著名的 Bernoulli 双纽线的一个有别于 Cassini 卵形线的推广,进而探究了这族曲线的几何性质.

关键词:Galileo 问题 四次曲线 Bernoulli 双纽线的推广

1638 年,伟大的科学家 Galileo(1564 − 1642) 在其名著《关于两种新科学的对话》中,提出了如下问题:

在竖直的墙上画一个圆,从圆的最高点同时释放三个小球,一个自由落下,另外两个沿倾角不等的光滑斜槽无初速滑下,不计空气阻力,问哪个小球最先到达斜槽的下端?

笔者在研读这一名题时,得到下述有趣的轨迹问题:

设质点沿竖立圆(半径为 R)的任一光滑弦从上端自由滑向下端,所需时间为 t,求 t 相等的所有弦的中点的轨迹.

如图 1 所示,以圆心 O 为极点,水平向右径线为极轴,建立极坐标系,过极点 O 作弦 MN 的垂线,垂足 P 即为该弦中点,设 $P(\rho,\theta)$,则质点沿弦向下的加速度为 $g\cos\theta$(g 为重力加速度),由初速度为零的匀变速直线运动规律知弦长为 $\frac{1}{2}gt^2\cos\theta$,根据勾股定理,可得动弦 MN 的中点 P 的轨迹方程为

$$\rho = \sqrt{R^2 - \frac{1}{16}g^2 t^4 \cos^2\theta}$$

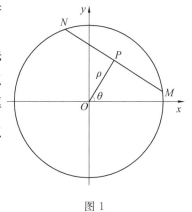

图 1

记 $R\mathrm{e} = \frac{1}{4}gt^2$($\mathrm{e}$ 为关联 t 的参数,$\mathrm{e} \geqslant 0$),有

$$\rho = R\sqrt{1 - \mathrm{e}^2\cos^2\theta} \tag{1}$$

方程(1)相应的直角坐标方程为

$$(x^2 + y^2)^2 - R^2(x^2 + y^2) + \mathrm{e}^2 R^2 x^2 = 0 \tag{2}$$

方程(1)(2)表示的曲线是一族全新的四次曲线,其图形如图 2 所示.

这族对称而优美的四次曲线包含了著名的 Bernoulli 双纽线($\mathrm{e} = \sqrt{2}$ 时),它是 Bernoulli 双纽线的一个有别于 Cassini 卵形线[1-5]的推广.下面,我们来探究这族曲线的几何性质.

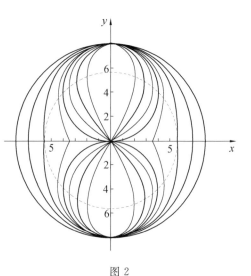

图 2

一、范围

由于曲线是定圆的动弦之中点的轨迹,它不可能位于圆外,因此,该曲线局限在半径为 R 的圆内或其上,不过原点的曲线有奇异点:$(0,0)$.

二、顶点

在方程(2)中,令 $y=0$,得 $x=\pm R\sqrt{1-e^2}$ ($e\leqslant 1$),令 $x=0$,得 $y=\pm R$,因此,曲线在 x 轴上的顶点的直角坐标是($\pm R\sqrt{1-e^2}$,0)($e\leqslant 1$),在 y 轴上的顶点的直角坐标是($0,\pm R$).

三、对称性

分别以($-x,y$),($x,-y$),($-x,-y$)代替(x,y),方程(2)不变,所以,曲线关于 x 轴,y 轴和原点都对称.

四、极值点

曲线关于极角 θ 的参数方程为

$$\begin{cases} x=\rho\cos\theta=R\cos\theta\sqrt{1-e^2\cos^2\theta} \\ y=\rho\sin\theta=R\sin\theta\sqrt{1-e^2\cos^2\theta} \end{cases}$$

x,y 分别对 θ 求导数,得

$$\frac{dx}{d\theta}=\frac{R\sin\theta(2e^2\cos^2\theta-1)}{\sqrt{1-e^2\cos^2\theta}}$$

$$\frac{dy}{d\theta}=\frac{R\cos\theta(1-e^2\cos 2\theta)}{\sqrt{1-e^2\cos^2\theta}}$$

于是,$\dfrac{dy}{dx}=\dfrac{1-e^2\cos 2\theta}{(2e^2\cos^2\theta-1)\tan\theta}$,令 $\tan\theta=0$,则 $\theta=0,\pi$. 若 $e\in[0,\frac{\sqrt{2}}{2})$,当 $\theta=0,\pi$ 时,$|x|$ 取得极大值 $R\sqrt{1-e^2}$;若 $e\in[\frac{\sqrt{2}}{2},1)$,当 $\theta=0,\pi$ 时,$|x|$ 取得极小值 $R\sqrt{1-e^2}$.

令 $2e^2\cos^2\theta-1=0$,则 $\cos\theta=\pm\dfrac{\sqrt{2}}{2e}$,若 $e\in[\frac{\sqrt{2}}{2},+\infty)$,当 $\cos\theta=\pm\dfrac{\sqrt{2}}{2e}$ 时,$|x|$ 取得极大值 $\dfrac{R}{2e}$,这时 $|y|=\dfrac{R}{2e}\sqrt{2e^2-1}$.

显然,该极大值点的坐标(x,y)满足

$$x^2+y^2=\frac{R^2}{4e^2}+\frac{R}{4e^2}(2e^2-1)=(\frac{\sqrt{2}}{2}R)^2$$

即这些使 $|x|$ 取得极大值的点的轨迹是以原点为圆心,$\dfrac{\sqrt{2}}{2}R$ 为半径的圆.

五、曲线围成的面积

由图 2 知,若 $e=1$,曲线退化为上、下相切且与基圆 $O(R)$ 内切的等圆,它们的面积 $S=\dfrac{1}{2}\pi R^2$. 下面,我们分两种情形依次求出曲线围成的面积:

(1) 当 $e\in[0,1)$ 时,则

$$S=\iint\limits_{D}r\,dr\,d\theta$$

$$=4\int_{0}^{\frac{\pi}{2}}d\theta\int_{0}^{R\sqrt{1-e^2\cos^2\theta}}r\,dr$$

$$=4\int_{0}^{\frac{\pi}{2}}(\frac{1}{2}r^2\Big|_{0}^{R\sqrt{1-e^2\cos^2\theta}})d\theta$$

$$= 2\int_0^{\frac{\pi}{2}} R^2 (1 - e^2 \cos^2 \theta) d\theta$$

$$= 2R^2 \left[\theta - e^2 \left(\frac{1}{2}\theta + \frac{1}{4}\sin 2\theta \right) \right]_0^{\frac{\pi}{2}}$$

$$= 2R^2 \left(\frac{\pi}{2} - \frac{\pi}{4}e^2 \right)$$

$$= \frac{\pi}{2}(2 - e^2) R^2$$

(2) 当 $e \in (1, +\infty)$ 时,曲线过极点且通过一、三象限的切线为 $\theta_0 = \arccos\dfrac{1}{e}$,于是

$$S = \iint\limits_D r \, dr \, d\theta = 4\int_{\theta_0}^{\frac{\pi}{2}} d\theta \int_0^{R\sqrt{1-e\cos^2\theta}} r \, dr$$

$$= 4\int_{\arccos\frac{1}{e}}^{\frac{\pi}{2}} \left(\frac{1}{2}r^2 \Big|_0^{R\sqrt{1-e^2\cos^2\theta}} \right) d\theta$$

$$= 2\int_{\arccos\frac{1}{e}}^{\frac{\pi}{2}} R^2 (1 - e^2 \cos^2\theta) d\theta$$

$$= 2R^2 \left[\theta - e^2 \left(\frac{1}{2}\theta + \frac{1}{4}\sin 2\theta \right) \right]_{\arccos\frac{1}{e}}^{\frac{\pi}{2}}$$

$$= 2R^2 \left\{ \left(\frac{\pi}{2} - \frac{\pi}{4}e^2 \right) - \left[\arccos\frac{1}{e} - e^2 \left(\frac{1}{2}\arccos\frac{1}{e} + \frac{1}{4}\sin 2\arccos\frac{1}{e} \right) \right] \right\}$$

$$= 2R^2 \left[\frac{\pi}{4}(2 - e^2) - (2 - e^2) \cdot \frac{1}{2}\arccos\frac{1}{e} + \frac{1}{4}e^2 \cdot 2 \cdot \frac{\sqrt{e^2-1}}{e} \cdot \frac{1}{e} \right]$$

$$= \left[(2 - e^2) \left(\frac{\pi}{2} - \arccos\frac{1}{e} \right) + \sqrt{e^2 - 1} \right] R^2$$

综上可得,曲线围成的面积为

$$S = \begin{cases} \dfrac{\pi}{2}(2 - e^2) R^2 & (e \in [0, 1]) \\[3mm] \left[(2 - e^2) \left(\dfrac{\pi}{2} - \arccos\dfrac{1}{e} \right) + \sqrt{e^2 - 1} \right] R^2 & (e \in (1, +\infty)) \end{cases}$$

六、曲线反演

以曲线的对称中心(极点)O 为反演中心,基圆半径 R 为反演半径,得到该曲线的反演曲线的极坐标方程

$$\rho = \frac{R}{\sqrt{1 - e^2 \cos^2 \theta}} \tag{3}$$

化为直角坐标方程为

$$(1 - e^2) x^2 + y^2 = R^2 \tag{4}$$

显然,方程(3)(4) 表示的曲线是二次曲线.

(1) 当 $e = 0$ 时,表示圆:$x^2 + y^2 = R^2$;

(2) 当 $e \in (0, 1)$ 时,表示焦点在 x 轴上、长半轴长为 $\dfrac{R}{\sqrt{1 - e^2}}$、短半轴长为 R 的椭圆:$\dfrac{x^2}{\dfrac{R}{(\sqrt{1-e^2})^2}} +$

$\dfrac{y^2}{R^2} = 1$;

(3)当 $e = 1$ 时,表示退化抛物线 —— 两条平行于 x 轴的直线:$y = \pm R$;

(4) 当 $e \in (0, +\infty)$ 时，表示焦点在 y 轴上、实半轴长为 R、虚半轴长为 $\dfrac{R}{\sqrt{e^2-1}}$ 的双曲线：

$-\dfrac{x^2}{\left(\dfrac{R}{\sqrt{e^2-1}}\right)^2} + \dfrac{y^2}{R^2} = 1$，特别的，若 $e = \sqrt{2}$，则表示等轴双曲线：$-x^2 + y^2 = R^2$.

通过几何画板演示，可以看到，随着参数 e 的变化，该四次曲线的形状亦随之发生一系列精细微妙的变化：当 $e = 0$ 时，其图形为圆，当 $e \in \left(0, \dfrac{\sqrt{2}}{2}\right]$ 时，其图形为类似椭圆的凸曲线；当 $e > \dfrac{\sqrt{2}}{2}$ 时，图形开始沿水平径向凹陷；当 $e = 1$ 时，退化为上、下相切的两个等圆；当 e 继续增大，其图形就变为准 Bernoulli 双纽线，当 $e = \sqrt{2}$ 时，即为著名的 Bernoulli 双纽线，随着 e 的增大，准 Bernoulli 双纽线越变越"瘦"，逐渐逼近基圆的纵向直径.

经多方检索，笔者没有在文献中找到这族四次曲线，因此看来，它可能是一族新发现的曲线，亦可认为是 Bernoulli 双纽线的一个有别于 Cassini 卵形线的推广.

参考文献

[1] 王叙贵.多卵线与多纽线 —— 卡西尼卵形线与伯努利双纽线的推广[J].昆明师范高等专科学校学报，2001，23(4)：34-36.

[2] 桂韬.探讨一种新曲线[J].数学通讯，2013(1)：30-31.

[3] 李仲来，宋煜.椭圆 —— 卡西尼卵形线[J].数学的实践与认识，2003(2)：114-116.

[4] 孙浩盛.利用 GeoGebra 探索一种新曲线[J].数学通讯，2012(10)：40-41.

[5] 马进才.从一道"卡西尼卵形线"高考题看"数学文化"[J].中学数学研究，2017(7)：44-46.

诸多素数问题与容斥原理

李扩继

(渭城区第一初级中学 陕西 咸阳 712000)

摘 要:本文依据容斥原理和乘法原理,揭示了诸多素数问题的筛法规律,又用颠覆性筛法,完美地诠释了孪生素数的存在性以及哥德巴赫猜想的存在性等问题.

关键词:容斥原理 乘法原理 欧拉函数及其推广 素数 孪生素数 哥德巴赫猜想 填覆性筛法 存在性

一、容斥原理

令 S 是一个 n 元集合,$p_1,p_2,\cdots,p_t$ 是 S 中元素可能具有的 t 种不同的性质,那么,S 中不具备上面 t 个性质的元素个数为

$$n-[n(p_1)+n(p_2)+\cdots+n(p_t)]+[n(p_1,p_2)+n(p_1,p_3)+\cdots+n(p_{t-1},p_t)]-$$
$$[n(p_1,p_2,p_3)+n(p_1,p_2,p_4)+\cdots+n(p_{t-2},p_{t-1},p_t)]+\cdots+$$
$$(-1)^t n(p_1,p_2,\cdots,p_t)$$

其中,$n(p_1,p_2,\cdots,p_i)$ 表示同时具备 $p_1,p_2,\cdots,p_i$ 的元素个数,第一个方括号里表示所有具备一种性质的元素个数和,第二个方括号里表示所有具备两种性质的元素个数和,第三个方括号里表示所有具备三种性质的元素个数和,以此类推.

下面用容斥原理解决诸多素数问题.

二、欧拉函数 $\varphi(n)$ 及其推广

用 $\varphi(n)$ 表示 n 以内的正整数与 n 互质的正整数的个数(包含1),如 $\varphi(2\times5)=4$,即在 $\{1,2,3,4,5,6,7,8,9,10\}$ 中,与 10 互质的数为 $\{1,3,7,9\}$.那么

$$\varphi(n)=n\prod(1-\frac{1}{p})$$

其中,p 是整除 n 的素数.

证明 设 $n=p_1^{r_1}p_2^{r_2}\cdots p_t^{r_t}$($p$ 是素数,r 为正整数),因为,在 n 以内的素数具备容斥原理的所有条件,依据容斥原理,有

$$\varphi(n)=n-\left(\frac{n}{p_1}+\frac{n}{p_2}+\cdots+\frac{n}{p_t}\right)+\left(\frac{n}{p_1p_2}+\frac{n}{p_1p_3}+\cdots+\frac{n}{p_{t-1}p_t}\right)-$$
$$\left(\frac{n}{p_1p_2p_3}+\frac{n}{p_1p_2p_4}+\cdots+\frac{n}{p_{t-2}p_{t-1}p_t}\right)+\cdots+(-1)^t\frac{n}{p_1p_2\cdots p_{t-1}p_t}$$
$$=n\prod_{i=1}^{t}(1-\frac{1}{p_i})$$

对于正整数集 $\mathbf{N}^*$,在任意连续的 $n(n=p_1^{r_1}p_2^{r_2}\cdots p_t^{r_t})$ 个正整数中,因为素数 $p_1,p_2,\cdots,p_t$ 具备容斥原理的所有条件,依然有同样的结果,因此,可以把欧拉函数推广到任意连续的 n 个正整数中.如 $\varphi(2\times5)=4$,在任意连续的 10 个正整数中依然有同样的结果.也可以把欧拉函数推广到任意的等差数列数域中.

对于等差数列 $\{ax+b, x\to\infty\}$(a,b 是互质的正整数,$a>b$):

(1)若 $(a,n)=1$(表示 a 与 n 互质),那么,在任意连续的 n($n=p_1^{r_1}p_2^{r_2}\cdots p_t^{r_t}$)个元素中,与 n 互质的元素个数(记为 $\varphi(n)$),同样有

$$\varphi(n)=n\prod_{i=1}^{t}\left(1-\frac{1}{p_i}\right)$$

(2)若 $(a,n)=p_1p_2$(表示 a 与 n 的最大公因数为 p_1p_2),那么,在任意连续的 n($n=p_1^{r_1}p_2^{r_2}\cdots p_t^{r_t}$)个元素中,与 n 互质的元素个数(记为 $\varphi(n)$),有

$$\varphi(n)=n\prod_{i=3}^{t}\left(1-\frac{1}{p_i}\right)$$

特别地,当 $n=p_1^{r_1}p_2^{r_2}$ 时,与 n 互质的元素个数为 $\varphi(n)=n$.

(证明:与欧拉函数的证明相同,略)

它的筛法结构是这样的.$\mathbf{N}^*$ 是连续的 n($n=p_1^{r_1}p_2^{r_2}\cdots p_t^{r_t}$)以内的正整数集;从 $(1,2)$ 筛去 2,这时 $\mathbf{N}^*$ 中是以 1 为首项,2 为公差的奇数列,与 2 互质的元素个数为 $n\left(1-\frac{1}{p_1}\right)$;从 $(1,3,5)$ 筛去 3,得 $(1,5)$,这时 $\mathbf{N}^*$ 中是以 $(1,5)$ 中的元素为首项,6 为公差的两列等差数列,与 6 互质的元素个数为 $n\left(1-\frac{1}{p_1}\right)\left(1-\frac{1}{p_2}\right)$;从 $(1,7,13,19,25;5,11,17,23,29)$ 筛去因子 5,得 $(1,7,13,19;11,17,23,29)$,这时 N 中是以 $(1,7,13,19;11,17,23,29)$ 中的元素为首项,30 为公差的八列等差数列,与 30 互质的元素个数为 $n\left(1-\frac{1}{p_1}\right)\left(1-\frac{1}{p_2}\right)\left(1-\frac{1}{p_3}\right)$;继续下去,当筛除了因子 p_{t-1} 后,$\mathbf{N}^*$ 中留下了 $n\left(1-\frac{1}{p_1}\right)\left(1-\frac{1}{p_2}\right)\cdots\left(1-\frac{1}{p_{t-1}}\right)$ 个数,这些数的结构是,有 $(p_1-1)(p_2-1)\cdots(p_{t-1}-1)$ 列,且公差为 $P_1P_2\cdots P_{t-1}$ 的等差数列,每一列等差数列中有 p_t 个元素.筛除因子 p_t,$\mathbf{N}^*$ 中留下 $n\left(1-\frac{1}{p_1}\right)\left(1-\frac{1}{p_2}\right)\cdots\left(1-\frac{1}{p_t}\right)(=\varphi(n))$ 个元素.

这种容斥原理的筛法,正好与乘法原理相吻合(依据欧拉函数是一个乘性函数[6]).因为,任意连续的 $p_i(i\geqslant 1)$ 个数中只有 1 个数能被 p_i 所整除,有 $p_i\left(1-\frac{1}{p_i}\right)$ 个数与 p_i 互质,即在连续的 n($n=p_1^{r_1}p_2^{r_2}\cdots p_t^{r_t}$)个正整数中,有 $\left(1-\frac{1}{2}\right)$ 个数与 2 互质,有 $\left(1-\frac{1}{3}\right)$ 个数与 3 互质,……,有 $\left(1-\frac{1}{p_t}\right)$ 个数与 p_t 互质.所以,由乘法原理,同时与 $p_1,p_2,\cdots,p_t$ 互质的正整数有 $n\left(1-\frac{1}{p_1}\right)\left(1-\frac{1}{p_2}\right)\cdots\left(1-\frac{1}{p_t}\right)$ 个.这种由容斥原理和乘法原理产生的方法,对于寻求素数、孪生素数和哥德巴赫猜想的个数同样适应.

三、素数个数问题

素数近似计数函数式

命题 1 用 $A(n)$ 表示 n 以内的素数个数(包含 1,但不包含小于或等于 $\sqrt{n}$ 的素数个数),$p_1,p_2,\cdots,p_t$ 是小于或等于 $\sqrt{n}$ 的素数.那么

$$A(n)\approx n\prod_{i=1}^{t}\left(1-\frac{1}{p_i}\right)$$

证明 由于 $\left[\frac{n}{p}\right]$ 表示 n 以内的正整数中被数 p 整除的数的个数,其中,$[a]$ 表示正数 a 的整数部分(下同).因为,正整数集与素数符合容斥原理的所有条件,因此,由容斥原理,有

$$A(n)=n-[n(p_1)+n(p_2)+\cdots+n(p_t)]+$$
$$[n(p_1,p_2)+n(p_1,p_3)+\cdots+n(p_{t-1},p_t)]-$$

$$[n(p_1,p_2,p_3)+n(p_1,p_2,p_4)+\cdots+n(p_{t-2},p_{t-1},p_t)]+\cdots+$$
$$(-1)^t n(p_1,p_2,\cdots,p_t)$$

其中, $n(p_1,p_2,\cdots,p_i)$ 表示正整数集中满足 $p_1 p_2\cdots p_i$ 整除 n 以内的整数的个数.

$$A(n)=n-\left(\left[\frac{n}{p_1}\right]+\left[\frac{n}{p_2}\right]+\cdots+\left[\frac{n}{p_t}\right]\right)+\left(\left[\frac{n}{p_1 p_2}\right]+\left[\frac{n}{p_1 p_3}\right]+\cdots+\left[\frac{n}{p_{t-1} p_t}\right]\right)-$$
$$\left(\left[\frac{n}{p_1 p_2 p_3}\right]+\left[\frac{n}{p_1 p_2 p_4}\right]+\cdots+\left[\frac{n}{p_{t-2} p_{t-1} p_t}\right]\right)+\cdots+(-1)^t\left[\frac{n}{p_1 p_2\cdots p_t}\right]$$

因为

$$\left[\frac{n}{p_1 p_2\cdots p_i}\right]\leqslant n(p_1,p_2,\cdots,p_i)\leqslant\left[\frac{n}{p_1 p_2\cdots p_i}\right]+1$$
$$\left[\frac{n}{p_1 p_2\cdots p_i}\right]\leqslant\frac{n}{p_1 p_2\cdots p_i}<\left[\frac{n}{p_1 p_2\cdots p_i}\right]+1$$

所以,用 $\dfrac{n}{p_1 p_2\cdots p_i}$ 代替上式中的 $\left[\dfrac{n}{p_1 p_2\cdots p_i}\right]$,有

$$A(n)\approx n-\left(\frac{n}{p_1}+\frac{n}{p_2}+\cdots+\frac{n}{p_t}\right)+\left(\frac{n}{p_1 p_2}+\frac{n}{p_1 p_3}+\cdots+\frac{n}{p_{t-1} p_t}\right)-$$
$$\left(\frac{n}{p_1 p_2 p_3}+\frac{n}{p_1 p_2 p_4}+\cdots+\frac{n}{p_{t-2} p_{t-1} p_t}\right)+\cdots+(-1)^t\frac{n}{p_1 p_2\cdots p_t}$$
$$=n\prod_{i=1}^{t}\left(1-\frac{1}{p_i}\right)$$

我们可以看到, $A(n)$ 与 n 和欧拉函数 $\varphi(P_1 P_2\cdots P_t)$ 与 $P_1 P_2\cdots P_t$ 的关系是一种近似的比例关系.

当 $\prod\limits_{i=1}^{t}\left(1-\dfrac{1}{p_i}\right)$ 取极小值 $\dfrac{1}{P_t}$ 时, $A(n)\geqslant p_t$ 是一定成立的. 这一点, 在"六、颠覆性筛法"中得到了进一步的诠释.

推论 1 设素数 $p_1,p_2,\cdots,p_t\leqslant\sqrt{2n}$,在 n 与 $2n$ 之间的素数个数用 $A(n,2n)$ 表示,那么, $A(n,2n)\geqslant\left[\dfrac{\sqrt{2n}}{2}\right](n\geqslant 2)$.

证明 在 n 个连续的正整数中,因为,任意连续的 $p_i(i\geqslant 1)$ 个元素中含因子 p_i 的元素只有 1 个,筛除因子 p_i 后,留下 n 的 $\left(1-\dfrac{1}{p_i}\right)$ 个元素与 p_i 互质. 所以,同时与 $p_1,p_2,\cdots,p_t$ 互质的正整数,由乘法原理,有

$$A(n,2n)\approx n\prod_{i=1}^{t}\left(1-\frac{1}{p_i}\right)$$

所以, $A(n,2n)\geqslant\left[n\prod\limits_{i=1}^{t}\left(1-\dfrac{1}{p_i}\right)\right]$,又因为

$$\prod_{i=1}^{t}\left(1-\frac{1}{p_i}\right)>\frac{1}{2}\times\frac{2}{3}\times\cdots\times\frac{p_t-1}{p_t}=\frac{1}{p_t}\geqslant\frac{1}{\sqrt{2n}}$$

所以, $A(n,2n)\geqslant\left[\dfrac{\sqrt{2n}}{2}\right]$.

推论 2 在 $n(n>16)$ 以内的正整数中,连续的不超过 $4\sqrt{n}$ 个数中,至少有 2 个素数.

证明 设 n 以内的连续正整数个数是 m,由乘法原理, m 个数中与素数 $p_1,p_2,\cdots,p_t$ 同时互质的个数近似等于 $m\prod\limits_{i=1}^{t}\left(1-\dfrac{1}{p_i}\right)$(可能包含 1).

因为

$$m \prod_{i=1}^{t} (1 - \frac{1}{p_i}) \geqslant \left[\frac{m}{\sqrt{n}}\right] \ \text{或} \ m \prod_{i=1}^{t} (1 - \frac{1}{p_i}) - 1 \geqslant \left[\frac{m}{\sqrt{n}} - 1\right] \quad (\text{不含 1 的情况})$$

$$\left[\frac{m}{\sqrt{n}}\right] = 2 \ (2\sqrt{n} \leqslant m < 3\sqrt{n}) \ \text{或} \ \left[\frac{m}{\sqrt{n}} - 1\right] = 2 \ (3\sqrt{n} \leqslant m < 4\sqrt{n})$$

所以,在 n 以内的正整数中,连续的不超过 $4\sqrt{n}$ 个数中,至少有 2 个素数.

推论 3 设 $p_1, p_2 (p_1 < p_2)$ 是相邻的两个素数,那么,$p_2 - p_1 < 4\sqrt{p_2}$.

证明 由推论 2 可知.并且,可以导出 $p_2 < (\sqrt{p_1 + 4} + 2)^2$ 的结果.(笔者无法对较大的正整数给予验证,有兴趣的读者不妨一试)

四、孪生素数存在性问题

孪生素数近似的计数函数式

命题 2 令 $B: \{(-1,1), (0,2), (1,3), \cdots, (n-2,n)\}$,$p_1 (p_1 = 2), p_2, \cdots, p_t$ 是小于或等于 $\sqrt{n}$ 的素数,用 $B(n)$ 表示集合 B 中孪生素数的个数(即元素为(素数,素数)的个数,包含 $(-1,1)$ 但不包含由小于或等于 $\sqrt{n}$ 的素数组成的孪生素数的个数),那么

$$B(n) \approx n(1 - \frac{1}{2})(1 - \frac{2}{p_2}) \cdots (1 - \frac{2}{p_t})$$

证明 由于相邻的两个元素中有一个含因子 2 的元素和任意连续的 $p_i (i = 2, 3, \cdots, t)$ 个元素中有两个含因子 p_i 的元素,因此,对于集合 B,素数 $p_1, p_2, \cdots, p_t$ 具备容斥原理的所有条件,由容斥原理,有

$$B(n) = n - [n(p_1) + n(p_2) + \cdots + n(p_t)] + [n(p_1, p_2) + n(p_1, p_3) + \cdots + n(p_{t-1}, p_t)] -$$
$$[n(p_1, p_2, p_3) + n(p_1, p_2, p_4) + \cdots + n(p_{t-2}, p_{t-1}, p_t)] + \cdots +$$
$$(-1)^t n(p_1, p_2, \cdots, p_t)$$

其中,$n(p_1, p_2, \cdots, p_i)$ 表示集合 B 中满足 $p_1 p_2 \cdots p_i$ 整除 $a(a-2)$ 时的元素 $(a-2, a)$ 的个数.

例 1 $B: \{(-1,1), (0,2), (1,3), \cdots, (26,28)\}$.

$$B(28) = 28 - [28(2) + 28(3) + 28(5)] + [28(2,3) + 28(2,5) + 28(3,5)] - 28(2,3,5)$$
$$= 28 - (14 + 18 + 11) + (9 + 5 + 7) - 3 = 3$$

筛法过程:$(-1,1), (0,2) \xrightarrow{-(0,2)} (-1,1), (1,3), (3,5) \xrightarrow{-(1,3),(3,5)} (-1,1), (5,7), (11,13),$
$(17,19), (23,25) \xrightarrow{-(5,7),(23,25)} (-1,1), (11,13), (17,19)$.

扩充集合 $B: \{(-1,1), (0,2), (1,3), \cdots, (n-2,n), \cdots, (m-2,m)\}$,如果 $m = p_1 p_2 \cdots p_t$,那么,集合 B 中与 m 互质的元素个数就是

$$\varphi(m) = p_1 p_2 \cdots p_t (1 - \frac{1}{2})(1 - \frac{2}{p_2}) \cdots (1 - \frac{2}{p_t}) = (2-1)(p_2-2) \cdots (p_t-2)$$

这正是欧拉函数在集合 B 中的体现.对于集合 B,在 n 以内与 m 互质的元素就是孪生素数.从而 $B(n)$ 和 $\varphi(m)$ 也是一种近似的比例关系,即

$$\frac{B(n)}{n} \approx \frac{\varphi(m)}{m} = (1 - \frac{1}{2})(1 - \frac{2}{p_2}) \cdots (1 - \frac{2}{p_t})$$

于是,我们到得了孪生素数近似的计数函数表示式

$$B(n) \approx n(1 - \frac{1}{2})(1 - \frac{2}{p_2}) \cdots (1 - \frac{2}{p_t})$$

且 $B(n) \geqslant \left[\frac{\sqrt{n}}{2}\right]$(证明见"六、颠覆性筛法").

推论 1 对于 $n(n > 16)$ 以内的正整数数集,在不超过连续的 $4\sqrt{n}$ 个数中,至少存在 1 个孪生素数.

证明 设 m 是集合 B 内的连续元素的个数，由乘法原理，m 个元素中，同时与素数 $p_1,p_2,\cdots,p_t$ $(p_t\leqslant\sqrt{n})$ 互质的个数近似等于 $m\prod\limits_{i=2}^{t}(1-\dfrac{1}{2})(1-\dfrac{2}{p_i})(\geqslant\left[\dfrac{m}{2\sqrt{n}}\right])$.

因为 $\left[\dfrac{m}{2\sqrt{n}}\right]=1(2\sqrt{n}\leqslant m<4\sqrt{n})$. 所以，命题成立.

推论 2 设 (p_1,p_1+2) 与 $(p_2-2,p_2)(p_1<p_2)$ 是相邻的两个孪生素数，那么，$p_2-p_1<6\sqrt{p_2}$.

证明 由推论 1 可知.并且，可以导出 $p_2<(\sqrt{p_1+9}+3)^2$ 的结果.（同样，笔者无法对较大的两个相邻的孪生素数给予验证，有兴趣的读者不妨一试）

推论 3 在 n 与 $2n(n>7)$ 个连续的正整数之间，至少存在 $\left[\dfrac{\sqrt{2n}}{4}\right]$ 个孪生素数.（证略）

五、哥德巴赫猜想存在性问题

"1＋1"个数近似的计数函数式

命题 3 令 $C:\{(1,2n-1),(2,2n-1),\cdots,(n,n)\}$，$p_1(=2),p_2,\cdots,p_t$ 是小于 $\sqrt{2n}$ 的素数，用 $C(2n)$ 表示 $2n$ 分拆成两素数之和的个数（即集合 C 中为（素数，素数）的元素个数，简称"1＋1"；也含（1，素数）存在的情况，但不包含由小于 $\sqrt{2n}$ 的素数组成的"1＋1"个数).那么

$$C(2n)\approx n(1-\frac{1}{2})(1-\frac{r_2}{p_2})\cdots(1-\frac{r_t}{p_t})$$

其中，当 p_i 整除 $2n$ 时，$r_i=1$；当 p_i 不整除 $2n$ 时，$r_i=2(i=1,2,\cdots,t)$.

证明 在集合 C 中，连续的 $p_i(i=1,2,\cdots,t)$ 个元素中，若 p_i 整除 $2n$，则 C 中含因子 p_i 的元素有一个；若 p_i 不整除 $2n$，则 C 中含因子 p_i 的元素有两个.

因为，集合 C 与素数 p_i 符合容斥原理的所有条件，所以

$$C(2n)=n-[n(p_1)+n(p_2)+\cdots+n(p_t)]+[n(p_1,p_2)+n(p_1,p_3)+\cdots+n(p_{t-1},p_t)]-$$
$$[n(p_1,p_2,p_3)+n(p_1,p_2,p_4)+\cdots+n(p_{t-2},p_{t-1},p_t)]+\cdots+$$
$$(-1)^t n(p_1,p_2,\cdots,p_t)$$

其中，$n(p_1,p_2,\cdots,p_i)$ 表示集合 C 中满足 $p_1 p_2\cdots p_i$ 整除 $a(2n-a)$ 时的元素 $(a,2n-a)$ 的个数.

例 2 $C:\{(1,37),(2,36),\cdots,(19,19)\}$.
$$C(38)=19-[19(2)+19(3)+19(5)]+[19(2,3)+19(2,5)+19(3,5)]-$$
$$19(2,3,5)=19-[9+12+7]+[6+3+5]-2=3.$$

筛法过程：$(1,37),(2,36)\xrightarrow{-(2,36)}(1,37),(3,35),(5,33)\xrightarrow{-(3,35),(5,33)}(1,37),(7,31),(13,25),(19,19)\xrightarrow{-(13,25)}(1,37),(7,31),(19,19)$.

把集合 C 进行扩充：$\{(1,2n-1),(2,2n-2),\cdots,(n,n),\cdots,(m,2n-m)\}$，当 $m=p_1 p_2\cdots p_t$ 时，集合 C 中与 m 互质的元素个数就是

$$\varphi(m)=m(1-\frac{1}{2})(1-\frac{r_2}{p_2})\cdots(1-\frac{r_t}{p_t})=(2-1)(p_2-r_2)\cdots(p_t-r_t)$$

这也是欧拉函数在集合 C 中的体现.n 以内的与 m 互质的元素个数 $C(2n)$ 与 $\varphi(m)$ 也是一种近似的比例关系，即

$$\frac{C(2n)}{n}\approx\frac{\varphi(m)}{m}=(1-\frac{1}{2})(1-\frac{r_2}{p_2})\cdots(1-\frac{r_t}{p_t})$$

可得，"1＋1"个数近似的计数函数式

$$C(2n) \approx n(1 - \frac{1}{2})(1 - \frac{r_2}{p_2}) \cdots (1 - \frac{r_t}{p_t})$$

且有，$C(2n) \geqslant \left[\dfrac{\sqrt{2n}}{4}\right]$（证明见"六、颠覆性筛法"）.

至此，容斥原理在解决素数、孪生素数和哥德巴赫猜想等问题上发挥了重要作用，但问题还不能到此结束. 我们最关心的是孪生素数的存在性和哥德巴赫猜想的存在性，这个问题困惑了我们几百年，在模糊数学层面上人们几乎无法跨越最后一步. 今天，我们在初等数学的层面上，成功地导出了它们近似的函数表达式，明确了它们的筛法，在我们的中学课堂上，由容斥原理可以自由的计算它们的数值，并且，通过下面的颠覆性筛法，又明确了它们的计数函数式的极小值存在的意义，从而判明了孪生素数是无限的，任何大于 4 的偶数总可以表示成两个素数之和而非空.

六、颠覆性筛法

1. 素数的存在性

命题 4   在数集 $A:(1,2,\cdots,p \times p)$（$p$ 为任意正整数）中，至少有 p 个素数.

证明   诸多素数问题的筛法都是基于古老的埃氏筛法进行的，下面给出颠覆性的新的筛法，即依据整除性，筛法由大向小进行. 具体方法如下：

设 p 是小于或等于 $\sqrt{n}$ 的最大正整数，依次用连续的正整数 $p,p-1,\cdots,2$（或用小于或等于 $\sqrt{n}$ 的素数由大到小；或 p 为奇数时，用连续的奇数 $p,p-2,\cdots,3$ 和 2 由大到小），筛除 p^2 以内的合数，最后可得 p^2 以内的素数. 如，10^2 以内的素数，先筛除含 10 因子的数（被 10 整除的数），再筛除含 9 因子的数（被 9 整除的数），……，一直到筛除含 2 因子的数，留下的即为素数. 由于，任意连续的 k 个数中被 k 整除的数只有 1 个，所以，由乘法原理，同时不被 $p,p-1,\cdots,2$ 连续的整数都整除的数的个数是极小值，即

$$p^2(1 - \frac{1}{p})(1 - \frac{1}{p-1}) \cdots (1 - \frac{1}{2}) = p$$

此意义是，对于 p^2 以内的数，依次用 $p,p-1,\cdots,2$ 连续的整数由大到小进行筛除，$(p-1)$ 个整数每次都筛除 p 个合数（含筛码），最后留下 p 个素数.

它的依据是除法的意义. 即对于 $\dfrac{p^2}{p} = p$，表示了 p^2 以内的正整数中被 p 整除的数有 p 个；$\dfrac{p^2}{p-1}$ 表示了 p^2 以内的正整数中被 $(p-1)$ 整除的数的个数（准确数是 $\left[\dfrac{p^2}{p-1}\right]$ 个，$\dfrac{p}{p-1}$ 表示了 p 个 p 的合数中被 $(p-1)$ 整除的数的个数，即 $\dfrac{p^2}{p-1} - \dfrac{p}{p-1} = p$ 表示了 p^2 以内的正整数中筛去 p 因子数后被 $(p-1)$ 整除的数的个数；同样，$\dfrac{p^2}{p-2} - \dfrac{2p}{p-2} = p$ 表示了 p^2 以内的正整数中筛去 p 和 $(p-1)$ 因子数后被 $(p-2)$ 整除的数的个数；……；$\dfrac{p^2}{2} - \dfrac{(p-2)p}{2} = p$. 这是极值筛法，因为，筛除使用的整数为非素数时，筛除是过度的，它可以由此整数中的素因子数所代替. 所以，从 p^2 以内的正整数中最多筛去 $p(p-1)$ 个合数，至少留下 p 个素数.

同样的方法和依据，也可以对孪生素数和哥德巴赫猜想问题的存在性给出满意的解释.

2. 孪生素数的存在性

命题 5   在集合 $B:\{(1,3),(2,4),\cdots,(p^2,p^2+2)\}$（$p$ 为任意正整数）中，至少有 $\left[\dfrac{p}{2}\right]$ 个（素数，素数）的元素（或孪生素数，其中不包含由 p 或小于 p 的素数组成的孪生素数对元素）.

证明   当 p 是奇数时，依次用连续的奇数 $p,p-2,\cdots,3$ 和 2，筛除集合 B 中含它们因子的数；当 p

是偶数时,依次用 p 与连续的奇数 $p-1,p-3,\cdots,3$ 和 2,筛除集合 B 中含它们因子的数. 最后留下的就是孪生素数. 极值表示为

$$p^2\left(1-\frac{2}{p}\right)\left(1-\frac{2}{p-2}\right)\cdots\left(1-\frac{2}{3}\right)\left(1-\frac{1}{2}\right)=\frac{p}{2}\quad (p\text{ 是奇数})$$

$$p^2\left(1-\frac{1}{p}\right)\left(1-\frac{2}{p-1}\right)\left(1-\frac{2}{p-3}\right)\cdots\left(1-\frac{2}{3}\right)\left(1-\frac{1}{2}\right)=\frac{p}{2}\quad (p\text{ 为偶数})$$

它的意义是,若 p 是奇数,每个奇数最多筛除 $2p$ 个元素,即 $\frac{2p^2}{p}=2p,\frac{2p^2}{p-2}-\frac{2\times 2p}{p-2}=2p,\cdots,\frac{2p^2}{3}$

$-\frac{2\times(p-3)p}{3}=2p$;留下 $p^2\left(1-\frac{2}{p}\right)\left(1-\frac{2}{p-2}\right)\cdots,\left(1-\frac{2}{5}\right)\left(1-\frac{2}{3}\right)$ 个数即留下 p 个元素,再筛除

2 的合数. 若 p 是偶数,先筛除 $\frac{p^2}{p}$ 个含 p 因子的数,再用连续的奇数 $p-1,p-3,\cdots,3$ 和 2 进行筛除.

因为,筛除使用的奇数是非素数时,筛除是过度的. 所以,对于集合 B,从 p^2 个元素中,$\frac{p-1}{2}$ 个奇数

最多筛去 $p(p-1)$ 个的元素,至少留下 p 个元素,再筛除含 2 因子的数,即得集合 B 中,至少存在 $\left[\frac{p}{2}\right]$ 个

孪生素数.

3. 哥德巴赫猜想的存在性

命题 6 在集合 $C:\{(1,2n-1),(2,2n-2),\cdots,(p^2,2n-p^2)\}$ 中,n,p 为正整数,p^2 为不超过 $2n$ 的

最大整数,那么,集合 C 中至少有 $\left[\frac{p}{4}\right]$ 个（素数,素数）的元素（即偶数 $2n$ 表两素数之和的个数不少于

$\left[\frac{p}{4}\right]$ 个,其中不包含由 p 或小于 p 的素数组成的元素,但包含"$2n=1+$素数"可能成立的情况）.

证明 注意到集合 C 中,连续的 a 个元素中,a 若整除 $2n$,仅有一个元素含 a 因子数;若 $a(a>2)$

不整除 $2n$,仅有 2 个元素含 a 因子数.

若 p 是偶数,依次用 p 与连续的奇数 $p-1,p-3,\cdots,3$ 和 2 对集合 C 进行筛除;若 p 是奇数,依次用连续的奇数 $p,p-2,\cdots,3$ 和 2 对集合 C 进行筛除. 最后留下的就是"$1+1$"数对,再除去含有 (a,b) 和 (b,a) 的对称数对,最后可得"$1+1$"数对的个数. 极值表示为

$$p^2\left(1-\frac{1}{p}\right)\left(1-\frac{2}{p-1}\right)\left(1-\frac{2}{p-3}\right)\cdots\left(1-\frac{2}{3}\right)\left(1-\frac{1}{2}\right)\times\frac{1}{2}=\frac{p}{4}\quad (p\text{ 为偶数})$$

$$p^2\left(1-\frac{2}{p}\right)\left(1-\frac{2}{p-2}\right)\cdots\left(1-\frac{2}{3}\right)\left(1-\frac{1}{2}\right)\times\frac{1}{2}=\frac{p}{4}\quad (p\text{ 为奇数})$$

意义是,以 p 是奇数为例,依次用 $p,p-2,\cdots,3$ 连续的奇数和 2 对集合 C 进行筛除,若每个奇数都筛除 $2p$ 个元素,$\frac{p-1}{2}$ 个奇数最多筛除了 $p(p-1)$ 个元素,最后至少留下 p 个元素,再筛去含 2 因子的

数和除去含有 (a,b) 和 (b,a) 的对称数对,即得 $\frac{p}{4}$ 个"$1+1$"数对.

综上,对于集合 C,至少存在 $\left[\frac{p}{4}\right]$ 个"$1+1$"数对.

七、结语

总之,整数是有序排列的,等差数列也是如此,对于孪生素数和哥德巴赫猜想等问题,当我们制造出有序排列的数域后,且它们又符合容斥原理的条件,应用容斥原理所得的结果实际上可由乘法原理直接而得,并且所得的结果是可靠的. 可以看到,这些诸多的素数问题,统一成为了一类素数问题,优美的结果:n 以内的素数个数不少于 $[\sqrt{n}]$ 个、孪生素数不少于 $\left[\frac{\sqrt{n}}{2}\right]$ 个,n（偶数）表"$1+1$"的个数不少于 $\left[\frac{\sqrt{n}}{4}\right]$

个,深刻地揭示了它们本质的关联.笔者发表文[1]～[5]至今,不断地完善对其论证,发现了新的颠覆性筛法,明确了它们的极小值存在的几何意义,至此,这些素数问题的存在性得到了完美的诠释.

参 考 文 献

[1] 李科技.哥德巴赫猜想的证明[C].中国管理科学文献,2008.

[2] 李科技.哥德巴赫猜想"1＋1"的证明[J].渭南师范学院学报,2010:96.

[3] 李扩继.素数问题再论[J].科技展望,2017(16):215.

[4] 李扩继.再证哥德巴赫猜想[J].科技展望,2017(12):250-251.

[5] 李扩继.容斥原理的应用[J].中国高新区,2019(22):51-53.

[6] ROSEN K H.初等数论及其应用[M].5版.夏鸿刚,译.北京:机械工业出版社,2009:174.

作 者 简 介

李扩继,1958年出生,男,汉族,陕西省渭南市华县人,咸阳市谓城区第一初级中学,高级教师,研究方向:初等数论.

涉及四面体二面角的一类不等式及应用

周永国

(湖南省长沙市明达中学　湖南　长沙　410000)

摘　要:本文研究了四面体二面角的一类不等式问题.建立了涉及四面体二面角含参数的一类几何不等式.获得了联系一个四面体侧面积与另一个四面体二面角余弦的含参数的一类几何不等式,以及一个四面体的旁切球半径、内切球半径、高、侧面积和另一个四面体二面角余弦的几个新的几何不等式.

关键词:四面体　二面角　侧面积　参数　不等式

一、引言与符号

在三维欧氏空间几何不等式的研究中,众多的学者将关注点集中在涉及体积、面积或线段的长度上(文献[1]～[6]),而涉及二面角度量的几何不等式的研究文献并不多见.本文运用代数方法建立了涉及四面体二面角的含两组参数的一类几何不等式.作为其应用,获得了联系一个四面体侧面积与另一个四面体二面角余弦的含参数的一类几何不等式,以及一个四面体的旁切球半径、内切球半径、高、侧面积和另一个四面体二面角余弦的几个新的几何不等式.

为行文方便,全文约定:用 $\Omega = A_1 A_2 A_3 A_4$ 表示欧氏空间 E^3 中的四面体,其体积和内切球半径分别为 V, r,顶点 A_i 所对的侧面 $f_i = \Omega \setminus \{A_i\}$ 的面积为 S_i,侧面 f_i 所对的旁切球半径为 r_i,侧面 f_i 上的高为 $h_i (i = 1, 2, 3, 4)$,侧面 f_i, f_j 所夹的内二面角为 $\theta_{ij} (1 \leqslant i < j \leqslant 4)$,并记 $S = \sum\limits_{i=1}^{4} S_i$.

二、引理与定理的证明

引理 1[6]　在四面体 Ω 中,对任意实数 $x_i (i = 1, 2, 3, 4)$,有

$$\sum_{i=1}^{4} x_i^2 \geqslant 2 \sum_{1 \leqslant i < j \leqslant 4} x_i x_j \cos \theta_{ij} \tag{1}$$

当且仅当 x_i 与 S_i 成比例时,式(1)取等号.

引理 2[7]　若 $-1 < a < 1$,则有

$$\sum_{k=0}^{\infty} a^k = \frac{a}{1-a} \tag{2}$$

由引理 1,2,我们获得了如下定理:

定理 1　在四面体 Ω 中,对任意给定的实数 λ_i, μ_i,且 $|\lambda_i| < |\mu_i| (i = 1, 2, 3, 4)$,有不等式

$$\sum_{i=1}^{4} \frac{\lambda_i^2}{\mu_i^2 - \lambda_i^2} \geqslant 2 \sum_{1 \leqslant i < j \leqslant 4} \frac{\lambda_i \lambda_j}{\mu_i \mu_j - \lambda_i \lambda_j} \cos \theta_{ij} \tag{3}$$

当且仅当 $\dfrac{\lambda_1}{\mu_1} = \dfrac{\lambda_2}{\mu_2} = \dfrac{\lambda_3}{\mu_3} = \dfrac{\lambda_4}{\mu_4}$,且 $S_1 = S_2 = S_3 = S_4$ 时,式(3)取等号.

证明　对不等式(1),作置换 $x_i \rightarrow x_i^k (x_i \in (-1, 1), i = 1, 2, 3, 4; k \in \mathbf{N}^*)$,得

$$\sum_{i=1}^{4} (x_i^2)^k \geqslant 2 \sum_{1 \leqslant i < j \leqslant 4} (x_i x_j)^k \cos \theta_{ij}$$

上式中令 $k = 1, 2, \cdots$,所得的不等式两边相加,得

$$\sum_{k=1}^{\infty} \sum_{i=1}^{4} (x_i^2)^k \geqslant 2 \sum_{k=1}^{\infty} \sum_{1 \leqslant i < j \leqslant 4} (x_i x_j)^k \cos \theta_{ij}$$

即

$$\sum_{i=1}^{4} \Big[\sum_{k=1}^{\infty} (x_i^2)^k \Big] \geqslant 2 \sum_{0 \leqslant i < j \leqslant 4} \Big[\cos \theta_{ij} \sum_{k=1}^{\infty} (x_i x_j)^k \Big]$$

若注意到 $x_i \in (-1,1)(i=1,2,3,4)$，对上式运用引理 2，得

$$\sum_{i=1}^{4} \frac{x_i^2}{1-x_i^2} \geqslant 2 \sum_{1 \leqslant i < j \leqslant 4} \frac{x_i x_j}{1-x_i x_j} \cos \theta_{ij} \tag{4}$$

式(4) 中，令 $x_i = \dfrac{\lambda_i}{\mu_i}(i=1,2,3,4)$，得

$$\sum_{i=1}^{4} \frac{(\frac{\lambda_i}{\mu_i})^2}{1-(\frac{\lambda_i}{\mu_i})^2} \geqslant 2 \sum_{1 \leqslant i < j \leqslant 4} \frac{\frac{\lambda_i \lambda_j}{\mu_i \mu_j}}{1-\frac{\lambda_i \lambda_j}{\mu_i \mu_j}} \cos \theta_{ij}$$

对上式进行整理，即得不等式(3).

因式(1) 取等号的条件是 x_i 与 $S_i(i=1,2,3,4)$ 成比例，即 $\dfrac{x_i}{S_i}=\dfrac{x_j}{S_j}$，由于置换 $x_i \to x_i^k$，则有 $\dfrac{x_i^k}{S_i}=\dfrac{x_j^k}{S_j}$，即 $\dfrac{S_i}{S_j}=(\dfrac{x_i}{x_j})^k$ 对 $k=1,2,\cdots$ 均成立，所以 $x_i=x_j$，且 $S_i=S_j$，又 $x_i=\dfrac{\lambda_i}{\mu_i}$，于是 $\dfrac{\lambda_i}{\mu_i}=\dfrac{\lambda_j}{\mu_j}$，且 $S_i=S_j$，即 $\dfrac{\lambda_1}{\mu_1}=\dfrac{\lambda_2}{\mu_2}=\dfrac{\lambda_3}{\mu_3}=\dfrac{\lambda_4}{\mu_4}$，且 $S_1=S_2=S_3=S_4$. 证毕.

对于不等式(3)，应用算术 - 几何平均值不等式，还可得到涉及多个四面体二面角的一类几何不等式.

定理 2 设 $\theta_{tij}(1 \leqslant i < j \leqslant 4; t=1,2,\cdots,k)$ 是三维欧氏空间 E^3 中的 k 个四面体 $\Omega_t = A_{t1} A_{t2} A_{t3} A_{t4}$ $(t=1,2,\cdots,k)$ 的诸二面角，对任意给定的正实数 λ_i,μ_i，且 $\lambda_i < \mu_i(i=1,2,3,4)$，有不等式

$$\sum_{i=1}^{4} \frac{\lambda_i^2}{\mu_i^2-\lambda_i^2} \geqslant 2 \sum_{1 \leqslant i < j \leqslant 4} \Big[\frac{\lambda_i \lambda_j}{\mu_i \mu_j-\lambda_i \lambda_j} (\prod_{t=1}^{k} \cos \theta_{tij})^{\frac{1}{k}} \Big] \tag{5}$$

当且仅当 $\dfrac{\lambda_1}{\mu_1}=\dfrac{\lambda_2}{\mu_2}=\dfrac{\lambda_3}{\mu_3}=\dfrac{\lambda_4}{\mu_4}$，且 $\Omega_t(t=1,2,\cdots,k)$ 均为正四面体时，式(5) 取等号.

证明 对于四面体 $\Omega_t(t=1,2,\cdots,k)$，应用不等式(3)，有

$$\sum_{i=1}^{4} \frac{\lambda_i^2}{\mu_i^2-\lambda_i^2} \geqslant 2 \sum_{1 \leqslant i < j \leqslant 4} \frac{\lambda_i \lambda_j}{\mu_i \mu_j-\lambda_i \lambda_j} \cos \theta_{tij} \quad (t=1,2,\cdots,k)$$

将 $t=1,2,\cdots,k$ 所得 k 个不等式两边分别相加，并应用算术 - 几何平均值不等式，得

$$k \sum_{i=1}^{4} \frac{\lambda_i^2}{\mu_i^2-\lambda_i^2} \geqslant 2 \sum_{1 \leqslant i < j \leqslant 4} \Big[\frac{\lambda_i \lambda_j}{\mu_i \mu_j-\lambda_i \lambda_j} (\sum_{t=1}^{k} \cos \theta_{tij}) \Big]$$

$$\geqslant 2k \sum_{1 \leqslant i < j \leqslant 4} \Big[\frac{\lambda_i \lambda_j}{\mu_i \mu_j-\lambda_i \lambda_j} (\prod_{t=1}^{k} \cos \theta_{tij})^{\frac{1}{k}} \Big]$$

上式两边同除以 k 即得不等式(5). 由定理 1 和算术 - 几何平均值不等式取等号的条件，易知式(5) 取等号的条件为定理 2 所述.

应用不等式(3) 和 Cauchy 不等式，还可得到：

定理 3 在四面体 Ω 中，对任意给定的正实数 λ_i,μ_i，且 $\lambda_i < \mu_i(i=1,2,3,4)$，有不等式

$$\Big(\sum_{i=1}^{4} \frac{\lambda_i^2}{\mu_i^2-\lambda_i^2} \Big) \Big(\sum_{1 \leqslant i < j \leqslant 4} \frac{\mu_i \mu_j-\lambda_i \lambda_j}{\lambda_i \lambda_j} \sec \theta_{ij} \Big) \geqslant 72 \tag{6}$$

当且仅当 $\dfrac{\lambda_1}{\mu_1}=\dfrac{\lambda_2}{\mu_2}=\dfrac{\lambda_3}{\mu_3}=\dfrac{\lambda_4}{\mu_4}$，且 Ω 为正四面体时，式(6) 取等号.

证明 由定理 1 和 Cauchy 不等式,得

$$\left(\sum_{i=1}^{4} \frac{\lambda_i^2}{\mu_i^2 - \lambda_i^2}\right)\left(\sum_{1 \leqslant i < j \leqslant 4} \frac{\mu_i \mu_j - \lambda_i \lambda_j}{\lambda_i \lambda_j} \sec \theta_{ij}\right)$$

$$\geqslant 2\left(\sum_{1 \leqslant i < j \leqslant 4} \frac{\lambda_i \lambda_j}{\mu_i \mu_j - \lambda_i \lambda_j} \cos \theta_{ij}\right)\left(\sum_{1 \leqslant i < j \leqslant 4} \frac{\mu_i \mu_j - \lambda_i \lambda_j}{\lambda_i \lambda_j} \sec \theta_{ij}\right) \geqslant 72$$

不等式(6)得证. 由定理 1 和 Cauchy 不等式取等号的条件,易知式(6)取等号的条件为定理 3 所述.

三、定理的应用

以下约定:用 $\Omega' = A'_1 A'_2 A'_2 A'_4$ 表示三维欧氏空间 E^3 中的四面体,其内二面角为 $\theta'_{ij}(1 \leqslant i < j \leqslant 4)$.

由于定理含有两组参数,因此它的应用很广泛. 在不等式(3)中,对实数 $\lambda_i, \mu_i(i=1,2,3,4)$ 取特定的值,可得一系列新的涉及两个四面体的几何不等式.

推论 1 在四面体 Ω, Ω' 中,对 $0 < \lambda \leqslant 2, 0 < \alpha \leqslant 1$,记 $W = \sum_{i=1}^{4} S_i^\alpha$,有

$$\sum_{i=1}^{4} \frac{S_i^\alpha}{W - \lambda S_i^\alpha} \geqslant 2 \sum_{1 \leqslant i < j \leqslant 4} \frac{\sqrt{S_i^\alpha S_j^\alpha}}{W - \lambda \sqrt{S_i^\alpha S_j^\alpha}} \cos \theta'_{ij} \tag{7}$$

当且仅当 Ω, Ω' 均为正四面体时,式(7)取等号.

证明 注意到已知结果([8,p84])

$$S_i = \sum_{j=1, j \neq i}^{4} S_j \cos \theta_{ij} \quad (i=1,2,3,4) \tag{8}$$

从而,$S_i < \sum_{j=1, j \neq i}^{4} S_j$,即 $S_1 + S_2 + S_3 + S_4 > 2S_i$.

由于 $0 < \alpha \leqslant 1$,易证 $S_1^\alpha + S_2^\alpha + S_3^\alpha + S_4^\alpha > 2S_i^\alpha$,又 $0 < \lambda \leqslant 2$,故 $S_1^\alpha + S_2^\alpha + S_3^\alpha + S_4^\alpha > \lambda S_i^\alpha$,即 $W - \lambda S_i^\alpha > 0(i=1,2,3,4)$.

于是,在定理 1 的不等式(3)中,令 $\lambda_i^2 = \lambda S_i^\alpha, \mu_i^2 = W(i=1,2,3,4)$,则

$$\sum_{i=1}^{4} \frac{\lambda S_i^\alpha}{W - \lambda S_i^\alpha} \geqslant 2 \sum_{1 \leqslant i < j \leqslant 4} \frac{\lambda \sqrt{S_i^\alpha S_j^\alpha}}{W - \lambda \sqrt{S_i^\alpha S_j^\alpha}} \cos \theta'_{ij}$$

对上式整理,即得不等式(7). 且易知当且仅当 Ω, Ω' 均为正四面体时,式(7)取等号.

推论 2 在四面体 Ω, Ω' 中,有

$$\sum_{i=1}^{4} \frac{r_i - r}{r_i + r} \geqslant 2 \sum_{1 \leqslant i < j \leqslant 4} \frac{\sqrt{S_i S_j}}{S - 2\sqrt{S_i S_j}} \cos \theta'_{ij} \tag{9}$$

当且仅当 Ω, Ω' 均为正四面体时,式(9)取等号.

证明 由四面体的旁切球半径公式([8,p101])

$$r_i = \frac{3V}{S - 2S_i} \tag{10}$$

及内切球半径公式

$$r = \frac{3V}{S} \tag{11}$$

得

$$\sum_{i=1}^{4} \frac{r_i - r}{r_i + r} = \sum_{i=1}^{4} \frac{\dfrac{3V}{S - 2S_i} - \dfrac{3V}{S}}{\dfrac{3V}{S - 2S_i} + \dfrac{3V}{S}} = \sum_{i=1}^{4} \frac{S_i}{S - 2S_i} \tag{12}$$

在不等式(7)中,取 $\lambda = 2, \alpha = 1$,得

$$\sum_{i=1}^{4} \frac{S_i}{S - 2S_i} \geqslant 2 \sum_{1 \leqslant i < j \leqslant 4} \frac{\sqrt{S_i S_j}}{S - 2\sqrt{S_i S_j}} \cos \theta'_{ij} \tag{13}$$

将式(13)代入式(14),即得不等式(9).且易知式(9)取等号的条件为推论2所述.

推论 3 在四面体 Ω, Ω' 中,有

$$\sum_{i=1}^{4} \frac{h_i + r}{h_i - r} \geqslant 4 + 4 \sum_{1 \leqslant i < j \leqslant 4} \frac{\sqrt{S_i S_j}}{S - \sqrt{S_i S_j}} \cos \theta'_{ij} \tag{14}$$

当且仅当 Ω, Ω' 均为正四面体时,式(14)取等号.

证明 由四面体的内切球半径公式(11)和四面体的高

$$h_i = \frac{3V}{S_i} \tag{15}$$

得

$$\sum_{i=1}^{4} \frac{h_i + r}{h_i - r} = \sum_{i=1}^{4} \frac{\dfrac{3V}{S_i} + \dfrac{3V}{S}}{\dfrac{3V}{S_i} - \dfrac{3V}{S}} = \sum_{i=1}^{4} \frac{S + S_i}{S - S_i}$$

$$= \sum_{i=1}^{4} \left(1 + 2\frac{S_i}{S - S_i}\right) = 4 + 2\sum_{i=1}^{4} \frac{S_i}{S - S_i} \tag{16}$$

在不等式(7)中,取 $\lambda = 1, \alpha = 1$,得

$$\sum_{i=1}^{4} \frac{S_i}{S - S_i} \geqslant 2 \sum_{1 \leqslant i < j \leqslant 4} \frac{\sqrt{S_i S_j}}{S - \sqrt{S_i S_j}} \cos \theta'_{ij} \tag{17}$$

将式(17)代入式(16),即得不等式(14).且易知式(14)取等号的条件为推论3所述.

推论 4 在四面体 Ω, Ω' 中,对任意实数 λ, μ 满足 $-2 < \mu \leqslant 0$,且 $\lambda + \mu > 0$,有

$$\sum_{i=1}^{4} \frac{h_i + \lambda r_i}{h_i - \mu r_i} \geqslant 4 + 2(\lambda + \mu) \sum_{1 \leqslant i < j \leqslant 4} \frac{\sqrt{S_i S_j}}{S - (2 + \mu)\sqrt{S_i S_j}} \cos \theta'_{ij} \tag{18}$$

当且仅当 Ω, Ω' 均为正四面体时,式(18)取等号.

证明 由(10)和(15)两式,得

$$\sum_{i=1}^{4} \frac{h_i + \lambda r_i}{h_i - \mu r_i} = \sum_{i=1}^{4} \frac{\dfrac{3V}{S_i} + \dfrac{3\lambda V}{S - 2S_i}}{\dfrac{3V}{S_i} - \dfrac{3\mu V}{S - 2S_i}} = \sum_{i=1}^{4} \frac{S - 2S_i + \lambda S_i}{S - 2S_i - \mu S_i}$$

$$= \sum_{i=1}^{4} \left[1 + (\lambda + \mu)\frac{S_i}{S - (2 + \mu)S_i}\right] = 4 + (\lambda + \mu)\sum_{i=1}^{4} \frac{S_i}{S - (2 + \mu)S_i} \tag{19}$$

在不等式(7)中,取 $\lambda = 2 + \mu, \alpha = 1$,得

$$\sum_{i=1}^{4} \frac{S_i}{S - (\mu + 2)S_i} \geqslant 2 \sum_{1 \leqslant i < j \leqslant 4} \frac{\sqrt{S_i S_j}}{S - (\mu + 2)\sqrt{S_i S_j}} \cos \theta'_{ij} \tag{20}$$

将式(20)代入式(19),即得不等式(18).且易知式(18)取等号的条件为推论4所述.

推论 5 在四面体 Ω, Ω' 中,有

$$\sum_{i=1}^{4} \frac{r_i}{h_i} \geqslant 4 \sum_{1 \leqslant i < j \leqslant 4} \frac{\sqrt{S_i S_j}}{S - 2\sqrt{S_i S_j}} \cos \theta'_{ij} \tag{21}$$

当且仅当 Ω, Ω' 均为正四面体时,式(21)取等号.

证明 由(10)和(15)两式,得

$$\sum_{i=1}^{4} \frac{r_i}{h_i} = \sum_{i=1}^{4} \frac{\dfrac{3V}{S-2S_i}}{\dfrac{3V}{S_i}} = 2\sum_{i=1}^{4} \frac{S_i}{S-2S_i}$$

将式(13)代入上式,即得不等式(21).且易知式(21)取等号的条件为推论 5 所述.

推论 6 在四面体 Ω, Ω' 中,记 $M = \sum_{i=1}^{4} S_i^2$,有

$$\sum_{i=1}^{4} \frac{S_i^2}{3M-4S_i^2} \geqslant 2\sum_{1\leqslant i < j \leqslant 4} \frac{S_i S_j}{3M-4S_i S_j}\cos\theta'_{ij} \tag{22}$$

当且仅当 Ω, Ω' 均为正四面体时,式(22) 取等号.

证明 由四面体的余弦定理([8,p86])

$$S_k^2 = \sum_{i=1, i\neq k}^{4} S_i^2 - 2\sum_{\substack{1\leqslant i<j\leqslant 4 \\ i,j\neq k}} S_i S_j \cos\theta_{ij} \quad (k=1,2,3,4)$$

得

$$3M - 4S_k^2 = 3\sum_{i=1, i\neq k}^{4} S_i^2 - S_k^2 = 2\sum_{i=1, i\neq k}^{4} S_i^2 + 2\sum_{\substack{1\leqslant i<j\leqslant 4 \\ i,j\neq k}} S_i S_j \cos\theta_{ij}$$

$$= \sum_{\substack{1\leqslant i<j\leqslant 4 \\ i,j\neq k}} (S_i^2 + S_j^2 + 2S_i S_j \cos\theta_{ij}) \geqslant 2\sum_{\substack{1\leqslant i<j\leqslant 4 \\ i,j\neq k}} S_i S_j (1 + \cos\theta_{ij}) > 0 \quad (k=1,2,3,4)$$

在定理 1 中的不等式(3) 中,取 $\lambda_i^2 = 4S_i^2, \mu_i^2 = 3M$,得

$$\sum_{i=1}^{4} \frac{4S_i^2}{3M-4S_i^2} \geqslant 2\sum_{1\leqslant i<j\leqslant 4} \frac{4S_i S_j}{3M-4S_i S_j}\cos\theta'_{ij}$$

上式两边同除以 4,即得不等式(22).由不等式(3)取等号的条件易知,当且仅当 Ω, Ω' 均为正四面体时,式(22) 取等号.

推论 7 在四面体 Ω, Ω' 中,有

$$\sum_{1\leqslant i<j\leqslant 4} \frac{\sqrt{S_i S_j}}{S-\sqrt{S_i S_j}}\cos\theta'_{ij} < n \tag{23}$$

证明 不妨设 $S_1 \geqslant S_2 \geqslant S_3 \geqslant S_4$,由式(8),有

$$S_i = \sum_{j=1, j\neq i}^{4} S_j \cos\theta_{ij} < S - S_i$$

知 $S_1 < S_2 + S_3 + S_4$,于是

$$\sum_{i=1}^{4} \frac{S_i}{S-S_i} < \sum_{i=1}^{4} \frac{S_i}{S-S_1} = \frac{S_1}{S-S_1} + 1 < 2$$

将式(17)代入上式并整理,即得不等式(23).

在推论 $1 \sim 7$ 中,取 Ω' 为 Ω,则有:

推论 8 在四面体 Ω 中,条件及符号同前,则

$$\sum_{i=1}^{4} \frac{S_i^{\alpha}}{W-\lambda S_i^{\alpha}} \geqslant 2\sum_{1\leqslant i<j\leqslant 4} \frac{\sqrt{S_i^{\alpha} S_j^{\alpha}}}{W-\lambda\sqrt{S_i^{\alpha} S_j^{\alpha}}}\cos\theta'_{ij} \tag{24}$$

$$\sum_{i=1}^{4} \frac{r_i - r}{r_i + r} \geqslant 2\sum_{1\leqslant i<j\leqslant 4} \frac{\sqrt{S_i S_j}}{S-2\sqrt{S_i S_j}}\cos\theta'_{ij} \tag{25}$$

$$\sum_{i=1}^{4} \frac{h_i + r}{h_i - r} \geqslant 4 + 4\sum_{1\leqslant i<j\leqslant 4} \frac{\sqrt{S_i S_j}}{S-\sqrt{S_i S_j}}\cos\theta'_{ij} \tag{26}$$

$$\sum_{i=1}^{4} \frac{h_i + \lambda r_i}{h_i - \mu r_i} \geqslant 4 + 2(\lambda + \mu)\sum_{1\leqslant i<j\leqslant 4} \frac{\sqrt{S_i S_j}}{S-(2+\mu)\sqrt{S_i S_j}}\cos\theta'_{ij} \tag{27}$$

$$\sum_{i=1}^{4} \frac{r_i}{h_i} \geqslant 4 \sum_{1 \leqslant i < j \leqslant 4} \frac{\sqrt{S_i S_j}}{S - 2\sqrt{S_i S_j}} \cos \theta'_{ij} \tag{28}$$

$$\sum_{i=1}^{4} \frac{S_i^2}{3M - 4S_i^2} \geqslant 2 \sum_{1 \leqslant i < j \leqslant 4} \frac{S_i S_j}{3M - 4S_i S_j} \cos \theta'_{ij} \tag{29}$$

$$\sum_{1 \leqslant i < j \leqslant 4} \frac{\sqrt{S_i S_j}}{S - \sqrt{S_i S_j}} \cos \theta'_{ij} < n \tag{30}$$

当且仅当 Ω 为正则单形时,式(24)~(29)取等号.

在定理 1,定理 2 中,取 $\lambda_i = 1, \mu_i = \sqrt{2}$,并注意到算术 — 几何平均值不等式,可得:

推论 9 在四面体 Ω 中,符号同前,则

$$\sum_{1 \leqslant i < j \leqslant 4} \cos \theta_{ij} \leqslant 2 \tag{31}$$

$$\prod_{1 \leqslant i < j \leqslant 4} \cos \theta_{ij} \leqslant 3^{-6} \tag{32}$$

$$\sum_{1 \leqslant i < j \leqslant 4} \sec \theta_{ij} \geqslant 18 \tag{33}$$

当且仅当 Ω 为正四面体时,式(31)~(33)均取等号.

四、注记

注记 1 若 $\lambda + \mu < 0$,式(18)的不等号反向.

注记 2 对于定理 2,定理 3,有类似推论 1~9 的结论.如

$$\left(\sum_{i=1}^{4} \frac{S_i^\alpha}{W - \lambda S_i^\alpha}\right)\left(\sum_{1 \leqslant i < j \leqslant 4} \frac{W - \sqrt{S_i^\alpha S_j^\alpha}}{\sqrt{S_i^\alpha S_j^\alpha}} \sec \theta'_{ij}\right) \geqslant 72 \tag{34}$$

$$\sum_{i=1}^{4} \frac{S_i^\alpha}{W - \lambda S_i^\alpha} \geqslant 2 \sum_{1 \leqslant i < j \leqslant 4} \left[\frac{\sqrt{S_i^\alpha S_j^\alpha}}{W - \lambda \sqrt{S_i^\alpha S_j^\alpha}} \left(\prod_{t=1}^{k} \cos \theta_{tij}\right)^{\frac{1}{k}}\right] \tag{35}$$

当且仅当 $\Omega_t(t=1,2,\cdots,k)$ 均为正四面体时,式(24)取等号,当且仅当 Ω,Ω' 均为正四面体时,式(35)取等号.

注记 3 本文结果均可推广到 n 维欧氏空间的单形,已在另文叙及.

致谢 衷心感谢冷岗松教授的悉心指导!

参考文献

[1] 唐立华,冷岗松.Pedoe 不等式的空间推广及加强[J].数学竞赛,1994(18):91-102.

[2] 杨世国.关联两个四面体的一类不等式[J].福建中学数学,1990(1).

[3] 陈计,王振.Neuberg-Pedoe 不等式的四面体推广[J].数学通讯,1994(2):401-408.

[4] 周永国.涉及两个四面体及其内点的几个不等式[J].中国初等数学研究,2010(2):50-52.

[5] 周永国.关于四面体中面和角平分面的不等式[J].数学通报:2010,49(10):57-58.

[6] 沈文选.初等数学教程[M].长沙:湖南教育出版社,1996:609.

[7] 刘玉琏,傅沛仁.数学分析讲义(下册)[M].北京:高等教育出版社,1982:3.

[8] 沈文选.单形论导引[M].长沙:湖南师范大学出版社,2000.

关于四面体两个不等式猜想的证明

樊益武

(西安交通大学附属中学　陕西　西安　710043)

本文约定:四面体 $A_1A_2A_3A_4$ 的顶点 A_i 所对的侧面面积和高分别为 $S_i,h_i(i=1,2,3,4)$,体积为 V,

内切球和外接球半径分别为 r、R,$S=\sum\limits_{i=1}^{4}S_i.\sum$ 表示循环和.

杨学枝老师于 2009 年在文[1]中提出:

猜想 1　在四面体 $A_1A_2A_3A_4$ 中

$$\sum\frac{S-2S_1}{S_1}\leqslant\frac{S}{3\sqrt{3}\,r^2}\tag{1}$$

当且仅当四面体为正四面体时取等号.

陈计、孔令恩于 1999 年在《数学通讯》第 8 期提出:

猜想 2　在四面体 $A_1A_2A_3A_4$ 中

$$\sum\frac{1}{S_1^2}\leqslant\frac{1}{27r^4}\tag{2}$$

当且仅当四面体为正四面体时取等号.

猜想 2 可看成四面体中的 Walker 不等式,20 年来,笔者未看到解答.本文将一并解决这两个猜想.

为此,我们先介绍三个引理.

引理 1[2]　在四面体 $A_1A_2A_3A_4$ 中

$$\frac{3^7}{4^4}V^4(S_1^2+S_2^2+S_3^2+S_4^2)\leqslant S_1^2S_2^2S_3^2S_4^2\tag{3}$$

当且仅当四面体为正四面体时取等号.

引理 2[3]　在四面体 $A_1A_2A_3A_4$ 中

$$h_1\leqslant\frac{2\sqrt{S(S-2S_1)}}{|A_2A_3|+|A_2A_4|+|A_3A_4|}\tag{4}$$

当且仅当四面体 $A_1A_2A_3A_4$ 是以 $\triangle A_2A_3A_4$ 为底面的正三棱锥时取等号.

熟知在 $\triangle A_2A_3A_4$ 中,$S_1\leqslant\dfrac{\sqrt{3}}{36}(|A_2A_3|+|A_2A_4|+|A_3A_4|)^2$,代入引理 2 得:

引理 3　在四面体 $A_1A_2A_3A_4$ 中

$$V\leqslant\frac{\sqrt[4]{3}}{9}\sqrt{S(S-2S_1)S_1}\tag{5}$$

当且仅当四面体 $A_1A_2A_3A_4$ 是以 $\triangle A_2A_3A_4$ 为底面的正三棱锥时取等号.

式(1)的证明　不妨设 $S_1\leqslant S_2\leqslant S_3\leqslant S_4$,令 $w=\dfrac{S_1}{S}$,$x=\dfrac{S_2}{S}$,$y=\dfrac{S_3}{S}$,$z=\dfrac{S_4}{S}$,则 $w+x+y+z=$

1,且 $0<w\leqslant x\leqslant y\leqslant z<0.5$.

(i)考虑 $0.04\leqslant w\leqslant x\leqslant y\leqslant z<0.5$ 的情形.

$$(1)\Longleftrightarrow27\sqrt{3}V^2(S\sum S_2S_3S_4-8S_1S_2S_3S_4)\leqslant S_1S_2S_3S_4S^3\tag{6}$$

由引理 1

$$(6) \Leftarrow 16(S \sum S_2 S_3 S_4 - 8 S_1 S_2 S_3 S_4) \leqslant S^3 \sqrt{S_1^2 + S_2^2 + S_3^2 + S_4^2}$$

$$\Leftrightarrow 16(\sum xyz - 8wxyz) \leqslant \sqrt{\sum w^2}$$

令

$$f = 16(\sum xyz - 8wxyz) - \sqrt{\sum w^2}$$

$$z = 1 - w - x - y$$

于是

$$f'_w = (z-w)\left[16(y+x-8xy) + \frac{1}{\sqrt{\sum w^2}}\right] = 0$$

$$f'_x = (z-x)\left[16(y+w-8wy) + \frac{1}{\sqrt{\sum w^2}}\right] = 0$$

$$f'_y = (z-y)\left[16(w+x-8xw) + \frac{1}{\sqrt{\sum w^2}}\right] = 0$$

易知 $w + x \leqslant \dfrac{1}{2}$,因此 $w + x - 8wx \geqslant w + x - 2(w+x)^2 \geqslant 0$,所以 $z = y$.

同理 $z = x$,即 f 的驻点满足 $z = y = x$. 注意到 $w \geqslant 0.04$

$$f = 16[w(3x^2 - 8x^3) + x^3] - \sqrt{3x^2 + w^2}$$

$$= 16\left[w\left(\frac{(1-w)^2}{3} - \frac{8(1-w)^3}{27}\right) + \frac{(1-w)^3}{27}\right] - \sqrt{\frac{(1-w)^2}{3} + w^2}$$

$$= \frac{16}{27}(1-w)^2(8w^2 + 1) - \sqrt{\frac{1}{3}(4w^2 - 2w + 1)} \leqslant 0 \tag{7}$$

下面考虑边界情形.

① 当 $w = 0.04$ 时

$$f = \frac{16}{25}(xy + yz + zx + 17xyz) - \sqrt{\frac{1}{625} + x^2 + y^2 + z^2}$$

$$\leqslant \frac{16}{25}\left[\frac{1}{3}(x+y+z)^2 + 17\left(\frac{x+y+z}{3}\right)^3\right] - \sqrt{\frac{1}{625} + \frac{1}{3}(x+y+z)^2}$$

$$= \frac{16}{25}\left[\frac{1}{3}\left(\frac{24}{25}\right)^2 + 17\left(\frac{8}{25}\right)^3\right] - \sqrt{\frac{1}{625} + \frac{1}{3}\left(\frac{24}{25}\right)^2}$$

$$= -0.002\,573\,91\cdots < 0 \tag{8}$$

② 当 $z = \dfrac{1}{2}$ 时,$w + x + y = \dfrac{1}{2}$,$w \leqslant \dfrac{1}{6}$

$$f = 8[w(x+y) + (1-6w)xy] - \sqrt{0.25 + w^2 + x^2 + z^2}$$

$$\leqslant 8\left[w(x+y) + \frac{(1-6w)(x+y)^2}{4}\right] - \sqrt{0.25 + w^2 + \frac{1}{2}(x+y)^2}$$

$$= 8\left[w(0.5-w) + \frac{(1-6w)(0.5-w)^2}{4}\right] - \sqrt{0.25 + w^2 + \frac{1}{2}(0.5-w)^2} < 0$$

③ 当 $w = x$ 时,此时 $x \leqslant \dfrac{1}{4}$

$$f = 16[x^2(y+z) + (2x - 8x^2)yz] - \sqrt{2x^2 + y^2 + z^2}$$

$$\leqslant 16\left[x^2(1-2x) + \frac{1}{2}(x - 4x^2)(y+z)^2\right] - \sqrt{2x^2 + \frac{1}{2}(y+z)^2}$$

$$\leqslant 16\left[x^2(1-2x)+\frac{1}{2}(x-4x^2)(1-2x)^2\right]-\sqrt{2x^2+\frac{1}{2}(1-2x)^2}\leqslant 0 \tag{9}$$

④ 当 $x=y$ 时

$$f=16\left[x^2(1-2x)+(2x-8x^2)wz\right]-\sqrt{2x^2+w^2+z^2}$$

若 $x\leqslant\dfrac{1}{4}$ 时,由式(9)知 $f\leqslant 0$.

若 $x\geqslant\dfrac{1}{4}$ 时,固定 x,令

$$w=1-2x-z,t=2z^2-2(1-2x)z,0.5-x\leqslant x\leqslant z\leqslant 0.96-2x$$

$$f=f(t)=16x^2(1-2x)+16(4x^2-x)t-\sqrt{2x^2+(1-2x)^2+t}$$

$$f''(t)=\frac{1}{4\left[2x^2+(1-2x)^2+t\right]^{\frac{3}{2}}}>0 \tag{10}$$

所以 $f(t)$ 为凹函数,其最大值只能在区间端点处取到,这时 $z=x$ 或 $w=0.04$.

当 $z=x$ 时,有 $z=y=x$,由式(7)知 $f\leqslant 0$.

当 $w=0.04$ 时,由式(8)知 $f<0$.

⑤ 当 $y=z$ 时,$x=1-2y-w,0.04\leqslant w\leqslant x$,令 $t=2w^2-2(1-2y)w$,则

$$f=f(t)=16\left[y^2(1-2y)+(4y^2-y)t\right]-\sqrt{2y^2+(1-2y)^2+t}$$

由式(10)可知 $f(t)$ 为凹函数,其最大值只能在区间端点处取到,这时 $w=0.04$ 或 $w=x$ 或 $w=0.5-y$(此时 $w=x$).由式(8)(9)知 $f\leqslant 0$.

(ii) 考虑 $0<w\leqslant x\leqslant 0.28$ 且 $w\leqslant 0.04$ 情形.易知 f 驻点满足 $z=y$.

若 $0\leqslant w\leqslant 0.04,0.04\leqslant x\leqslant 0.28$,同(i)可知 f 驻点满足 $z=y=x$,这时

$$f=16x^2(24x^2-16x+3)-\sqrt{12x^2-6x+1}\leqslant 0 \tag{11}$$

当 $0\leqslant w\leqslant x\leqslant 0.04$ 时

$$f'_w-f'_x=(x-w)\left[16(y+z-8yz)+\frac{1}{\sqrt{\sum w^2}}\right]$$

$$=(x-w)\left[32(y-4y^2)+\frac{1}{\sqrt{\sum w^2}}\right]=0$$

因为 $0.46\leqslant y\leqslant 0.5$,所以 $32(y-4y^2)+\dfrac{1}{\sqrt{\sum w^2}}<0$.故 $w=x$,即 f 的驻点满足 $w=x$ 且 $y=z$,这时

$$f=16wy(1-8wy)-\sqrt{2w^2+2y^2}$$

$$=16w(0.5-w)[1-8w(0.5-w)]-\sqrt{2w^2+2(0.5-w)^2}\leqslant 0 \tag{12}$$

下面考虑边界情形.

① 当 $w=0$ 时

$$f=16xyz-\sqrt{x^2+y^2+z^2}\leqslant 4x(y+z)^2-\sqrt{x^2+\frac{1}{2}(y+z)^2}$$

$$=4x(1-x)^2-\sqrt{x^2+\frac{1}{2}(1-x)^2}\leqslant 0 \tag{13}$$

② 当 $w=x\leqslant 0.04$ 时

$$f=16\left[w^2(y+z)+(2w-8w^2)yz\right]-\sqrt{2w^2+y^2+z^2}$$

$$\leqslant 16\left[w^2(1-2w)+\frac{1}{2}(w-4w^2)(y+z)^2\right]-\sqrt{2w^2+\frac{1}{2}(y+z)^2}$$

$$=16\left[w^2(1-2w)+\frac{1}{2}(w-4w^2)(1-2w)^2\right]-\sqrt{2w^2+\frac{1}{2}(1-2w)^2}<0 \tag{14}$$

③ 当 $x=y$ 时,若 $x\leqslant 0.25$,同式(14)可证 $f\leqslant 0$;若 $0.25<x\leqslant 0.28$,固定 x,令 $z=1-2x-w$,注意到 $0\leqslant w\leqslant 0.04$,令 $t=2w^2-2(1-2x)w$,此二次函数对称轴 $w=0.5-x\geqslant 0.22$.

由式(10)知 $f=f(t)=16[x^2(1-2x)+(4x^2-x)t]-\sqrt{2x^2+(1-2x)^2+t}$ 是 t 的凹函数,所以 f 只能在 $w=0$ 或 $w=0.04$ 取到最大值.这里仅考虑 $w=0.04$ 情形,这时

$$f=16[x^2(1-2x)+0.04(2x-8x^2)(0.96-2x)]-\sqrt{0.04^2+2x^2+(0.96-2x)^2}<0 \tag{15}$$

④ 当 $y=z$ 时,同 ③ 可知 $w=0$ 或 $w=0.04$ 或 $w=0.5-y$(此时 $w=x$)时 f 取到最大值.由式(12)(13)(15) 知 $f\leqslant 0$.

(iii) 考虑 $0<w\leqslant 0.04$ 且 $0.28\leqslant x\leqslant y\leqslant z<0.5$ 的情形.

由引理 3

$$(1)\Leftarrow (S-2S_1)\left(S\sum S_2 S_3 S_4-8S_1 S_2 S_3 S_4\right)\leqslant S_2 S_3 S_4 S^2$$

$$\Leftrightarrow (1-2w)(wxy+xyz+yzw+zwx-8wxyz)-xyz$$

$$=w[(1-2w)(xy+yz+zx)-(10-16w)xyz]\leqslant 0$$

又

$$(1-2w)(xy+yz+zx)-(10-16w)xyz$$

$$\leqslant \frac{1-2w}{3}(x+y+z)^2-(10-16w)\times 0.28^2\times(1-w-0.56)$$

$$=\frac{1-2w}{3}(1-w)^2-(10-16w)\times 0.28^2\times(0.44-w)<0$$

综合(i)(ii)(iii),不等式(1)得证.从而得到:

定理 在四面体 $A_1 A_2 A_3 A_4$ 中

$$\sum \frac{S-2S_1}{S_1}\leqslant \frac{S}{3\sqrt{3}\,r^2} \tag{16}$$

当且仅当四面体为正四面体时取等号.

事实上,不等式(16)是一个很有用的结论,由它可以推出或加强许多结果.

推论 1 四面体 $A_1 A_2 A_3 A_4$ 的顶点 A_i 所对侧面的内切圆半径为 $r_i(i=1,2,3,4)$,则

$$\sum \frac{1}{S_1 r_1^2}\leqslant \frac{1}{3\sqrt{3}\,r^4} \tag{17}$$

证明 由公式 $2S_1=(|A_2 A_3|+|A_2 A_3|+|A_2 A_3|)r_1$ 及引理 2 知 $\dfrac{1}{S_1 r_1^2}\leqslant \dfrac{1}{Sr^2}\cdot\dfrac{S-2S_1}{S_1}\cdots$.求和得

$$\sum \frac{1}{S_1 r_1^2}\leqslant \frac{1}{Sr^2}\sum \frac{S-2S_1}{S_1}\leqslant \frac{1}{3\sqrt{3}\,r^4}$$

将 $r_1^2\leqslant \dfrac{\sqrt{3}}{9}S_1$ 代入式(17)得如下推论.

推论 2 在四面体 $A_1 A_2 A_3 A_4$ 中

$$\sum \frac{1}{S_1^2}\leqslant \frac{1}{27r^4} \tag{18}$$

将 $S_1\leqslant \dfrac{3\sqrt{3}}{2}R_1 r_1$ 代入式(17)得:

推论 3 设四面体 $A_1A_2A_3A_4$ 的顶点 A_i 所对侧面的内切圆和外接圆半径分别为 r_i，$R_i(i=1,2,3,4)$，则

$$\sum \frac{1}{R_1 r_1^3} \leqslant \frac{2}{r^4} \tag{19}$$

注意到 $S \leqslant \frac{8}{\sqrt{3}} R^2$，由式(16)还可直接得到：

推论 4 设四面体 $A_1A_2A_3A_4$ 的顶点 A_i 所对应的旁切球半径分别为 $\rho_i(i=1,2,3,4)$，则

$$\sum \frac{h_1}{\rho_1} \leqslant \frac{8R^2}{9r^2} \tag{20}$$

推论 5 在四面体 $A_1A_2A_3A_4$ 中

$$\sum S_1 \sum \frac{1}{S_1} \leqslant \frac{8R^2}{9r^2} + 8 \tag{21}$$

以上推论中等号成立当且仅当四面体为正四面体.

参考文献

[1] 杨学枝.数学奥林匹克不等式研究[M].哈尔滨:哈尔滨工业大学出版社,2009.

[2] 张景中,杨路.关于质点组的一类几何不等式[J].中国科学技术大学学报,1981(2):6-13.

[3] 樊益武.四面体不等式[M].哈尔滨:哈尔滨工业大学出版社,2017.

一 道 递 推 数 列 题 的 深 厚 数 学 背 景

徐晓舸

（重庆南开中学　　重庆　　400069）

摘　　要：本文从 $x_1=2$，$x_{n+1}=\dfrac{2+x_n}{1-2x_n}$ 是否为最终周期数列出发，以小见大，探究此题背后蕴含的数学背景，将 Chebychev 多项式、特殊角的三角函数值、无理性蕴含的稠密性等数学知识做了一些有趣的探讨，并列举了一些比赛中出现的相关题目，供读者思考.

一、问题的提出及初步解决方案

设有数列 $x_1=2$，$x_{n+1}=\dfrac{2+x_n}{1-2x_n}$，问：数列 $\{x_n\}$ 是最终周期数列吗？

此题显然可以用不动点法求通项公式，过程如下：

考虑迭代函数 $f(x)=\dfrac{2+x}{1-2x}$ 的不动点，即方程 $\dfrac{2+x}{1-2x}=x$ 的根，易解出 $x=\pm\mathrm{i}$，其中 i 为虚数单位.

则易证（证明略去）：数列 $\left\{\dfrac{x_n-\mathrm{i}}{x_n+\mathrm{i}}\right\}$ 是等比数列，公比为 $q=\dfrac{-3+4\mathrm{i}}{5}$.

不妨记 $y_n=\dfrac{x_n-\mathrm{i}}{x_n+\mathrm{i}}$，则

$$y_1=\frac{x_1-\mathrm{i}}{x_1+\mathrm{i}}=\frac{2-\mathrm{i}}{2+\mathrm{i}}=\frac{3-4\mathrm{i}}{5}=-q$$

于是 $y_n=-q^n$. 若 $\{x_n\}$ 是最终周期数列，则显然 $\{y_n\}$ 也是最终周期数列，从而存在两个正整数 T 和 N，对任意的正整数 $n\geqslant N$，有 $y_{n+T}=y_n$. 这意味着 $-q^{n+T}=-q^n$，$q^T=1$，即 $q=\dfrac{-3+4\mathrm{i}}{5}$ 是一个 T 次单位根. 那么问题就归结为：$q=\dfrac{-3+4\mathrm{i}}{5}$ 是不是某个 T 次单位根？其实这个问题没有想象中那么容易，我们显然知道 $q=\dfrac{-3+4\mathrm{i}}{5}$ 的模为 1，借助 Euler 公式，我们可以把 q 写成 $q=\mathrm{e}^{\mathrm{i}\theta}$，其中 $\cos\theta=-\dfrac{3}{5}$，$\sin\theta=\dfrac{4}{5}$. 如果确有 $q^T=1$，那么 $\mathrm{e}^{\mathrm{i}T\theta}=1$，从而 $T\theta=2\pi k(k\in\mathbf{Z})$，即 $\dfrac{\theta}{\pi}$ 是一个有理数. 于是问题进一步归结为：如果 $\cos\theta=-\dfrac{3}{5}$，$\sin\theta=\dfrac{4}{5}$，$\dfrac{\theta}{\pi}$ 是一个有理数吗？

在潘承彪和潘承洞的《初等数论》中有这样一道习题，我们以定理的形式给出，它可以用来回答上述问题.

二、《初等数论》中的一个课后习题

定理 1　证明：若 $\dfrac{\theta}{\pi}$ 和 $\cos\theta$ 都是有理数，则 $\cos\theta\in\left\{0,\pm\dfrac{1}{2},\pm1\right\}$.

注 1　利用定理 1 的结论，我们可知，如果 $\cos\theta=-\dfrac{3}{5}$，$\sin\theta=\dfrac{4}{5}$，并且 $\dfrac{\theta}{\pi}$ 是一个有理数，那么 $\cos\theta\in\left\{0,\pm\dfrac{1}{2},\pm1\right\}$，这显然是矛盾的！所以 $\dfrac{\theta}{\pi}$ 是一个无理数，数列 $\{x_n\}$ 不是最终周期数列.

注 2 利用定理 1,我们还可以理解:为什么初中三角函数课程里面,在编制特殊锐角的三角函数值表时,只有 30°,45°,60°,而没有其他的. 首先作为特殊锐角,其度数应当比较简洁,至少应该是 180° 的有理数倍,不妨设特殊角为 θ,则 $\dfrac{\theta}{\pi}$ 是有理数;另一方面,我们期待 $\cos\theta$ 不要太复杂,至少是个有理数,或者平方之后是有理数,于是由二倍角公式知,$\cos 2\theta = 2\cos^2\theta - 1$ 是有理数,同时 $\dfrac{2\theta}{\pi}$ 仍旧为有理数,那么根据定理 1 的结论,有 $\cos 2\theta \in \left\{0,\pm\dfrac{1}{2},\pm 1\right\}$,从而解得 $\cos\theta = 0,\pm\dfrac{1}{2},\pm\dfrac{\sqrt{2}}{2},\pm\dfrac{\sqrt{3}}{2},\pm 1$,但考虑到 θ 为锐角,从而只有 $\cos\theta = \dfrac{1}{2},\dfrac{\sqrt{2}}{2},\dfrac{\sqrt{3}}{2}$,对应的就是 30°,45°,60°.

定理 1 的证明 关键在于:存在一个首项系数为 1 的 n 次整系数多项式 $P_n(x)$,使得 $2\cos n\theta = P_n(2\cos\theta)$. 我们用第二类数学归纳法来说明这件事情.

首先对 $n=1$,由 $2\cos\theta = 2\cos\theta$ 知,我们取 $P_1(x) = x$ 即可有 $2\cos\theta = P_1(2\cos\theta)$;

对 $n=2$,由 $2\cos 2\theta = 2(2\cos^2\theta - 1) = (2\cos\theta)^2 - 2$ 知,取 $P_2(x) = x^2 - 2$ 即可;

假定对 $1,2,\cdots,n-1,n(n\geqslant 2)$,已经找到首项系数为 1 的 k 次整系数多项式 $P_k(x)(1\leqslant k\leqslant n)$ 满足 $2\cos k\theta = P_k(2\cos\theta)$.

利用公式 $\cos(n+1)\theta + \cos(n-1)\theta = 2\cos\theta\cos n\theta$,两边同时乘以 2,有

$$2\cos(n+1)\theta + 2\cos(n-1)\theta = 2\cos\theta \times 2\cos n\theta$$

根据归纳假设,有

$$2\cos(n+1)\theta + P_{n-1}(2\cos\theta) = 2\cos\theta \times P_n(2\cos\theta)$$

若我们令 $P_{n+1}(x) = xP_n(x) - P_{n-1}(x)$,则

$$2\cos(n+1)\theta = P_{n+1}(2\cos\theta)$$

且显然 $P_{n+1}(x) = xP_n(x) - P_{n-1}(x)$ 是首项系数为 1 的 $n+1$ 次整系数多项式,归纳证明完成.

这里的 $P_n(x)$ 被称为 Chebyshev 多项式,这类多项式具有一些很漂亮的性质. 感兴趣的读者可以查阅相关资料.

有了 Chebyshev 多项式,我们就可以给出定理 1 的证明.

由题目条件知,$\dfrac{\theta}{\pi}$ 是有理数,不妨设 $\dfrac{\theta}{\pi} = \dfrac{m}{n}$,$m\in\mathbf{Z}$,$n\in\mathbf{Z}_+$,则 $n\theta = m\pi$,又由 $2\cos n\theta = P_n(2\cos\theta) = 2\times(-1)^m$ 知,$2\cos\theta$ 满足一个首项系数为 1 的 n 次整系数方程 $P_n(x) - 2\times(-1)^m = 0$,又由题目条件知,$2\cos\theta$ 是有理数,但是我们知道首项系数为 1 的 n 次整系数方程的有理根必定是整数根,从而 $2\cos\theta$ 是整数,再根据余弦函数的有界性知,$2\cos\theta$ 只能取到 $0,\pm 1,\pm 2$,于是 $\cos\theta \in \left\{0,\pm\dfrac{1}{2},\pm 1\right\}$,证明完成.

三、进一步挖掘

有了前面的讨论,我们已经知道,若 $\cos\theta = -\dfrac{3}{5}$,$\sin\theta = \dfrac{4}{5}$,则 $\dfrac{\theta}{\pi}$ 是一个无理数. 于是在本文开始的题目中 $y_n = -q^n = -\mathrm{e}^{\mathrm{i}n\theta} = -\mathrm{e}^{\mathrm{i}2\pi\frac{n\theta}{2\pi}} = -\mathrm{e}^{\mathrm{i}2\pi\left\{\frac{n\theta}{2\pi}\right\}}$,这里 $\{x\} = x - [x]$,其中 $[x]$ 表示不超过 x 的最大的整数,又因为 $\mathrm{e}^{\mathrm{i}2\pi k} = 1(k\in\mathbf{Z})$,所以前述连等号成立. 特别值得注意的是 $\left\{\dfrac{n\theta}{2\pi}\right\}$,由于 $\dfrac{\theta}{2\pi}$ 是一个无理数,则无穷数列 $\left\{\dfrac{n\theta}{2\pi}\right\}_{n=1}^{\infty}$ 将展现出特别奇妙的性质:所谓的稠密性.

定理 2(Dirichlet) 设 α 是一个正无理数,考虑集合 $A(\alpha) = \{\{n\alpha\}\mid n\in\mathbf{Z}_+\}$,则对任意的 $0 < a <$

$b<1$,有开区间$(a,b)\bigcap A(\alpha)$不是空集.

注 这个定理也被称为稠密性定理,顾名思义,$A(\alpha)$在$(0,1)$上的分布是无所不在的,在任何一个小的开区间里面都能找到$A(\alpha)$中的元素.(实际上可以找到无穷多个,为什么?)稠密性定理是一个无法依赖直觉发现的定理,反映了无理数区别于有理数的独特性质,是非常美妙的数学定理.

定理2的证明 主要是用抽屉原理.首先我们将区间$(0,1)$等分成N份,得到N个两两不相交的子区间:$\left(0,\dfrac{1}{N}\right],\left(\dfrac{1}{N},\dfrac{2}{N}\right],\cdots,\left(\dfrac{N-1}{N},1\right)$,考虑数$\{\alpha\},\{2\alpha\},\{3\alpha\},\cdots,\{(N+1)\alpha\}$,它们都在$(0,1)$上,有$N+1$个,根据抽屉原理,必有两个数落在前述$N$个等分区间中的同一个区间内,不妨设这两个数为$\{i\alpha\},\{j\alpha\}(i\neq j)$,则

$$|\{i\alpha\}-\{j\alpha\}|<\frac{1}{N}$$

即

$$|i\alpha-[i\alpha]-j\alpha+[j\alpha]|<\frac{1}{N}$$

于是存在正整数p和非负整数q,使得$|p\alpha-q|<\dfrac{1}{N}$,而且显然有$p\alpha-q\neq0$,否则α就是有理数了.于是我们得到一个结论:对任意给定的N,存在正整数p和非负整数q,使得$0<|p\alpha-q|<\dfrac{1}{N}$.

实际上我们可以证明更强的结论:对任意给定的N,存在正整数p和非负整数q,使得$0<p\alpha-q<\dfrac{1}{N}$.如果前述结论中的$p\alpha-q>0$,那么更强的结论显然成立;如果$p\alpha-q<0$,我们做如下处理:显然存在正整数M,使得

$$M(p\alpha-q)>-1>(M+1)(p\alpha-q)$$

从而

$$\frac{1}{N}>M(p\alpha-q)+1>0$$

把Mp作为新的p,$Mq-1$作为新的q即可.

回到定理2本身的证明.有了上述更强的结论,我们马上可知,若一开始取的N较大,使得$0<p\alpha-q<\dfrac{1}{N}<b-a$,则一定存在一个正整数$n$,使得$a<n(p\alpha-q)<b$,而$n(p\alpha-q)=np\alpha-nq=\{np\alpha\}$,从而$\{np\alpha\}\in(a,b)$,于是我们在$(a,b)$中找到了$A(\alpha)$的元素.定理2的证明完成.

我们把定理2应用于本文最开始的题目,知$\left\{\dfrac{n\theta}{2\pi}\right\}_{n=1}^{\infty}$在$(0,1)$上是稠密分布的,从而$y_n=-\mathrm{e}^{\mathrm{i}2\pi\left(\frac{n\theta}{2\pi}\right)}$在单位圆周上是稠密分布的(即在单位圆周上的任一小段弧上都能找到无穷多个y_n的项),又由于$y_n=\dfrac{x_n-\mathrm{i}}{x_n+\mathrm{i}}$,而映射$g(x)=\dfrac{x-\mathrm{i}}{x+\mathrm{i}}$给出了实轴(含无穷远点)和单位圆周之间的连续的、一对一的映射,从而原数列$\{x_n\}$是在实轴上稠密分布的,即在实轴上任意一个小区间段内,都能找到无穷多个$\{x_n\}$的项.特别的,存在无穷多项x_n,使得$[x_n]=2\,020$.这已经从原题目延伸至很远了.

实际上,关于稠密性定理还有各种加强的版本,我们不假证明的引入如下几个定理.

定理3 对于给定的正整数k,若α是一个正无理数,考虑集合$A(\alpha)=\{\{n^k\alpha\}\mid n\in\mathbf{Z}_+\}$,则对任意的$0<a<b<1$,开区间$(a,b)\bigcap A(\alpha)$不是空集.

定理3的证明可以参考文献[3].

定理4 若$\dfrac{\alpha}{\pi}$是一个正无理数,$f:\mathbf{R}\to\mathbf{C}$是一个实变量复值的$2\pi$周期分段连续函数,则

$$\lim_{N \to +\infty} \frac{1}{N} \sum_{n=1}^{N} f(x + n\alpha) = \frac{1}{2\pi} \int_{-\pi}^{\pi} f(t) \mathrm{d}t$$

值得注意的是,我们利用定理 4 可以证明,定理 2 中的 $A(\alpha) = \{\{n\alpha\} \mid n \in \mathbf{Z}_+\}$ 实际上在区间 $(0,1)$ 上是均匀分布的,即

$$\lim_{N \to +\infty} \frac{\#\{n \mid n \in \mathbf{Z}_+, 1 \leqslant n \leqslant N, \{n\alpha\} \in (a,b)\}}{N} = b - a \quad (0 < a < b < 1)$$

其中 $\#S$ 表示集合 S 中元素的个数.

定理 4 的证明可参考文献[5].

定理 5 若 α 为无理数,且 $\alpha_1, \alpha_2, \cdots, \alpha_m \in \mathbf{R}$,则集合

$$A = \{\{\alpha n^m + \alpha_1 n^{m-1} + \cdots + \alpha_m\} \mid n \in \mathbf{Z}_+\}$$

在区间 $(0,1)$ 上是均匀分布的,即

$$\lim_{N \to +\infty} \frac{\#\{n \mid n \in \mathbf{Z}_+, 1 \leqslant n \leqslant N, \{\alpha n^m + \alpha_1 n^{m-1} + \cdots + \alpha_m\} \in (a,b)\}}{N} = b - a \quad (0 < a < b < 1)$$

定理 5 的证明可参考文献[4].

四、更多的相关题目

我们在这里提供一些与定理 1 和定理 2 有密切关系的题目,有一些题目来源于清华大学和北京大学的数学营,这一类型的题目总是会给人以惊喜和美感.

1.(2014 年清华大学数学金秋营)给定整数 $n \geqslant 4$,证明:不存在正 n 边形 $A_1 A_2 \cdots A_n$,使得对任意的 $1 \leqslant i < j \leqslant n$ 都有 $A_i A_j$ 的长度是整数.

2.设 $\{a_n\}$ 是所有形如 $2^k \times 3^s (k, s \in \mathbf{N})$ 的正整数构成的递增数列(如 $a_1 = 1, a_2 = 2, a_3 = 3, a_4 = 4, a_5 = 6, a_6 = 8, a_7 = 9, \cdots$).证明:存在无穷多个正整数 n,使得 $\dfrac{a_{n+1}}{a_n} < 1 + \dfrac{1}{102\ 020}$.

提示 实际上 $\dfrac{1}{102\ 020}$ 不是本质的,它可以换成事先给定的任一正数 ε. 假定 $a_n = 2^{\alpha(n)} \times 3^{\beta(n)}$,对 $\dfrac{a_{n+1}}{a_n} < 1 + \varepsilon$ 取以 2 为底的对数得

$$\alpha(n+1) - \alpha(n) + [\beta(n+1) - \beta(n)] \log_2 3 < \log_2 (1 + \varepsilon)$$

注意到 $\log_2 3$ 的无理性,由定理 2 知,存在正整数 p, q 使得 $0 < p \log_2 3 - q < \log_2 (1 + \varepsilon)$,现在我们给 $\log_2 a_n = \alpha(n) + \beta(n) \log_2 3$ 加上 $p \log_2 3 - q$,则有

$$\log_2 a_n < \alpha(n) - q + [\beta(n) + p] \log_2 3 < \log_2 a_n + \log_2 (1 + \varepsilon)$$

我们只需要令 $\alpha(n) - q > 0$(这样的 n 有无穷多个),则有某个 $m > n$ 使得

$$\log_2 a_m = \alpha(n) - q + [\beta(n) + p] \log_2 3$$

再注意到 $\{a_n\}$ 递增,从而

$$\log_2 a_n < \log_2 a_{n+1} \leqslant \log_2 a_m < \log_2 a_n + \log_2 (1 + \varepsilon)$$

即可.

3.证明:对于事先给定的任何十进制正整数 $\overline{a_n a_{n-1} \cdots a_1 a_0}$,其中 $n \in \mathbf{N}, a_i \in \{0, 1, 2, \cdots, 8, 9\}, a_n \neq 0$,都存在一个正整数 N,使得 2^N 的十进制表示的前 $n+1$ 位数恰好是 $\overline{a_n a_{n-1} \cdots a_1 a_0}$.

提示 这是一道非常有趣的题目,2^N 的十进制表示的前 $n+1$ 位数恰好是 $\overline{a_n a_{n-1} \cdots a_1 a_0} = t$,等价于

$$t \times 10^m \leqslant 2^N < (t+1) \times 10^m, \quad m \in \mathbf{N}$$

取常用对数得

$$\lg t + m \leqslant N \lg 2 < \lg(t+1) + m = \lg t + m + \lg\left(1 + \frac{1}{t}\right)$$

则

$$\{\lg t\} \leqslant N \lg 2 - m - [\lg t] < \{\lg t\} + \lg\left(1 + \frac{1}{t}\right)$$

再由 lg 2 的无理性和定理 2 可证明满足上式的 N 存在,且有无穷多个.

4.(2015 年北京大学数学夏令营)证明:若 α 是无理数,则 $[n^2\alpha]\,(n=1,2,\cdots)$ 中有无穷多个偶数.

5.(2016 年北京大学数学金秋营)求所有的正整数 a,b,c,满足对任意的实数 $u,v\,(0 \leqslant u < v \leqslant 1)$,存在正整数 n,使得 $\{\sqrt{an^2 + bn + c}\} \in (u, v)$.

6.(2016 年普特南数学竞赛试题)求所有的函数 $f:(1,+\infty) \to (1,+\infty)$,使得若 $x, y \in (1, +\infty)$,且 $x^2 \leqslant y \leqslant x^3$,则 $f(x)^2 \leqslant f(y) \leqslant f(x)^3$.

第 1,4,5,6 题已标明出处,读者可自行查阅资料.

参考文献

[1] 李伟.复数在数学竞赛中的运用[J].中等数学,2018(12).

[2] 潘承洞,潘承彪.初等数论[M].北京:北京大学出版社.

[3] 吴昊.$\{n^k\alpha\}$ 稠密性的初等证明[J].中等数学,2015(12).

[4] 李玉梅,倪克琳.一道北京大学数学金秋营试题引发的思考[J].中等数学,2017(4).

[5] 卓里奇.数学分析:第二卷[M].北京:高等教育出版社,2006:481.

数学文化融入中考试题的赏析

董永春[1]   **彭媛**[2]

(1.四川师范大学附属第一实验中学   四川   成都   610103;

2.四川师范大学附属第一实验中学   四川   成都   610103)

摘   要:近年来很多学者从社会－文化的角度探索数学的本质及其规律,进而在中学数学课程中进行数学文化的渗透.同时数学教育工作者也很关注数学文化,通过设计与数学文化有关的题目,考察学生数学核心素养和学生的阅读、学习以及综合与实践的能力.

关键词:数学文化   中学数学教学   教学评价   中考题   思维品质

数学文化是指数学的内容、方法、思想、精神以及在其形成和发展过程中的人文、历史以及与之相关的社会活动,使数学成为社会发展不可或缺的动力,数学是理性精神和人文精神的统一.近年来,在作为升学指南针的各地中考题中,与中国数学文化有关的试题频繁的出现.命题者通过设计与历史背景相关的题目,考察学生的数学核心素养,弘扬数学文化,展现数学文化价值,寓德育于考试之中,培养学生的爱国热情.

一、数学文化融入中学数学教学问题的提出

1.数学文化概念的提出.

我国孙小礼和邓东皋合编的《数学与文化》记录了从自然辩证法研究的角度对数学文化的思考;郑毓信先生的《数学文化学》从社会建构主义的数学观强调"数学共同体"产生的文化效应;张楚廷先生的《数学文化》认为数学本身就是一种文化;齐民友的《数学与文化》主要从非欧几何产生的历史阐述数学的文化价值[3].

2.数学文化融入中学数学教学是课程标准的要求.

国家教育部制定的《全日制义务教育·数学课程标准(实验稿)》中明确提出"数学是人类的一种文化,它的内容、思想、方法和语言是现代文明的主要组成部分."2011 年 9 月,新修订的《全日制义务教育·数学课程标准(修订稿)》[1] 中,第四部分《实施建议》的第三节内容里又再次强调"数学文化作为教材的组成部分,数学素养是现代社会每一个公民应该具备的基本素养.应渗透在整个教材中 …… 为此,教材可以适时地介绍有关背景知识,包括数学在自然与社会中的应用,以及数学发展史的有关材料,帮助学生了解在人类文明发展中数学的作用,激发学生学习数学的兴趣,感受数学家的严谨,欣赏数学的优美."[2]

二、与数学文化有关的中考问题的赏析

1.以负数的产生及运算为背景的赏析.

例 1(2017 年成都市中考试题)   《九章算术》中注有"今两算得失相反,要令正负以名之."意思是:今有两数若其意义相反,则分别叫作正数与负数.若气温为零上10 ℃ 记作＋10 ℃,则 －3 ℃ 表示气温为(   )

A.零上 3 ℃   B.零下 3 ℃   C.零上 7 ℃   D.零下 7 ℃

分析   选 B.

点评 《九章算术》在代数方面的一项突出贡献是引入了负数,中国是世界上第一个接受并使用负数的国家,筹算是中国古代数学的特色.我国数学家刘徽明确提出了正数和负数的概念,并主张在算筹中用红筹代表正数,用黑筹代表负数.《九章算术》是我国数学研究的瑰宝,它充分体现了我国古代数学的算法思想与实用思想,而且其所叙述的题目也能反映出数学知识的实际来源,学生在理解了题目背景的基础上,能对其所学的知识产生更为深刻的印象,从而能更好地掌握解题方法.在教学中结合课程知识向学生展现古代数学的理论思想方法,通过生动鲜活的例子让学生感受到丰富的数学文化熏陶,培养学生对数学学科的兴趣.

2.以方程为背景的赏析.

例 2(2017 年长沙市中考试题) 中国古代数学著作《算法统宗》中有这样一段记载:"三百七十八里关,初日健步不为难,次日脚痛减一半,六朝才得到其关."其大意是,有人要去某关口,路程为 378 里(1 里 = 500 米),第一天健步行走,从第二天起,由于脚痛,每天走的路程都为前一天的一半,一共走了六天才到达目的地.则此人第六天走的路程为( )

A.24 里   B.12 里   C.6 里   D.3 里

分析 设第一天走了 x 里,依题意得

$$x + \frac{1}{2}x + \frac{1}{4}x + \frac{1}{8}x + \frac{1}{16}x + \frac{1}{32}x = 378$$

解得 $x = 192$.则 $\left(\frac{1}{2}\right)^5 x = \left(\frac{1}{2}\right)^5 \times 192 = 6$(里).

故选 C.

点评 《算法统宗》是明代的程大位在 60 岁完成的,程大位可谓是近代珠算的鼻祖.此题是一道等比数列求和的问题.从中国古代的"天元术"到现代的高次方程组的解法体现了方程发展的历史和解法理论的形成,以及推广的应用.教师要选准"关键教学点",以"关键教学点"带动数学教学,帮助学生掌握知识、提高能力、发展数学素养.教学中要把握好数学文化是展现数学知识发生发展的过程这一关键,一方面发挥了试题的德育功能,另一方面对引导广大师生对中国古代数学文化的关注具有十分积极的作用,把德育贯穿于课堂的始终.

3.以杨辉三角形为背景的赏析.

例 3(2016 年绵阳市中考试题) 图 1 所示的三角形数组是我国古代数学家杨辉发现的,称为杨辉三角形.现用 A_i 表示从第三行开始,从左往右,从上往下,依次出现的第 i 个数,例如:$A_1 = 1$,$A_2 = 2$,从 $A_3 = 1$,$A_4 = 1$,$A_5 = 3$,$A_6 = 3$,$A_7 = 1$,则 $A_{2\,016} = $ _____.

$$
\begin{array}{ccccccccc}
 & & & & 1 & & & & \\
 & & & 1 & & 1 & & & \\
 & & 1 & & 2 & & 1 & & \\
 & 1 & & 3 & & 3 & & 1 & \\
1 & & 4 & & 6 & & 4 & & 1 \\
\end{array}
$$
...

图 1

分析 由题意可得,第 n 行有 n 个数,故除去前两行的总的个数为 $\frac{n(n+1)}{2} - 3$,当 $n = 63$ 时,$\frac{n(n+1)}{2} - 3 = 2\,013$,因为 $2\,013 < 2\,016$,所以 $A_{2\,016}$ 是第 64 行的第三个数,因为每行的第三个数都有如下规律:第三行是 1,第四行是 $1 + 2$,第五行是 $1 + 2 + 3$,$\cdots$,所以第 64 行的第三个数是

$$1+2+3+\cdots+62=\frac{62\times(62+1)}{2}=1\,953$$

故答案为 1 953.

点评 杨辉是我国南宋数学家,主要成就是完善了增成开方法、纵横图、垛积术、杨辉三角形等.在《详解九章算法》一书中画了杨辉三角形.这就是二项式定理系数表,意大利称之为"Tartaglia 三角形",欧洲人称之为"Pascal 三角形".数学从来不是某一个国家、民族、个人单独拥有的,每一种文化都有自己的数学,数学史知识可以让学生体会不同的空间、不同的文化背景下的数学,不同的民族有着不同的解释,不同的文化背景有着不同的思维过程.重大数学思想和方法的产生与发展在不同的文化差异中也有着鲜明的文化烙印,以古代中国为代表的东方数学以代数计算和实用为主.教学中让学生感受到数学是唯物的、客观的存在,是不以人的意志为转移的,有一颗包容的心让自己不断进步是很重要的.

4. 以勾股定理为背景的赏析.

例 4(2018 年乐山市中考试题) 《九章算术》是我国古代第一部自成体系的数学专著,代表了东方数学的最高成就.它的算法体系至今仍在推动着计算机的发展和应用.书中记载:"今有圆材埋在壁中,不知大小,以锯锯之,深一寸,锯道长一尺,问径几何?"译为:"今有一圆柱形木材,埋在墙壁中,不知其大小,用锯去锯这木材,锯口深 1 寸(1 寸 = 3.333 3 厘米)($ED = 1$ 寸),锯道长 1 尺(1 尺 = 0.333 3 米)($AB = 1$ 尺 = 10 寸),问这块圆柱形木材的直径是多少?"

如图 2 所示,请根据所学知识计算:圆柱形木材的直径 AC 是( )

A. 13 寸   B. 20 寸   C. 26 寸   D. 28 寸

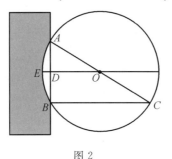

图 2

分析 设 $\odot O$ 的半径为 r.在 Rt$\triangle ADO$ 中,$AD = 5$,$OD = r-1$,$OA = r$,则有 $r^2 = 5^2 + (r-1)^2$,解得 $r = 13$,所以 $\odot O$ 的直径为 26 寸.

故选 C.

点评 此题的本质就是垂径定理,《九章算术》中的几何问题具有很明显的实际背景,如面积问题多与农田测量有关,体积问题则主要涉及工程土方计算.如平面图形有"方田"(长方形)、"圭田"(三角形)、"圆田"(圆)、"弧田"(弓形)、"环田"(环形)等.我国证明勾股定理的两个著名的"图说一体"的证法"弦图""青朱出入图",体现了一种常见的求解几何问题的思想方法 ——"割补法".古代人们特别注重定理、公式的变换与变形表达,并在实际问题中加以运用.课堂上"讲"数学史太多,利用历史相似性原理指导学生"做"数学史太少,这些考题背景让学生感受到数学文化是一个有丰富的内涵,多元化的切入视角也需要灵活的呈现策略.教学中让学生充分体会"割补法"转化是解决几何面积问题最常见的方法.也体现了数学的简洁与和谐之美,让学生体会内在深邃的数学美.

5. 以极限思想为背景的赏析.

例 5(2017 年乐山市中考试题) 庄子说:"一尺之棰,日取其半,万世不竭".这句话(文字语言)表达了古人将事物无限分割的思想,用图形语言表示为图 3,按图 3 所示的分割方法可得到一个等式(符号语言)

$$1 = \frac{1}{2} + \frac{1}{2^2} + \frac{1}{2^3} + \cdots + \frac{1}{2^n} + \cdots$$

图 4 所示的分割也是一种无限分割: 在 $\triangle ABC$ 中, $\angle C = 90°$, $\angle B = 30°$, 过点 C 作 $CC_1 \perp AB$ 于点 C_1, 再过点 C_1 作 $C_1C_2 \perp BC$ 于点 C_2, 又过点 C_2 作 $C_2C_3 \perp AB$ 于点 C_3, 如此无限继续下去, 则可将 $\triangle ABC$ 分割成 $\triangle ACC_1$, $\triangle CC_1C_2$, $\triangle C_1C_2C_3$, $\triangle C_2C_3C_4$, $\cdots$, $\triangle C_{n-2}C_{n-1}C_n$, $\cdots$. 假设 $AC = 2$, 这些三角形的面积和可以得到一个等式是_____.

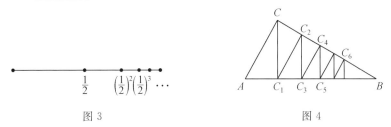

图 3　　　　　　　　　　图 4

分析　如图 4, 因为 $AC = 2$, $\angle B = 30°$, 所以在 $\mathrm{Rt}\triangle ACC_1$ 中, $\angle ACC_1 = 30°$, $BC = 2\sqrt{3}$, 所以

$$AC_1 = \frac{1}{2}AC = 1$$

$$CC_1 = \sqrt{3}\, AC_1 = \sqrt{3}$$

所以

$$S_{\triangle ACC_1} = \frac{1}{2} \cdot AC_1 \cdot CC_1 = \frac{1}{2} \times 1 \times \sqrt{3} = \frac{\sqrt{3}}{2}$$

因为

$$\triangle ACC_1 \backsim \triangle CC_1C_2, \triangle CC_1C_2 \backsim \triangle C_1C_2C_3, \cdots, \triangle C_{n-3}C_{n-2}C_{n-1} \backsim \triangle C_{n-2}C_{n-1}C_n$$

所以

$$\frac{S_{\triangle ACC_1}}{S_{\triangle CC_1C_2}} = \left(\frac{AC_1}{CC_2}\right)^2 = \frac{4}{3}$$

所以

$$\frac{S_{\triangle C_{n-3}C_{n-2}C_{n-1}}}{S_{\triangle C_{n-2}C_{n-1}C_n}} = \left(\frac{C_{n-3}C_{n-1}}{C_{n-2}C_n}\right)^2 = \frac{4}{3}$$

所以

$$2\sqrt{3} = \frac{\sqrt{3}}{2}\left[1 + \frac{3}{4} + \left(\frac{3}{4}\right)^2 + \left(\frac{3}{4}\right)^3 + \cdots + \left(\frac{3}{4}\right)^{n-1} + \left(\frac{3}{4}\right)^n + \cdots\right]$$

故答案为 $2\sqrt{3} = \frac{\sqrt{3}}{2}\left[1 + \frac{3}{4} + \left(\frac{3}{4}\right)^2 + \left(\frac{3}{4}\right)^3 + \cdots + \left(\frac{3}{4}\right)^{n-1} + \left(\frac{3}{4}\right)^n + \cdots\right]$.

点评　《庄子》中记载了多条明辨, 如"矩不方, 规不可以为圆""飞鸟之影未尝动也".

以上问题展示的是古人的极限思想, 不同时空和不同文化下的人们表现出来的智慧以及考虑问题的思维方式都给我们留下了思考. 数学是一个有机的整体, 它的生命力在于各个部分是不可分割的结合, 数学文化是数学的一部分, 匈牙利数学家 George Polya 就认为"我们只有理解了人类是怎样获得某些事实或概念知识的, 才能对人类的孩子如何获得这些知识做出更好的判断." 德国生物学家 Ernst Haeckel 于 1874 年提出的"生物发生律"认为: 为了真正学习并理解数学知识, 一个人的学习过程必须经历与数学知识演变过程相同的阶段, 它常常与数学概念的发展有关. 在教学中, 若我们能结合中学数学教材的内容, 适当的介绍我国古代及近代的数学成就, 便能激发广大青年应有的爱国热情, 在教学中能产生深远的理论和实用价值.

三、结束语

数学作为一种文化,不管它发展到什么程度,都离不开历史的沉淀.我们在数学史中可以看到各种数学概念的发展与演变,各种数学理论的形成与完善,我们能够感受到数学思想的博大精深与源远流长.法国数学家Poincaré也曾指出,数学课程的内容应该完全按照数学发展史上同样内容的发展的先后顺序呈现给读者.美国数学史家Morris Kline也十分强调数学史对数学教育的重要价值,他还坚信历史的顺序是数学的指南,因为历史上数学家们所遇到的困难,正是学生也会遇到的学习障碍,而且学生们克服这些困难的方式与数学家们也是大体相同的.教育家乌申斯基说:"没有丝毫兴趣的强制学习,将会扼杀学生探索真理的欲望."兴趣是学习的重要动力,学习的过程需要兴趣来维持.数学的精神是实事求是,数学讲究逻辑,数学在产生、发展、壮大的过程中无不体现着人类的创造意识和创造精神.提高教师的专业素养,必须加强数学教师自身的数学文化修养,不仅应有数学、科学,还应有人类的一切文明成分的支撑,有广博的相关知识,广泛的文化修养和兴趣爱好以及文学艺术,我们要把"数学教学"上升到"数学教育"的层面,做有理想、有精神、有情怀的教师,这样中国数学文化的薪火才能更好地传承.

参考文献

[1] 中华人民共和国教育部.全日制义务教育·数学课程标准(实验稿)[M].北京:北京师范大学出版社,2001.

[2] 中华人民共和国教育部.全日制义务教育·数学课程标准(修改稿)[M].北京:北京师范大学出版社,2011.

[3] 汪晓勤,欧阳跃.HPM的历史渊源[J].数学教育学报,2003(3):24-27.

[4] 董永春.与高斯函数有关的高考压轴题[J].数学通讯,2012(Z4):44-46.

2020 年全国高考理科数学解析几何题的源与流

高 礼

(重庆市潼南中学校 重庆 402660)

摘 要:定值、定点问题在圆锥曲线中始终占有一席之地.其中定值问题包括向量(斜率)积、面积、相关量代数式等为定值;定点问题涵盖了曲线(直线)过定点、点在定曲线(直线)上的内容,方法灵活巧妙.2020 年高考全国 Ⅰ 卷理科数学中的解析几何题就是考查直线过定点的问题,题设条件简洁明了,内涵丰富,以高等几何中的极点和极线为背景.本文从不同的角度深入探究该题目的不同解法和推广,希望能起到抛砖引玉的作用.

关键词:圆锥曲线 定点问题 极点极线

一、试题呈现

引例(2020 年高考全国 Ⅰ 卷理科数学第 20 题) 已知 A,B 分别为椭圆 $E: \dfrac{x^2}{a^2} + y^2 = 1 (a > 1)$ 的左、右顶点,G 为 E 的上顶点,$\overrightarrow{AG} \cdot \overrightarrow{GB} = 8$,$P$ 为直线 $x = 6$ 上的动点,PA 与 E 的另一交点为 C,PB 与 E 的另一交点为 D.

(1) 求 E 的方程;

(2) 证明:直线 CD 过定点.

二、解法探究

解 (1) $\dfrac{x^2}{9} + y^2 = 1$.

(2) 依据题意作出如图 1 所示的图像.

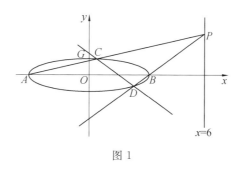

图 1

证法一 设点法.

设点 $P(6, y_0)$,则直线 AP 的方程为

$$y = \frac{y_0 - 0}{6 - (-3)}(x + 3)$$

即

$$y = \frac{y_0}{9}(x + 3)$$

联立直线 AP 的方程与椭圆方程可得

$$\begin{cases} \dfrac{x^2}{9} + y^2 = 1 \\ y = \dfrac{y_0}{9}(x + 3) \end{cases}$$

整理得

$$(y_0^2 + 9)x^2 + 6y_0^2 x + 9y_0^2 - 81 = 0$$

解得 $x = -3$ 或 $x = \dfrac{-3y_0^2 + 27}{y_0^2 + 9}$.

将 $x = \dfrac{-3y_0^2 + 27}{y_0^2 + 9}$ 代入直线 $y = \dfrac{y_0}{9}(x + 3)$ 可得 $y = \dfrac{6y_0}{y_0^2 + 9}$.

所以点 C 的坐标为 $\left(\dfrac{-3y_0^2 + 27}{y_0^2 + 9}, \dfrac{6y_0}{y_0^2 + 9} \right)$.

同理可得点 D 的坐标为 $\left(\dfrac{3y_0^2 - 3}{y_0^2 + 1}, \dfrac{-2y_0}{y_0^2 + 1} \right)$.

所以直线 CD 的方程为

$$y - \left(\frac{-2y_0}{y_0^2 + 1} \right) = \frac{\dfrac{6y_0}{y_0^2 + 9} - \left(\dfrac{-2y_0}{y_0^2 + 1} \right)}{\dfrac{-3y_0^2 + 27}{y_0^2 + 9} - \dfrac{3y_0^2 - 3}{y_0^2 + 1}} \left(x - \frac{3y_0^2 - 3}{y_0^2 + 1} \right)$$

整理可得

$$y + \frac{2y_0}{y_0^2 + 1} = \frac{8y_0(y_0^2 + 3)}{6(9 - y_0^4)} \left(x - \frac{3y_0^2 - 3}{y_0^2 + 1} \right) = \frac{8y_0}{6(3 - y_0^2)} \left(x - \frac{3y_0^2 - 3}{y_0^2 + 1} \right)$$

整理得

$$y = \frac{4y_0}{3(3 - y_0^2)} x + \frac{2y_0}{y_0^2 - 3} = \frac{4y_0}{3(3 - y_0^2)} \left(x - \frac{3}{2} \right)$$

故直线 CD 过定点 $\left(\dfrac{3}{2}, 0 \right)$.

证法二 设线法.

设直线 CD 的方程为 $y = kx + m$,点 $P(6, t), C(x_1, y_1), D(x_2, y_2)$. 联立直线 CD 的方程与椭圆方程得

$$\begin{cases} y = kx + m \\ \dfrac{x^2}{9} + y^2 = 1 \end{cases}$$

整理得

$$(9k^2 + 1)x^2 + 18kmx + 9(m^2 - 1) = 0$$

所以

$$x_1 x_2 = \frac{9(m^2 - 1)}{9k^2 + 1}, \quad x_1 + x_2 = \frac{-18km}{9k^2 + 1} \tag{1}$$

由 $k_{AP} = k_{AC}$ 得

$$\frac{t}{9} = \frac{y_1}{x_1 + 3} \Rightarrow t = \frac{9y_1}{x_1 + 3}$$

同理由 $k_{BP} = k_{BD}$ 得

$$\frac{t}{3} = \frac{y_2}{x_2 - 3} \Rightarrow t = \frac{3y_2}{x_2 - 3}$$

所以有 $\dfrac{9y_1}{x_1 + 3} = \dfrac{3y_2}{x_2 - 3}$,两边平方得

$$\frac{9y_1^2}{(x_1+3)^2} = \frac{y_2^2}{(x_2-3)^2}$$

即

$$\frac{9-x_1^2}{(x_1+3)^2} = \frac{1-\dfrac{x_2^2}{9}}{(x_2-3)^2}$$

因此 $\dfrac{3-x_1}{x_1+3} = \dfrac{x_2+3}{9(3-x_2)}$，整理得

$$9[x_1x_2 - 3(x_1+x_2)+9] = x_1x_2 + 3(x_1+x_2)+9 \qquad (2)$$

将式（1）代入式（2）化简整理得

$$(2m+3k)(m+6k)=0$$

解得 $m=-\dfrac{3k}{2}$，$m=-6k$（舍去）.

所以直线 CD 的方程为

$$y = kx - \frac{3k}{2}$$

直线 CD 过定点 $\left(\dfrac{3}{2}, 0\right)$.

证法三 设线法（反变量直线）.

设直线 CD 的方程为：$x=my+t$，点 $P(6,n)$，$C(x_1,y_1)$，$D(x_2,y_2)$，易知 $\dfrac{k_{AP}}{k_{BP}}=\dfrac{1}{3}$，即 $\dfrac{k_{AC}}{k_{BC}}=\dfrac{1}{3}$，又由

椭圆的性质知 $k_{AC}k_{BC}=-\dfrac{1}{9}$，所以 $k_{BD}k_{BC}=-\dfrac{1}{3}$，联立直线 CD 的方程与椭圆方程得

$$\begin{cases} x=my+t \\ \dfrac{x^2}{9}+y^2=1 \end{cases}$$

整理得

$$(m^2+9)y^2 + 2mty + t^2 - 9 = 0$$

由韦达定理得

$$y_1+y_2 = \frac{-2mt}{m^2+9}, \quad y_1y_2 = \frac{t^2-9}{m^2+9}$$

$$x_1+x_2 = m(y_1+y_2)+2t = \frac{-2m^2t}{m^2+9}+2t = \frac{18t}{m^2+9}$$

$$x_1x_2 = (my_1+t)(my_2+t) = m^2y_1y_2 + mt(y_1+y_2)+t^2$$

$$= \frac{m^2(t^2-9)}{m^2+9} - \frac{2m^2t^2}{m^2+9} + t^2 = \frac{9t^2-9m^2}{m^2+9}$$

将以上各式代入 $k_{BD}k_{BC} = \dfrac{y_1}{x_1-3}\cdot\dfrac{y_2}{x_2-3} = -\dfrac{1}{3}$，化简整理得

$$2t^2 - 9t + 9 = 0, \quad t = \frac{3}{2}$$

所以直线 CD 过定点 $\left(\dfrac{3}{2}, 0\right)$.

证法四 极点极线理论.

由对称性设直线 CD 过定点 $M(x_0, 0)$，则点 M 对应的极线方程为

$$\frac{x_0 x}{9} + y\cdot 0 = 1 \Rightarrow x = \frac{9}{x_0} = 6 \Rightarrow x_0 = \frac{3}{2}$$

所以直线 CD 过定点 $\left(\dfrac{3}{2},0\right)$.

证法五 曲线系方程.

直线 AC 的方程为 $x=k_1y-3$，BD 的方程为 $x=k_2y+3$，直线 CD 的方程为 $x=my+n$，直线 AB 的方程为 $y=0$. 以 A,C,B,D 四点为点构成的曲线方程为

$$(x-k_1y+3)(x-k_2y-3)+\lambda y(x-my-n)=\mu\left(\frac{x^2}{9}+y^2-1\right)=0$$

比较 xy 的系数得

$$-k_1-k_2+\lambda=0$$

比较 y 项的系数得

$$3k_1-3k_2-\lambda n=0\Rightarrow\begin{cases}k_1+k_2=\lambda\\k_1-k_2=\dfrac{\lambda n}{3}\end{cases}$$

因为

$$\begin{cases}x=k_1y-3\\x=k_2y+3\end{cases}\Rightarrow x=\frac{3(k_1+k_2)}{k_1-k_2}=\frac{9}{n}=6\Rightarrow n=\frac{3}{2}$$

故直线 CD 过定点 $\left(\dfrac{3}{2},0\right)$.

解题反思 本题的五种解法由于思考的角度不同，运算量也不尽相同，证法一是大部分考生给出的解答，朴素自然，但运算量比较大，大部分考生不能将运算进行到底，得到准确的答案. 证法二和证法三都是设线法，但是由于直线方程的形式不一样，导致化简的繁简程度也不同，相比较而言，证法三较为简单. 证法四和证法五，分别从高等几何的极点极线理论和曲线系角度证明，过程简洁，行云流水，但是不适合学生. 作为教师，如果了解这些理论，就可以达到在高观点下审视中学数学的目的，也可以为中学数学中解析几何的命题提供更多鲜活的素材.

三、"追本溯源"

本题其实是 2010 年高考江苏省数学卷中的解析几何试题的"移植"，由此可见，一些经典的高考题目是备受命题者青睐的. 在高三复习阶段教师应该关注教材上的一些典型习题和近几年高考试题中的经典试题，命题者可能会在这些问题上进行"精加工"和"重组"，这样也可以使学生摆脱"题海"战术，提高复习效率. 下面是 2010 年高考江苏省数学卷中的解析几何试题，读者可以体会两者的区别和联系.

试题呈现 在平面直角坐标系 xOy 中，已知椭圆 $\dfrac{x^2}{9}+\dfrac{y^2}{5}=1$ 的左、右顶点为 A,B，右焦点为 F，设过点 $T(t,m)$ 的直线 TA,TB 与椭圆分别交于点 $M(x_1,y_1),N(x_2,y_2)$，其中 $m>0,y_1>0,y_2<0$.

(1) 设动点 P 满足 $PF^2-PB^2=4$，求点 P 的轨迹；

(2) 设 $x_1=2,x_2=\dfrac{1}{3}$，求点 T 的坐标；

(3) 设 $t=9$，求证：直线 MN 必过 x 轴上的一个定点（其坐标与 m 无关）.

四、题目的拓展与引申

引申一 在平面直角坐标系 xOy 中，已知椭圆 $C:\dfrac{x^2}{a^2}+\dfrac{y^2}{b^2}=1(a>b>0)$ 的左右顶点分别为 A，B，设过点 $P(t,m)$ 的直线 PA,PB 与椭圆分别交于点 $M(x_1,y_1),N(x_2,y_2)$，当 t 是常数时，直线 MN 必

过 x 轴上的一个定点 $E\left(\dfrac{a^2}{t},0\right)$.

引申二 在平面直角坐标系 xOy 中,已知双曲线 $C:\dfrac{x^2}{a^2}-\dfrac{y^2}{b^2}=1(a>0,b>0)$ 的左、右顶点分别为 A,B.设过点 $P(t,m)$ 的直线 PA,PB 与椭圆分别交于点 $M(x_1,y_1),N(x_2,y_2)$.

(1) 当 t 是常数时,直线 MN 必过 x 轴上的一个定点 $E(p,0)$(其坐标与 m 无关);

(2) 当直线 MN 过定点 $E(p,0)$ 时,点 $P(t,m)$ 在定直线 $x=\dfrac{a^2}{p}$ 上.

引申三 在平面直角坐标系 xOy 中,已知抛物线 $C:y^2=2px(p>0)$ 的顶点为 O,过点 O 的任意一条直线交抛物线于点 $M(x_1,y_1)$,点 $N(x_2,y_2)$ 是抛物线上另外一点,过点 N 作一条直线平行于 x 轴,与直线 OM 交于点 S,直线 MN 与 x 轴交于点 $R(r,0)$:

(1) 若 r 为定值,则 S 在直线 $x=-r$ 上;

(2) 若 S 在直线 $x=t$ 上,则直线 MN 过定点.

以上命题的证明与前面例题相似,限于篇幅,不再赘述,有兴趣的读者可以自行推导.2012 年高考北京市数学卷的解析几何题就是以上三条引申的特例,读者不妨细细品味该题.

试题呈现 已知曲线 $C:(5-m)x^2+(m-2)y^2=8(m\in\mathbf{R})$.

(1) 若曲线 C 是焦点在 x 轴上的椭圆,求 m 的取值范围;

(2) 设 $m=4$,曲线 C 与 y 轴的交点为 A,B(点 A 位于点 B 的上方),直线 $y=kx+4$ 与曲线 C 交于不同的两点 M,N,直线 $y=1$ 与直线 BM 交于点 G,求证:A,G,N 三点共线.

参考文献

[1] 蔡玉书.解析几何竞赛读本[M].安徽:中国科学技术大学出版社,2017.

[2] 方亚斌.一题一课:源于世界数学名题的高考题赏析[M].浙江:浙江大学出版社,2017.

[3] 王丙凤.高中数学系统解析 —— 解析几何[M].南京:东南大学出版社,2019.

[4] 闻杰.神奇的圆锥曲线与解题秘诀[M].浙江:浙江大学出版社,2013.

作者简介

高礼,男,2012 年 6 月硕士毕业于四川师范大学基础数学专业,中学一级教师.高中数学奥林匹克竞赛二级教练员,重庆市潼南区学科中心教研组成员.连续三届任教高三年级,所教班级高考成绩显著,名列同类班级前茅,对历年高考数学命题特点及规律有较深入的研究.自参加工作以来,先后在《数学通讯》《中学生数理化》《数学学习与研究》《教育科学》《中学课程辅导》等省级以上报刊发表文章数篇.

例析高考数学试题的审视角度

郑新疆

(晋江市侨声中学　福建　晋江　362271)

审题是解题的第一步,是成功找到合理的解题思路的关键环节,细致深入的审题是解题成功的必要前提. 著名数学教育家 George Polya 说"最糟糕的情况是学生没有弄清问题就进行演算和作图." 事实上,学生常常对审题较为草率、掉以轻心,导致解题失误或陷入繁杂之中. 如何全面地、正确地把握问题的已知和所求,领悟问题的条件与结论提供的有效信息,是解题迅速且准确的必要条件.

审题的关键就是明确问题的条件与结论. 要明确问题的条件与结论,主要需要做到以下五个方面:

(1) 全面、深刻、准确地理解题目的明显条件;

(2) 不要遗漏题目中的"次要"条件;

(3) 尽可能地把已知条件直观化、形象化;

(4) 善于对已知条件做适合解题需要的转换;

(5) 要充分挖掘隐含条件.

具体例析如下.

一、审视条件

条件是解题的主要材料,充分利用条件间的内在联系是解题的必经之路. 审视条件要充分挖掘每一个条件的内涵和隐含的信息,发挥隐含条件的解题功能.

例 1(2020 年高考全国 Ⅱ 卷理科数学第 9 题)　设函数 $f(x) = \ln|2x+1| - \ln|2x-1|$,则 $f(x)($　　$)$

A. 是偶函数,且在 $\left(\dfrac{1}{2}, +\infty\right)$ 单调递增　　B. 是奇函数,且在 $\left(-\dfrac{1}{2}, \dfrac{1}{2}\right)$ 单调递减

C. 是偶函数,且在 $\left(-\infty, -\dfrac{1}{2}\right)$ 单调递增　　D. 是奇函数,且在 $\left(-\infty, -\dfrac{1}{2}\right)$ 单调递减

分析　通过对题干条件的审视,注意到给定函数的特征,根据奇偶性的定义可判断出 $f(x)$ 为奇函数,排除选项 A,C;当 $x \in \left(-\dfrac{1}{2}, \dfrac{1}{2}\right)$ 时,利用函数单调性的性质可判断出 $f(x)$ 单调递增,排除选项 B;当 $x \in \left(-\infty, -\dfrac{1}{2}\right)$ 时,利用复合函数的单调性可判断出 $f(x)$ 单调递减,从而得到结果.

详解　由 $f(x) = \ln|2x+1| - \ln|2x-1|$ 得 $f(x)$ 的定义域为 $\left\{x \mid x \neq \pm\dfrac{1}{2}\right\}$,关于坐标原点对称. 因为
$$f(-x) = \ln|1-2x| - \ln|-2x-1| = \ln|2x-1| - \ln|2x+1| = -f(x)$$
所以 $f(x)$ 为定义域上的奇函数,可排除选项 A,C.

当 $x \in \left(-\dfrac{1}{2}, \dfrac{1}{2}\right)$ 时
$$f(x) = \ln(2x+1) - \ln(1-2x)$$
因为 $y = \ln(2x+1)$ 在 $\left(-\dfrac{1}{2}, \dfrac{1}{2}\right)$ 上单调递增,$y = \ln(1-2x)$ 在 $\left(-\dfrac{1}{2}, \dfrac{1}{2}\right)$ 上单调递减,所以 $f(x)$ 在

$\left(-\dfrac{1}{2},\dfrac{1}{2}\right)$ 上单调递增,排除选项 B.

当 $x\in\left(-\infty,-\dfrac{1}{2}\right)$ 时

$$f(x)=\ln(-2x-1)-\ln(1-2x)=\ln\dfrac{2x+1}{2x-1}=\ln\left(1+\dfrac{2}{2x-1}\right)$$

因为 $\mu=1+\dfrac{2}{2x-1}$ 在 $\left(-\infty,-\dfrac{1}{2}\right)$ 上单调递减,所以 $f(\mu)=\ln\mu$ 在定义域内单调递增.由复合函数的

单调性可知 $f(x)$ 在 $\left(-\infty,-\dfrac{1}{2}\right)$ 上单调递减,即选项 D 正确.

故选 D.

点评 本题考查对函数奇偶性和单调性的判断;判断奇偶性的方法是在定义域关于原点对称的前提下,根据 $f(-x)$ 与 $f(x)$ 的关系得到结论;判断单调性的关键是能够根据自变量的范围化简函数,根据单调性的性质和复合函数的"同增异减"性得到结论.

二、审视结论

结论是解题的最终目标,解决问题的思维在很多情形中都是在目标意识下启动和定向的.审视结论要探索已知条件和结论之间的联系与转化规律,善于从结论中捕捉解题信息,确定解题方向.

例 2(2020 年高考江苏省数学卷第 12 题) 已知 $5x^2y^2+y^4=1(x,y\in\mathbf{R})$,则 x^2+y^2 的最小值是_____.

分析 通过观察、审视结论,由所求目标式子 x^2+y^2 的结构形式,根据题设条件得 $x^2=\dfrac{1-y^4}{5y^2}$,即

$$x^2+y^2=\dfrac{1-y^4}{5y^2}+y^2=\dfrac{1}{5y^2}+\dfrac{4y^2}{5}$$

利用基本不等式即可求解.

详解 因为 $5x^2y^2+y^4=1$,所以 $y\neq0$,且 $x^2=\dfrac{1-y^4}{5y^2}$.所以

$$x^2+y^2=\dfrac{1-y^4}{5y^2}+y^2=\dfrac{1}{5y^2}+\dfrac{4y^2}{5}\geqslant2\sqrt{\dfrac{1}{5y^2}\cdot\dfrac{4y^2}{5}}=\dfrac{4}{5}$$

当且仅当 $\dfrac{1}{5y^2}=\dfrac{4y^2}{5}$,即 $x^2=\dfrac{3}{10},y^2=\dfrac{1}{2}$ 时取等号.所以 x^2+y^2 的最小值为 $\dfrac{4}{5}$.

故答案为 $\dfrac{4}{5}$.

点评 本题考查了基本不等式在求最值中的应用.利用基本不等式求最值时,一定要正确理解和掌握"一正二定三相等"的内涵:"一正"是首先要判断参数是否为正;"二定"是其次要看和或积是否为定值(和定积最大,积定和最小);"三相等"是最后一定要验证等号能否成立(主要注意两点:一是相等时参数是否在定义域内;二是多次运用"$\geqslant$"或"$\leqslant$"时等号能否同时成立).

三、审视结构

结构是数学问题的搭配形式,某些问题已知的数式结构中常常隐含着某种特殊的关系.审视结构要对结构进行分析、加工和转化,以实现解题突破.很多数学难题的思路就隐藏在数式结构中.

例 3(2020 年高考全国 Ⅰ 卷理科数学第 12 题) 若 $2^a+\log_2a=4^b+2\log_4b$,则( )

A. $a>2b$ B. $a<2b$ C. $a>b^2$ D. $a<b^2$

分析 设 $f(x)=2^x+\log_2x$,利用作差法结合 $f(x)$ 的单调性即可得到答案.

详解　设 $f(x)=2^x+\log_2 x$,则 $f(x)$ 为增函数,因为

$$2^a+\log_2 a=4^b+2\log_4 b=2^{2b}+\log_2 b$$

所以

$$
\begin{aligned}
f(a)-f(2b)&=2^a+\log_2 a-(2^{2b}+\log_2 2b)\\
&=2^{2b}+\log_2 b-(2^{2b}+\log_2 2b)\\
&=\log_2\frac{1}{2}=-1<0
\end{aligned}
$$

所以 $f(a)<f(2b)$,所以 $a<2b$.

$$
\begin{aligned}
f(a)-f(b^2)&=2^a+\log_2 a-(2^{b^2}+\log_2 b^2)\\
&=2^{2b}+\log_2 b-(2^{b^2}+\log_2 b^2)\\
&=2^{2b}-2^{b^2}-\log_2 b
\end{aligned}
$$

当 $b=1$ 时,$f(a)-f(b^2)=2>0$,此时 $f(a)>f(b^2)$,有 $a>b^2$

当 $b=2$ 时,$f(a)-f(b^2)=-1<0$,此时 $f(a)<f(b^2)$,有 $a<b^2$,所以选项 C,D 错误.

故选 B.

点评　本题主要考查函数与方程的综合应用,通过审视结构,注意到条件等式的结构形式,联想到构造相应的函数,利用函数的单调性比较大小.

四、审视数值

数值是数学运算中最基本的单元,特殊的数值往往能暗示解题的方向.审视数值要善于观察和分析数值,从数值本身的变化,数值与数值之间的联系去寻找解题的思路,获得合理的解法.

例 4(2020 年高考全国 Ⅰ 卷理科数学第 8 题)　$\left(x+\dfrac{y^2}{x}\right)(x+y)^5$ 的展开式中 x^3y^3 的系数为(　　)

A. 5　　　　B. 10　　　　C. 15　　　　D. 20

分析　求得 $(x+y)^5$ 的展开式的通项公式为 $T_{r+1}=C_5^r x^{5-r}y^r(r\in\mathbf{N},$ 且 $r\leqslant 5)$,即可求得 $\left(x+\dfrac{y^2}{x}\right)$ 与 $(x+y)^5$ 的展开式的乘积为 $C_5^r x^{6-r}y^r$ 和 $C_5^r x^{4-r}y^{r+2}$,通过对数值的审视,将 r 分别赋值为 3 和 1,即可求得 x^3y^3 的系数,问题得解.

详解　$(x+y)^5$ 的展开式的通项公式为 $T_{r+1}=C_5^r x^{5-r}y^r(r\in\mathbf{N},$ 且 $r\leqslant 5)$,所以 $\left(x+\dfrac{y^2}{x}\right)$ 的各项与 $(x+y)^5$ 的展开式的通项的乘积可表示为

$$xT_{r+1}=xC_5^r x^{5-r}y^r=C_5^r x^{6-r}y^r$$

和

$$\frac{y^2}{x}T_{r+1}=\frac{y^2}{x}C_5^r x^{5-r}y^r=C_5^r x^{4-r}y^{r+2}$$

在 $xT_{r+1}=C_5^r x^{6-r}y^r$ 中,令 $r=3$,可得

$$xT_4=C_5^3 x^3 y^3$$

该项中 x^3y^3 的系数为 10.

在 $\dfrac{y^2}{x}T_{r+1}=C_5^r x^{4-r}y^{r+2}$ 中,令 $r=1$,可得

$$\frac{y^2}{x}T_2=C_5^1 x^3 y^3$$

该项中 x^3y^3 的系数为 5.

所以 x^3y^3 的系数为 $10+5=15$.

故选 C.

点评 本题主要考查了二项式定理及其展开式的通项公式,还考查了赋值法、转化能力以及分析能力.

五、审视范围

范围是对数学概念、公式、定理中涉及的一些量以及相关解析式的限制条件.审视范围要适时利用相关量的约束范围,从整体上把握问题的解决方向.

例 5(2020 年高考全国 Ⅰ 卷(山东卷)数学第 9 题) 已知曲线 $C:mx^2+ny^2=1$.(   )

A. 若 $m>n>0$,则 C 是椭圆,其焦点在 y 轴上

B. 若 $m=n>0$,则 C 是圆,其半径为 $\sqrt{n}$

C. 若 $mn<0$,则 C 是双曲线,其渐近线方程为 $y=\pm\sqrt{-\dfrac{m}{n}}x$

D. 若 $m=0,n>0$,则 C 是两条直线

分析 注意到参数的不同取值范围影响曲线的类型,结合选项进行逐项分析求解,$m>n>0$ 时表示椭圆;$m=n>0$ 时表示圆;$mn<0$ 时表示双曲线;$m=0,n>0$ 时表示两条直线.

详解 对于选项 A,若 $m>n>0$,则 $mx^2+ny^2=1$ 可化为 $\dfrac{x^2}{\frac{1}{m}}+\dfrac{y^2}{\frac{1}{n}}=1$,因为 $m>n>0$,所以 $\dfrac{1}{m}<\dfrac{1}{n}$,即曲线 C 表示焦点在 y 轴上的椭圆,故选项 A 正确;

对于选项 B,若 $m=n>0$,则 $mx^2+ny^2=1$ 可化为 $x^2+y^2=\dfrac{1}{n}$,此时曲线 C 表示圆心在原点,半径为 $\dfrac{\sqrt{n}}{n}$ 的圆,故选项 B 不正确;

对于选项 C,若 $mn<0$,则 $mx^2+ny^2=1$ 可化为 $\dfrac{x^2}{\frac{1}{m}}+\dfrac{y^2}{\frac{1}{n}}=1$,此时曲线 C 表示双曲线,由 $mx^2+ny^2=0$ 可得 $y=\pm\sqrt{-\dfrac{m}{n}}x$,故选项 C 正确;

对于选项 D,若 $m=0,n>0$,则 $mx^2+ny^2=1$ 可化为 $y^2=\dfrac{1}{n}$,$y=\pm\dfrac{\sqrt{n}}{n}$,此时曲线 C 表示平行于 x 轴的两条直线,故选项 D 正确.

故选 A,C,D.

点评 本题主要考查曲线方程的特征,熟知常见曲线方程之间的区别是求解的关键,侧重考查数学运算的核心素养.

作者简介

郑新疆,男,1979 年 8 月出生,高级教师,2002 年毕业于长沙电力学院(现长沙理工大学)数学与计算机系数学教育专业,本科学历,理学学士学位.

活跃在不等式证明中的一个常用不等式的应用

邹守文

(南陵县城东实验学校 安徽 芜湖 242400)

本文通过对一个等式变形得到一个简单的不等式,并说明其在证明不等式中的应用.

设 a,b,c 为正实数,则有

$$(a+b)(b+c)(c+a) \geqslant \frac{8}{9}(a+b+c)(ab+bc+ca) \tag{1}$$

证明 由

$$(a+b)(b+c)(c+a) = (a+b+c)(ab+bc+ca) - abc$$

和

$$(a+b+c)(ab+bc+ca) \geqslant 9abc$$

得到

$$(a+b)(b+c)(c+a) \geqslant (a+b+c)(ab+bc+ca) - \frac{(a+b+c)(ab+bc+ca)}{9}$$

$$= \frac{8(a+b+c)(ab+bc+ca)}{9}$$

不等式(1)在证明若干不等式方面的应用非常广泛,下面举例说明.

一、证明数学奥林匹克不等式试题

例 1(2020 年爱尔兰数学奥林匹克竞赛试题) 设 $a,b,c > 0$,求证

$$\sqrt[7]{\frac{a}{b+c} + \frac{b}{c+a}} + \sqrt[7]{\frac{b}{c+a} + \frac{c}{a+b}} + \sqrt[7]{\frac{c}{a+b} + \frac{a}{b+c}} \geqslant 3$$

证明 由平均值不等式,有

$$\sqrt[7]{\frac{a}{b+c} + \frac{b}{c+a}} + \sqrt[7]{\frac{b}{c+a} + \frac{c}{a+b}} + \sqrt[7]{\frac{c}{a+b} + \frac{a}{b+c}}$$

$$\geqslant 3\sqrt[21]{\left(\frac{a}{b+c} + \frac{b}{c+a}\right)\left(\frac{b}{c+a} + \frac{c}{a+b}\right)\left(\frac{c}{a+b} + \frac{a}{b+c}\right)}$$

于是,只需证明

$$\left(\frac{a}{b+c} + \frac{b}{c+a}\right)\left(\frac{b}{c+a} + \frac{c}{a+b}\right)\left(\frac{c}{a+b} + \frac{a}{b+c}\right) \geqslant 1 \tag{2}$$

由式(1),有

$$\left(\frac{a}{b+c} + \frac{b}{c+a}\right)\left(\frac{b}{c+a} + \frac{c}{a+b}\right)\left(\frac{c}{a+b} + \frac{a}{b+c}\right)$$

$$\geqslant \frac{8}{9}\left(\frac{a}{b+c} + \frac{b}{c+a} + \frac{c}{a+b}\right)\left[\frac{ab}{(b+c)(c+a)} + \frac{bc}{(c+a)(a+b)} + \frac{ca}{(a+b)(b+c)}\right]$$

由 Nesbitt 不等式,设 $a,b,c > 0$,则有

$$\frac{a}{b+c} + \frac{b}{c+a} + \frac{c}{a+b} \geqslant \frac{3}{2}$$

和

$$\frac{ab}{(b+c)(c+a)}+\frac{bc}{(c+a)(a+b)}+\frac{ca}{(a+b)(b+c)}\geqslant\frac{3}{4}$$

可知式（2）成立，于是所证成立.

例 2（2019 年江苏省数学奥林匹克夏令营测试题） 已知正实数 a,b,c 满足

$$\frac{1}{a}+\frac{1}{b}+\frac{1}{c}=a+b+c$$

求证：$\dfrac{1}{(2a+b+c)^2}+\dfrac{1}{(2b+c+a)^2}+\dfrac{1}{(2c+a+b)^2}\leqslant\dfrac{3}{16}$.

证明 由平均值不等式，有

$$(2a+b+c)^2=[(a+b)+(a+c)]^2\geqslant4(a+b)(a+c)$$

于是有

$$\frac{1}{(2a+b+c)^2}+\frac{1}{(2b+c+a)^2}+\frac{1}{(2c+a+b)^2}\leqslant\frac{2(a+b+c)}{4(a+b)(b+c)(c+a)}$$
$$=\frac{a+b+c}{2(a+b)(b+c)(c+a)}$$

从而只需证明

$$\frac{a+b+c}{2(a+b)(b+c)(c+a)}\leqslant\frac{3}{16}$$

即

$$\frac{a+b+c}{(a+b)(b+c)(c+a)}\leqslant\frac{3}{8}.$$

由式（1）知

$$\frac{a+b+c}{(a+b)(b+c)(c+a)}\leqslant\frac{9(a+b+c)}{8(a+b+c)(ab+bc+ca)}=\frac{9}{8(ab+bc+ca)}$$

由已知 $\dfrac{1}{a}+\dfrac{1}{b}+\dfrac{1}{c}=a+b+c$，有

$$abc(a+b+c)=ab+bc+ca$$

从而

$$(abc)^2(a+b+c)^2=(ab+bc+ca)^2\geqslant3abc(a+b+c)$$

所以 $abc(a+b+c)\geqslant3$，即 $ab+bc+ca\geqslant3$，于是

$$\frac{a+b+c}{(a+b)(b+c)(c+a)}\leqslant\frac{9}{8\times3}=\frac{3}{8}$$

例 3（2019 年罗马尼亚数学奥林匹克竞赛试题） 已知正实数 a,b,c 满足 $a+b+c=3$，求证

$$\frac{a}{3a+bc+12}+\frac{b}{3b+ca+12}+\frac{c}{3c+ab+12}\leqslant\frac{3}{16}$$

证明 由权方和不等式，有

$$\frac{1}{3a+bc}+\frac{3}{4}=\frac{1}{3a+bc}+\frac{1}{4}+\frac{1}{4}+\frac{1}{4}\geqslant\frac{(1+1+1+1)^2}{3a+bc+4+4+4}=\frac{16}{3a+bc+12}$$

所以

$$\frac{16a}{3a+bc+12}\leqslant\frac{a}{3a+bc}+\frac{3}{4}a$$

同理有

$$\frac{16b}{3b+ca+12}\leqslant\frac{b}{3b+ca}+\frac{3}{4}b$$

$$\frac{16c}{3c+ab+12}\leqslant\frac{c}{3c+ab}+\frac{3}{4}c$$

于是结合式(1)有

$$\frac{16a}{3a+bc+12}+\frac{16b}{3b+ca+12}+\frac{16c}{3c+ab+12}$$

$$\leqslant \frac{a}{(a+b)(a+c)}+\frac{b}{(b+c)(b+a)}+\frac{c}{(c+a)(c+b)}+\frac{9}{4}$$

$$=\frac{a(b+c)+b(c+a)+c(a+b)}{(a+b)(b+c)(c+a)}+\frac{9}{4}$$

$$=\frac{2(ab+bc+ca)}{(a+b)(b+c)(c+a)}+\frac{9}{4}$$

$$\leqslant \frac{9(ab+bc+ca)}{4(a+b+c)(ab+bc+ca)}+\frac{9}{4}=3$$

例 4(2019 年加拿大数学奥林匹克竞赛试题) 已知 a,b,c 为正实数,满足 $a+b+c=ab+bc+ca$,求证

$$\sqrt{(a^2-a+1)(b^2-b+1)(c^2-c+1)}\geqslant \frac{a+b+c}{3}$$

证明 因为 $2(a^2-a+1)=(a^2-2a+1)+(a^2+1)\geqslant (a^2+1)$,结合式(1)有

$$(a^2-a+1)(b^2-b+1)(c^2-c+1)$$

$$\geqslant \frac{1}{8}(a^2+1)(b^2+1)(c^2+1)$$

$$=\frac{1}{8}\sqrt{[(a^2+1)(b^2+1)][(b^2+1)(c^2+1)][(c^2+1)(a^2+1)]}$$

$$\geqslant \frac{1}{8}(a+b)(b+c)(c+a)\geqslant \frac{(a+b+c)(ab+bc+ca)}{9}=\frac{(a+b+c)^2}{9}$$

所以

$$\sqrt{(a^2-a+1)(b^2-b+1)(c^2-c+1)}\geqslant \frac{a+b+c}{3}$$

例 5(2012 年土耳其数学奥林匹克竞赛试题) 已知 a,b,c 是正数,且满足 $ab+bc+ca\leqslant 1$,求证

$$a+b+c+\sqrt{3}\geqslant 8abc\left(\frac{1}{a^2+1}+\frac{1}{b^2+1}+\frac{1}{c^2+1}\right)$$

证明 因为 $ab+bc+ca\leqslant 1$,所以 $a^2+ab+bc+ca\leqslant a^2+1$,所以

$$\frac{1}{a^2+1}\leqslant \frac{1}{(a+b)(a+c)}$$

于是

$$8abc\left(\frac{1}{a^2+1}+\frac{1}{b^2+1}+\frac{1}{c^2+1}\right)\leqslant 8abc\cdot \frac{2(a+b+c)}{(a+b)(b+c)(c+a)}$$

由式(1),有

$$\frac{18abc}{ab+bc+ca}\geqslant \frac{16abc(a+b+c)}{(a+b)(b+c)(c+a)}$$

因此,要证原不等式,只需证

$$a+b+c+\sqrt{3}\geqslant \frac{18abc}{ab+bc+ca}\Leftrightarrow (a+b+c)(ab+bc+ca)+\sqrt{3}(ab+bc+ca)\geqslant 18abc$$

因为

$$(a+b+c)(ab+bc+ca)\geqslant 9abc$$

所以只需证

$$\sqrt{3}(ab+bc+ca)\geqslant 9abc$$

又因为
$$ab + bc + ca \geqslant 3\sqrt[3]{a^2 b^2 c^2}$$

所以只需证
$$\sqrt{3} \geqslant 3\sqrt[3]{abc}$$

因为
$$1 \geqslant ab + bc + ca \geqslant 3\sqrt[3]{a^2 b^2 c^2}$$

所以
$$\sqrt{3} \geqslant 3\sqrt[3]{abc}$$

故所证不等式成立.

例 6(2007 年乌克兰数学奥林匹克竞赛试题) 设 x, y, z 为正实数,求证
$$(x + y + z)^2 (xy + yz + zx)^2 \leqslant 3(y^2 + yz + z^2)(z^2 + zx + x^2)(x^2 + xy + y^2)$$

证明 首先证明
$$4(x^2 + xy + y^2) \geqslant 3(x + y)^2 \tag{3}$$

式(3)等价于
$$4x^2 + 4xy + 4y^2 \geqslant 3x^2 + 6xy + 3y^2 \Leftrightarrow x^2 - 2xy + y^2 \geqslant 0 \Leftrightarrow (x - y)^2 \geqslant 0$$

结合式(1),有
$$3(y^2 + yz + z^2)(z^2 + zx + x^2)(x^2 + xy + y^2)$$
$$\geqslant \frac{3^4}{4^3}(x + y)^2 (y + z)^2 (z + x)^2$$
$$= \frac{3^4}{4^3}\left[(x + y)(y + z)(z + x)\right]^2$$
$$\geqslant \frac{3^4}{4^3}\left[\frac{8}{9}(x + y + z)(xy + yz + zx)\right]^2$$
$$= (x + y + z)^2 (xy + yz + zx)^2.$$

例 7(第 31 届国际数学奥林匹克竞赛预选题) 设 a, b, c 为正实数,求证
$$(a^2 + ab + b^2)(b^2 + bc + c^2)(c^2 + ca + a^2) \geqslant (ab + bc + ca)^3$$

证明 由式(3)和式(1)知
$$(a^2 + ab + b^2)(b^2 + bc + c^2)(c^2 + ca + a^2)$$
$$\geqslant \frac{27}{64}\left[(a + b)(b + c)(c + a)\right]^2$$
$$\geqslant \frac{27}{64}\left[\frac{8}{9}(a + b + c)(ab + bc + ca)\right]^2$$
$$= \frac{1}{3}(a + b + c)^2 (ab + bc + ca)^2$$
$$\geqslant (ab + bc + ca)^3$$

例 8(Carlson 不等式) 设 a, b, c 为正实数,求证
$$\sqrt[3]{\frac{(a + b)(b + c)(c + a)}{8}} \geqslant \sqrt{\frac{ab + bc + ca}{3}}$$

证明 所证不等式等价于
$$\left[\frac{(a + b)(b + c)(c + a)}{8}\right]^2 \geqslant \left(\frac{ab + bc + ca}{3}\right)^3$$

由式(1)知

$$\left[\frac{(a+b)(b+c)(c+a)}{8}\right]^2 \geqslant \left[\frac{(a+b+c)(ab+bc+ca)}{9}\right]^2$$

于是,要证原不等式,只需证

$$\frac{(a+b+c)^2(ab+bc+ca)^2}{81} \geqslant \frac{(ab+bc+ca)^3}{27}$$

即

$$(a+b+c)^2 \geqslant 3(ab+bc+ca)$$

由平均值不等式知其成立,故所证不等式成立.

例 9(2006 年澳大利亚数学奥林匹克竞赛试题) 设 a,b,c 为正实数,且 $(a+b)(b+c)(c+a)=1$,求证

$$ab+bc+ca \leqslant \frac{3}{4}$$

证明 由式(1) 得到

$$1 \geqslant \frac{8}{9}(a+b+c)(ab+bc+ca) \geqslant \frac{8}{9}\sqrt{3(ab+bc+ca)} \cdot (ab+bc+ca)$$

所以

$$\left(\frac{9}{8}\right)^2 \geqslant 3(ab+bc+ca)^3$$

于是有

$$ab+bc+ca \leqslant \frac{3}{4}$$

例 10(2008 年伊朗数学奥林匹克竞赛试题) 求最小的实数 k 使得对任意正实数 x,y,z,下面的不等式成立

$$x\sqrt{y}+y\sqrt{z}+z\sqrt{x} \leqslant k\sqrt{(x+y)(y+z)(z+x)}$$

解 由 Cauchy-Schwarz 不等式和式(1) 有

$$x\sqrt{y}+y\sqrt{z}+z\sqrt{x} = \sqrt{x} \cdot \sqrt{xy} + \sqrt{y} \cdot \sqrt{yz} + \sqrt{z} \cdot \sqrt{zx}$$
$$\leqslant \sqrt{(x+y+z)(xy+yz+zx)}$$
$$\leqslant \sqrt{\frac{9}{8}(x+y)(y+z)(z+x)}$$
$$= \frac{3\sqrt{2}}{4}\sqrt{(x+y)(y+z)(z+x)}$$

故 $k_{\min}=\frac{3\sqrt{2}}{4}$.

例 11(2009 年乌克兰数学奥林匹克竞赛试题) 设 a,b,c 为正实数,求证

$$\frac{a}{2a^2+b^2+c^2}+\frac{b}{a^2+2b^2+c^2}+\frac{c}{a^2+b^2+2c^2} \leqslant \frac{9}{4(a+b+c)}$$

证明 由平均值不等式有 $a^2+b^2+c^2 \geqslant ab+bc+ca$,故

$$2a^2+b^2+c^2 \geqslant a^2+ab+bc+ca=(a+b)(a+c)$$

所以

$$\frac{a}{2a^2+b^2+c^2} \leqslant \frac{a}{(a+b)(a+c)} = \frac{a(b+c)}{(a+b)(a+c)(b+c)} = \frac{ab+ac}{(a+b)(b+c)(a+c)}$$

同理

$$\frac{b}{a^2+2b^2+c^2} \leqslant \frac{bc+ba}{(a+b)(b+c)(a+c)}$$

$$\frac{c}{a^2+b^2+2c^2} \leqslant \frac{ca+cb}{(a+b)(b+c)(a+c)}$$

将上述三式相加得

$$\frac{a}{2a^2+b^2+c^2}+\frac{b}{a^2+2b^2+c^2}+\frac{c}{a^2+b^2+2c^2} \leqslant \frac{2(ab+bc+ca)}{(a+b)(b+c)(c+a)}$$

由式(1)即得原不等式.

二、证明新编不等式

例 12 设正实数 a,b,c 满足 $ab+bc+ca=3$,证明

$$(a+b)(b+c)(c+a) \geqslant 8$$

证明 因为

$$(a+b)(b+c)(c+a) \geqslant \frac{8}{9}(a+b+c)(ab+bc+ca) \geqslant \frac{8}{3}(a+b+c)$$

又因为

$$(a+b+c)^2 \geqslant 3(ab+bc+ca)=9$$

所以

$$a+b+c \geqslant 3$$

于是 $(a+b)(b+c)(c+a) \geqslant 8$.

例 13(自编) 设正实数 a,b,c 满足 $(a^2+b^2)(b^2+c^2)(c^2+a^2)=8$,证明

$$abc(a+b+c)^3 \leqslant 27$$

证明 因为 $x^2+y^2 \geqslant \frac{(x+y)^2}{2}$,所以

$$8=(a^2+b^2)(b^2+c^2)(c^2+a^2)$$

$$\geqslant \frac{[(a+b)(b+c)(c+a)]^2}{8}$$

$$\geqslant \frac{\frac{64}{81}(a+b+c)^2(ab+bc+ca)^2}{8}$$

$$\geqslant \frac{8(a+b+c)^2 \cdot 3abc(a+b+c)}{81}$$

所以所证不等式成立.

例 14(自编) 设正实数 a,b,c 满足 $ab+bc+ca=3$,证明

$$(2a+b+c)(a+2b+c)(a+b+2c) \geqslant 64$$

证明 因为 $(a+b+c)^2 \geqslant 3(ab+bc+ca)=9$,所以 $a+b+c \geqslant 3$.所以

$$(2a+b+c)(a+2b+c)(a+b+2c)$$

$$=[(a+b)+(a+c)][(a+b)+(b+c)]+[(a+c)+(b+c)]$$

$$\geqslant 2\sqrt{(a+b)(a+c)} \cdot 2\sqrt{(a+b)(b+c)} \cdot 2\sqrt{(a+c)(b+c)}$$

$$=8(a+b)(b+c)(c+a)$$

$$\geqslant \frac{64}{9}(a+b+c)(ab+bc+ca) \geqslant 64$$

例 15(自编) 设 m,n,p 为正整数,且正实数 x,y,z 满足 $\frac{1}{x}+\frac{1}{y}+\frac{1}{z}=1$,证明

$$[(m+p)x+(m+n)y+(p+n)z][(m+p)y+(m+n)z+(p+n)x] \cdot$$

$$[(m+p)z+(m+n)x+(p+n)y]$$

$$\geqslant \frac{8}{9}(m+n+p)^3 \cdot xyz(x+y+z)$$

证明

$$\big[(m+p)x+(m+n)y+(p+n)z\big]\big[(m+p)y+(m+n)z+(p+n)x\big] \cdot$$

$$\big[(m+p)z+(m+n)x+(p+n)y\big]$$

$$=\big[m(x+y)+n(y+z)+p(z+x)\big]\big[m(y+z)+n(z+x)+p(x+y)\big] \cdot$$

$$\big[m(z+x)+n(x+y)+p(y+z)\big]$$

$$\geqslant (m+n+p)\sqrt[m+n+p]{(x+y)^m(y+z)^n(z+x)^p} \cdot$$

$$(m+n+p)\sqrt[m+n+p]{(y+z)^m(z+x)^n(x+y)^p} \cdot (m+n+p)\sqrt[m+n+p]{(z+x)^m(x+y)^n(y+z)^p}$$

$$=(m+n+p)^3 \cdot (x+y)(y+z)(z+x)$$

$$\geqslant (m+n+p)^3 \cdot \frac{8}{9}(x+y+z)(xy+yz+zx)$$

$$=\frac{8}{9}(m+n+p)^3 \cdot xyz(x+y+z)\frac{xy+yz+zx}{xyz}$$

$$=\frac{8}{9}(m+n+p)^3 \cdot xyz(x+y+z)\Big(\frac{1}{x}+\frac{1}{y}+\frac{1}{z}\Big)$$

$$=\frac{8}{9}(m+n+p)^3 \cdot xyz(x+y+z)$$

例 16(自编) 设正实数 a,b,c 满足 $ab+bc+ca=3$,证明

$$\frac{a}{a^2+3}+\frac{b}{b^2+3}+\frac{c}{c^2+3}\leqslant \frac{3}{4}$$

证明 因为 $ab+bc+ca=3$,所以

$$a^2+3=a^2+ab+bc+ca=(a+b)(a+c)$$

$$(a+b+c)^2 \geqslant 3(ab+bc+ca)=9$$

所以 $a+b+c\geqslant 3$,于是由式(1)有

$$\frac{a}{a^2+3}+\frac{b}{b^2+3}+\frac{c}{c^2+3}=\frac{a}{(a+b)(a+c)}+\frac{b}{(b+c)(b+a)}+\frac{c}{(c+a)(c+b)}$$

$$=\frac{a(b+c)+b(c+a)+c(a+b)}{(a+b)(b+c)(c+a)}$$

$$=\frac{2(ab+bc+ca)}{(a+b)(b+c)(c+a)}$$

$$\leqslant \frac{9(ab+bc+ca)}{4(a+b+c)(ab+bc+ca)}$$

$$=\frac{9}{4(a+b+c)}\leqslant \frac{3}{4}$$

例 17 设正实数 a,b,c 满足 $ab+bc+ca=3$,证明

$$\frac{a^3+b^3}{b^2-bc+c^2}+\frac{b^3+c^3}{c^2-ca+a^2}+\frac{c^3+a^3}{a^2-ab+b^2}\geqslant 6$$

证明 由平均值不等式和式(1),有

$$\frac{a^3+b^3}{b^2-bc+c^2}+\frac{b^3+c^3}{c^2-ca+a^2}+\frac{c^3+a^3}{a^2-ab+b^2}$$

$$\geqslant 3\sqrt[3]{\frac{a^3+b^3}{b^2-bc+c^2} \cdot \frac{b^3+c^3}{c^2-ca+a^2} \cdot \frac{c^3+a^3}{a^2-ab+b^2}}$$

$$=3\sqrt[3]{(a+b)(b+c)(c+a)}$$

$$\geq 3 \cdot \sqrt[3]{\frac{8(a+b+c)(ab+bc+ca)}{9}}$$

$$\geq 3 \cdot \sqrt[3]{\frac{8 \times \sqrt{3(ab+bc+ca)} \cdot (ab+bc+ca)}{9}} = 6$$

例 18（自编）　设正实数 a,b,c 满足 $(a+b)(b+c)(c+a)=8$，证明

$$\frac{a}{b(b+2c)^2} + \frac{b}{c(c+2a)^2} + \frac{c}{a(a+2b)^2} \geq \frac{1}{3}$$

证明　因为

$$\frac{a}{b+2c} + \frac{b}{c+2a} + \frac{c}{a+2b} = \frac{a^2}{a(b+2c)} + \frac{b^2}{b(c+2a)} + \frac{c^2}{c(a+2b)}$$

$$\geq \frac{(a+b+c)^2}{a(b+2c)+b(c+2a)+c(a+2b)}$$

$$= \frac{(a+b+c)^2}{3(ab+bc+ca)} \geq 1$$

由 Cauchy 不等式，有

$$\frac{a}{b(b+2c)^2} + \frac{b}{c(c+2a)^2} + \frac{c}{a(a+2b)^2} = \frac{\left(\frac{a}{b+2c}\right)^2}{ab} + \frac{\left(\frac{b}{c+2a}\right)^2}{bc} + \frac{\left(\frac{c}{a+2b}\right)^2}{ca}$$

$$\geq \frac{\left(\frac{a}{b+2c} + \frac{b}{c+2a} + \frac{c}{a+2b}\right)^2}{ab+bc+ca}$$

$$\geq \frac{1}{ab+bc+ca}$$

因为由式(1)有

$$8 = (a+b)(b+c)(c+a)$$

$$\geq \frac{8(a+b+c)(ab+bc+ca)}{9}$$

$$\geq \frac{8 \times \sqrt{3(ab+bc+ca)} \cdot (ab+bc+ca)}{9}$$

所以 $9^2 \geq 3(ab+bc+ca)^3$，于是 $ab+bc+ca \leq 3$，故

$$\frac{a}{b(b+2c)^2} + \frac{b}{c(c+2a)^2} + \frac{c}{a(a+2b)^2} \geq \frac{1}{ab+bc+ca} \geq \frac{1}{3}$$

例 19（自编）　设正实数 x,y,z 满足 $(2x+y+z)(2y+z+x)(2z+x+y)=64$，证明

$$\frac{x}{y(z+1)(y+z)^2} + \frac{y}{z(x+1)(x+z)^2} + \frac{z}{x(y+1)(x+y)^2} \geq \frac{3}{8}$$

证明　由 Nebitt 不等式，有 $\frac{x}{y+z} + \frac{y}{z+x} + \frac{z}{x+y} \geq \frac{3}{2}$，于是

$$\frac{x}{y(z+1)(y+z)^2} + \frac{y}{z(x+1)(x+z)^2} + \frac{z}{x(y+1)(x+y)^2}$$

$$= \frac{\left(\frac{x}{y+z}\right)^2}{xy(z+1)} + \frac{\left(\frac{y}{z+x}\right)^2}{yz(x+1)} + \frac{\left(\frac{z}{x+y}\right)^2}{zx(y+1)}$$

$$\geq \frac{\left(\frac{x}{y+z} + \frac{y}{z+x} + \frac{z}{x+y}\right)^2}{xy(z+1) + yz(x+1) + zx(y+1)}$$

$$\geq \frac{9}{4(3xyz+xy+yz+zx)}$$

由已知,有

$$64 = (2x + y + z)(2y + z + x)(2z + x + y)$$
$$= [(x + y) + (x + z)][(y + z)(x + y)][(z + x)(y + z)]$$
$$\geqslant 2\sqrt{(x + y)(x + z)} \cdot 2\sqrt{[(y + z)(x + y)]} \cdot 2\sqrt{(z + x)(y + z)}$$
$$= 8(x + y)(y + z)(z + x)$$

于是由式(1) 有

$$8 \geqslant (x + y)(y + z)(z + x)$$
$$\geqslant \frac{8}{9}(x + y + z)(xy + yz + zx)$$
$$\geqslant \frac{8}{9}\sqrt{3(xy + yz + zx)}(xy + yz + zx)$$

故 $xy + yz + zx \leqslant 3$. 又因为

$$8 \geqslant (x + y)(y + z)(z + x) \geqslant 2\sqrt{xy} \cdot 2\sqrt{yz} \cdot 2\sqrt{zx} = 8xyz$$

所以 $xyz \leqslant 1$. 于是,有

$$\frac{x}{y(z + 1)(y + z)^2} + \frac{y}{z(x + 1)(x + z)^2} + \frac{z}{x(y + 1)(x + y)^2}$$
$$\geqslant \frac{9}{4(3xyz + xy + yz + zx)}$$
$$\geqslant \frac{9}{4 \times (3 + 3)} = \frac{3}{8}$$

例 20(自编) 设正实数 a, b, c 满足 $(a + b)(b + c)(c + a) = 8$,证明

$$\frac{a}{(b + c)(a + 2b)^2} + \frac{b}{(c + a)(b + 2c)^2} + \frac{c}{(a + b)(c + 2a)^2} \geqslant \frac{1}{6}$$

证明 因为

$$\frac{a}{a + 2b} + \frac{b}{b + 2c} + \frac{c}{c + 2a} = \frac{a^2}{a(a + 2b)} + \frac{b^2}{b(b + 2c)} + \frac{c^2}{c(c + 2a)}$$
$$\geqslant \frac{(a + b + c)^2}{a(a + 2b) + b(b + 2c) + c(c + 2a)}$$
$$= \frac{(a + b + c)^2}{(a + b + c)^2} = 1$$

由已知和式(1),有

$$8 = (a + b)(b + c)(c + a) \geqslant \frac{8(a + b + c)(ab + bc + ca)}{9}$$
$$\geqslant \frac{8\sqrt{3(ab + bc + ca)}(ab + bc + ca)}{9}$$

所以 $ab + bc + ca \leqslant 3$. 所以

$$\frac{a}{(b + c)(a + 2b)^2} + \frac{b}{(c + a)(b + 2c)^2} + \frac{c}{(a + b)(c + 2a)^2}$$
$$= \frac{\left(\dfrac{a}{a + 2b}\right)^2}{a(b + c)} + \frac{\left(\dfrac{b}{b + 2c}\right)^2}{b(c + a)} + \frac{\left(\dfrac{c}{c + 2a}\right)^2}{c(a + b)}$$
$$\geqslant \frac{\left(\dfrac{a}{a + 2b} + \dfrac{b}{b + 2c} + \dfrac{c}{c + 2a}\right)^2}{a(b + c) + b(c + a) + c(a + b)}$$
$$\geqslant \frac{1}{2(ab + bc + ca)} \geqslant \frac{1}{6}.$$

例 21（自编） 设正实数 a,b,c 满足 $(a+b)(b+c)(c+a)=1$，证明

$$\frac{1}{a+b+c}+\frac{1}{ab+bc+ca}\geqslant 2$$

证明 由已知和式（1），有

$$1=(a+b)(b+c)(c+a)\geqslant\frac{8}{9}(a+b+c)(ab+bc+ca)$$

所以

$$(a+b+c)(ab+bc+ca)\leqslant\frac{9}{8}$$

于是

$$\frac{9}{8}\geqslant(a+b+c)(ab+bc+ca)\geqslant\sqrt{3(ab+bc+ca)}(ab+bc+ca)$$

所以

$$ab+bc+ca\leqslant\frac{3}{4}$$

所以

$$
\begin{aligned}
\frac{1}{a+b+c}+\frac{1}{ab+bc+ca} &= \frac{(a+b+c)+(ab+bc+ca)}{(a+b+c)(ab+bc+ca)}\\
&= \frac{\dfrac{a+b+c}{2}+\dfrac{a+b+c}{2}+(ab+bc+ca)}{(a+b+c)(ab+bc+ca)}\\
&\geqslant \frac{3\sqrt[3]{\left(\dfrac{a+b+c}{2}\right)^{2}(ab+bc+ca)}}{(a+b+c)(ab+bc+ca)}\\
&= 3\sqrt[3]{\frac{1}{4(a+b+c)(ab+bc+ca)^{2}}}\\
&\geqslant 3\sqrt[3]{\frac{1}{4\times\dfrac{9}{8}(ab+bc+ca)}}\\
&\geqslant 3\sqrt[3]{\frac{1}{\dfrac{9}{2}\times\dfrac{3}{4}}}=2
\end{aligned}
$$

闽、台中考数学试题的比较研究

——以 2017 年至 2019 年为例

黄锦涛

(福建省连江第一中学　福建　福州　350500)

摘　要:选取 2017 年至 2019 年福建、台湾中考数学试题为研究对象,对鲍建生的综合难度模型进行微调,从认知、背景、参数、运算、推理、知识含量六个方面进行比较研究,得出结论:(1)闽、台两地中考数学都重视运用和分析;(2)数学试题编制背景要多以生活背景、科学背景为主;(3)闽、台中考数学在运算、推理方面表现一致.

关键词:闽、台　中考数学　比较

一、引言

中考是人生的第一个转折点,数学作为中考的主要科目,有着其特殊的地位,因此对中考数学试题的研究是很有必要的,福建与台湾一海相隔,分别位于台湾海峡的东西岸,两岸人民同根同源,有着相似的文化背景,通过比较福建和台湾两地的中考数学试题,能够为闽、台中考数学试题的编制提供参考依据.

福建的初中数学教育以《义务教育数学课程标准(2011 版)》为指导,从 2017 年开始,实行全省统一中考试卷命题.其中福建中考数学试卷主要分为两卷:第 1 卷为选择题,第 2 卷为填空题和解答题,考试时长为 120 分钟.

台湾的会考(下称"台湾中考")相当于祖国大陆的中考,其中台湾中考数学试题主要由两部分构成:第一部分为选择题,第二部分为非选择题,考试时长为 80 分钟.

二、研究对象

为了使研究的结果更加准确,选取了福建中考统一命题的数学试卷,即 2017 年、2018 年、2019 年福建省中考数学试卷,同时选取了台湾相应年份的国中教育会考数学试题,对比结果如表 1 所示.

表 1　闽、台中考数学试题取样结果

	年份	题型	总题数	合计
福建	2017 年	择题 10 题 填空题 6 题 解答题 9 题	25	75
	2018 年		25	
	2019 年		25	
台湾	2017 年	择题 26 题 非选择题 2 题	28	84
	2018 年		28	
	2019 年		28	

三、研究模型

本文以鲍建生提出的综合难度系数模型为基础[1],并结合文献[2]和文献[3]对模型进行改编,形成闽、台中考数学试题难度的评价模型,并对综合难度水平因素进行划分,如表 2 所示.

表 2　综合难度水平因素的划分

难度因素	水平一	水平二	水平三	水平四
认知	理解	运用	分析	——
背景	无背景	日常生活	科学背景	数学史背景
参数	无参数	有参数	——	——
运算	无运算	数值运算	简单符号运算	复杂符号运算
推理	无推理	简单推理	复杂推理	——
知识含量	单个知识点	两个知识点	三个及三个以上知识点	——

根据表 2 中的综合难度水平因素的划分,分别对不同水平的指标进行赋值,从左往右依次为 1,2,3,4;同时对各个难度因素使用加权平均的计算公式

$$d_i = \frac{\sum_j n_{ij} d_{ij}}{n} \qquad \left(\sum_j n_{ij} = n, i = 1,2,3,4,5,6\right) \qquad (1)$$

其中,$d_i(i=1,2,3,4,5,6)$ 表示不同的难度因素的加权平均值,依次为"认知""背景""参数""运算""推理""知识含量";d_{ij} 为第 i 个难度因素,第 j 个水平的权重;n_{ij} 表示这组题目中第 i 个难度因素,第 j 个水平的题目个数;n 代表该组题目的总个数[2,3].

四、数据收集与处理

根据表 2 中对不同因素的水平划分,对不同试题进行分类,如例 1 和例 2 所示.

例 1(2019 年福建省中考数学第 1 题)　计算 $2^2 + (-1)^0$ 的结果是(　　)

A. 5　　　　B. 4　　　　C. 3　　　　D. 2

本题属于理解、无背景、无参数、数值运算、无推理、单个知识点的试题.

例 2(2018 年台湾省中考数学第 1 题)　下列选项中的图形有一个为轴对称图形,判断此图形为何?(　　)

本题属于理解、无背景、无参数、无运算、无推理、单个知识点的试题.

结合式(1)对各指标进行量化,得到表 3.

表 3　闽、台中考数学试题量化指标

难度因素	水平	题数		百分比		加权平均	
		福建	台湾	福建	台湾	福建	台湾
认知	理解	20	15	26.67%	17.86%	2.12	2.29
	运用	26	30	34.67%	35.71%		
	分析	29	39	38.66%	46.43%		
背景	无背景	62	56	82.67%	66.67%	1.25	1.38
	日常生活背景	9	24	12.00%	28.57%		
	科学背景	2	4	2.66%	4.76%		
	数学史背景	3	0	2.67%	0.00%		

续表3

难度因素	水平	题数		百分比		加权平均	
		福建	台湾	福建	台湾	福建	台湾
参数	无参数	63	64	84.00%	76.19%	1.16	1.24
	有参数	12	20	16.00%	23.81%		
运算	无运算	13	11	17.33%	13.10%	2.76	2.94
	数值运算	19	13	25.33%	15.48%		
	简单符号运算	16	30	21.33%	35.71%		
	复杂符号运算	27	30	36.01%	35.71%		
推理	无推理	19	16	25.33%	19.05%	2.17	2.25
	简单推理	24	31	32.00%	36.90%		
	复杂推理	32	37	42.67%	44.05%		
知识含量	单个知识点	26	33	34.67%	39.29%	2.13	1.96
	两个知识点	13	21	17.33%	25.00%		
	三个及三个以上知识点	36	30	48.00%	35.71%		

五、研究结果

根据表3中的数据,从"认知""背景""参数""运算""推理"以及"知识含量"六个方面进行进一步分析,可得到如下的研究结果.

1.认知.

根据统计结果,闽、台2017年至2019年的中考试题在"认知"的3个水平上的表现为:属于"理解"水平的试题分别占26.67%和17.86%;属于"运用"水平的试题分别占34.67%和35.71%;属于"分析"水平的试题分别占38.66%和46.43%(图1).

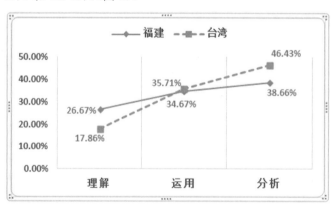

图1　闽、台中考数学试题在认知因素上不同水平的对比

从图1中可以看出,在"理解"水平上,福建的中考数学试题的百分比比台湾的高,而且高出9个百分点左右;在"运用"水平上,福建的中考数学试题的百分比与台湾的基本相同;在"分析"水平上,台湾的中考数学试题的百分比比福建的高出7.77%.同时福建和台湾两地的中考数学都很重视考查学生的"分析"水平.

2.背景.

根据统计结果,闽、台2017年至2019年的中考试题在"背景"的4个水平上的表现为:属于"无背景"

的试题分别占 82.67％和 66.67％;属于"日常生活背景"的试题分别占 12.00％和 28.57％;属于"科学背景"的试题分别占 2.66％和 4.76％;属于"数学史背景"的试题分别占 2.67％和 0％(图 2).

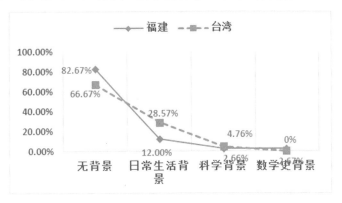

图 2　闽、台中考数学试题在背景因素上不同水平的对比

从图 2 可以看出,福建和台湾的中考数学试题中"无背景"的数学试题占比最大,其中福建比台湾高了 16％;在"日常生活背景"和"科学背景"水平上台湾中考数学试题的百分比都高于福建中考数学试题的百分比,其中在"日常生活背景"水平上台湾中考数学试题的百分比是福建的 2.38 倍,在"科学背景"水平上台湾中考数学试题的百分比是福建的 1.8 倍,从中可以看出台湾的中考数学试题比福建的中考数学试题更加贴近生活、贴近科学;在"数学史背景"方面,福建中考数学中有 3 道题融入了数学史,而台湾的中考数学试题中则没有体现数学史背景.

3.参数.

根据统计结果,闽、台 2017 年至 2019 年的中考试题在"参数"的 2 个水平上的表现为:属于"无参数"水平的试题分别占 84.00％和 76.19％;属于"有参数"水平的试题分别占 16.00％和 23.81％(图 3).

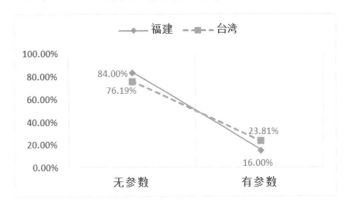

图 3　闽、台中考数学试题在参数因素上不同水平的对比

根据图 3 可以发现,福建、台湾的中考数学试题都在"无参数"水平上占比最大,在"有参数"水平上的占比较小,其中福建的中考数学试题在"无参数"水平上高于台湾近 8 个百分点,而台湾中考数学试题在"有参数"水平上高于福建约 8 个百分点.

4.运算.

根据统计结果,福建、台湾中考数学试题在"运算"的 4 个水平上的表现为:属于"无运算"的试题分别占 17.33％和 13.10％;属于"数值运算"的试题分别占 25.33％和 15.48％;属于"简单符号运算"的试题分别占 21.33％和 35.71％;属于"复杂符号运算"的试题分别占 36.01％和 35.71％(图 4).

根据图 4 可以发现福建和台湾的中考数学试题都很注重符号运算,福建的中考数学试题中"符号运算"水平的试题占比 57.34％,台湾的中考数学试题中"符号运算"水平的试题占比 71.42％;在"无运算"水平上占比最低;在"数值运算"方面福建的中考数学试题高于台湾 10 个百分点左右.

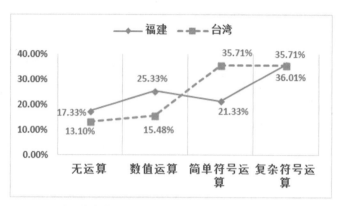

图 4　闽、台中考数学试题在运算因素上不同水平的对比

5. 推理.

根据统计结果,福建、台湾中考数学试题在"推理"的 3 个水平上的表现为:属于"无推理"的试题分别占 29.33% 和 19.05%;属于"简单推理"的试题分别占 32.00% 和 36.90%;属于"复杂推理"的试题分别占 42.67% 和 44.05%(图 5).

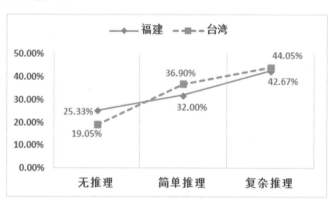

图 5　闽、台中考数学试题在运算因素上不同水平的对比

据图 5 显示,福建和台湾的中考数学试题在"复杂推理"水平上百分比的差异不大,但在"无推理"水平上福建的中考数学试题的百分比明显高于台湾,在"简单推理"水平上台湾的中考数学试题的百分比明显高于福建;福建中考数学试题中"推理"水平的总占比为 74.67%,台湾中考数学试题中"推理"水平的总占比为 80.95%,福建和台湾都十分重视学生的推理能力的培养和考查.

6. 知识含量.

根据统计结果,福建、台湾中考数学试题在知识含量的 3 个水平上的表现为:属于"单个知识点"的试题分别占 34.67% 和 39.29%;属于"两个知识点"的试题分别占 17.33% 和 25.00%;属于"三个及三个以上知识点"的试题分别占 48.00% 和 35.71%(图 6).

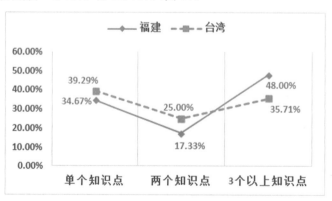

图 6　闽、台中考数学试题在知识含量上不同水平的对比

据图 6 显示,不管是福建中考数学还是台湾中考数学都注重知识点的考查,其中台湾中考数学中"单个知识点"和"两个知识点"水平的试题的比例均高于福建,而在"三个及三个以上知识点"水平上福建的中考数学试题远高于台湾近 13 个百分点.

六、综合难度分析

根据闽、台中考数学试题中各因素的加权平均值画出两地中考数学试题综合难度六边形,如图 7 所示.

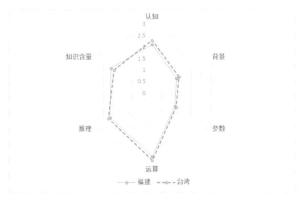

图 7

从综合难度六边形中可以直观看出,福建中考数学在"知识含量"方面略占优势,台湾中考数学在"认知""背景""参数""运算""推理"方面略高于福建中考数学.不论是福建中考数学还是台湾中考数学都比较侧重"运算"和"推理",其次是"知识含量"和"认知"这两个因素比较平衡,最后是"背景"与"参数".总的来说,闽、台两地中考数学的综合难度差异不大,二者比较平衡.

七、研究的结论

1. 中考是具有选拔功能的考试,闽、台两地的中考数学都十分重视对学生的运用能力和分析能力的考查.对学生来说,仅仅理解数学中的知识点是远远不够的,理解知识停留在知识的表面,学会运用和分析才能发现并体会知识的内涵.

2. 不论是福建中考数学还是台湾中考数学,在试题背景中都是以"无背景"试题占大头,而在"日常生活背景""科学背景"和"数学史背景"水平上仅占了小部分.对于学生来说,数学学习的过程本来就是一个比较枯燥的过程,如果连数学试题都是枯燥的,那么这会使学生对数学学习失去兴趣.数学源于生活,更高于生活,不管是在教学还是在考试中,都应该把数学学习和实际生活相联系,只有让学生充分感受到数学与现实生活的联系,才能使学习效果发挥到最好.在这方面,福建中考数学应该向台湾中考数学学习,在试题中多融入一些日常生活的背景.另一方面,科学是第一生产力,只有科技进步了才能获得良好的生活保障,要让学生意识到科技的重要性,提高闽、台中考数学试题中科学背景试题所占的比重.对台湾中考数学来说,融入数学史背景是比较重要的,中国有着源远流长的文化传统,中国古代有着许多优秀的著作和数学家,他们的故事值得被传承,只有了解数学,才能爱上数学,学好数学.因此,在中考数学中体现数学史是很有必要的.

3. 闽、台中考数学在"运算"和"推理"方面表现得比较一致,两地都很重视符号运算和推理能力的考查,其中考试的重点以"复杂符号运算"和"复杂推理"为主,对学生对知识的掌握要求较高,体现了中考数学的选拔性.在"参数"方面,福建、台湾的侧重点相同;而在"知识点考查"方面,福建侧重于"多个知识点",而台湾则侧重于"单个知识点".

参考文献

[1] 鲍建生.中英两国初中数学期望课程综合难度的比较[J].全球教育展望,2002(9):48-52.

[2] 武小鹏,张怡.中国和韩国高考数学试题综合难度比较研究[J].数学教育学报,2018(3):19-24,29.

[3] 贾随军,吕世虎,李宝臻.中国与美国初中数学教材习题的个案比较 —— 以"与三角形有关的角"为例[J].数学通报,2014(9):17-23.

100 个新的三角条件恒等式猜测

孙文彩

(华中师范大学龙岗附属中学　深圳　518172)

摘　要:本文提出 100 个新的三角条件恒等式猜测.

关键词:新的　三角　条件恒等式　猜测

本文提出的猜测或许完全成立,或许部分成立,但均需给出严格的逻辑证明或反例否定,仅供爱好者研探.

猜测 1　若对任意的 $m \in \mathbf{R}, n \in \mathbf{R}, \alpha, \beta \in \left(0, \dfrac{\pi}{2}\right)$

$$\frac{\cos^{n+4}\alpha}{\cos^n\beta} + 2\frac{\cos^{m+2}\alpha\sin^{m+2}\alpha}{\cos^m\beta\sin^m\beta} + \frac{\sin^{n+4}\alpha}{\sin^n\beta} = 1$$

恒成立,求证 $\alpha = \beta$.

猜测 2　若对任意的 $m \in \mathbf{R}, \alpha, \beta \in \left(0, \dfrac{\pi}{2}\right)$

$$\frac{2\cos^6\alpha}{\cos^2\alpha + \cos^2\beta} + 2\frac{\cos^{m+2}\alpha\sin^{m+2}\alpha}{\sin^m\beta\cos^m\beta} + \frac{2\sin^6\alpha}{\sin^2\alpha + \sin^2\beta} = 1$$

恒成立,求证 $\alpha = \beta$.

猜测 3　若对任意的 $m \in \mathbf{R}, \alpha, \beta \in \left(0, \dfrac{\pi}{2}\right)$

$$\frac{\cos^{m+4}\alpha}{\cos^m\beta} + 2\frac{\cos^3\alpha\sin^3\alpha}{\sin\beta\cos\beta} + \frac{\sin^{m+4}\alpha}{\sin^m\beta} = 1$$

恒成立,求证 $\alpha = \beta$.

猜测 4　若对任意的 $m \in \mathbf{R}, n \in \mathbf{R}, t \in \mathbf{R}, \alpha, \beta \in \left(0, \dfrac{\pi}{2}\right)$

$$\left(\frac{\cos^{n+4}\alpha}{\cos^n\beta} + 2\frac{\cos^{m+2}\alpha\sin^{m+2}\alpha}{\sin^m\beta\cos^m\beta} + \frac{\sin^{n+4}\alpha}{\sin^n\beta}\right)\left(\frac{\sec^{t+2}\alpha}{\sec^t\beta} - \frac{\tan^{t+2}\alpha}{\tan^t\beta}\right) = 1$$

恒成立,求证 $\alpha = \beta$.

猜测 5　若对任意的 $m \in \mathbf{R}, n \in \mathbf{R}, \alpha, \beta \in \left(0, \dfrac{\pi}{2}\right)$

$$\left(\frac{2\cos^6\alpha}{\cos^2\alpha + \cos^2\beta} + 2\frac{\cos^{m+2}\alpha\sin^{m+2}\alpha}{\sin^m\beta\cos^m\beta} + \frac{2\sin^6\alpha}{\sin^2\alpha + \sin^2\beta}\right)\left(\frac{\sec^{n+2}\alpha}{\sec^n\beta} - \frac{\tan^{n+2}\alpha}{\tan^n\beta}\right) = 1$$

恒成立,求证 $\alpha = \beta$.

猜测 6　若对任意的 $m \in \mathbf{R}, n \in \mathbf{R}, \alpha, \beta \in \left(0, \dfrac{\pi}{2}\right)$

$$\left(\frac{\cos^{m+4}\alpha}{\cos^m\beta} + 2\frac{\cos^3\alpha\sin^3\alpha}{\sin\beta\cos\beta} + \frac{\sin^{m+4}\alpha}{\sin^m\beta}\right)\left(\frac{\sec^{n+2}\alpha}{\sec^n\beta} - \frac{\tan^{n+2}\alpha}{\tan^n\beta}\right) = 1$$

恒成立,求证 $\alpha = \beta$.

猜测 7　若对任意的 $m \in \mathbf{R}, n \in \mathbf{R}, t \in \mathbf{R}, \alpha, \beta \in \left(0, \dfrac{\pi}{2}\right)$

$$\frac{\cos^{n+4}\alpha}{\cos^n\beta} + 2\frac{\cos^{m+2}\alpha\sin^{m+2}\alpha}{\sin^m\beta\cos^m\beta} + \frac{\sin^{n+4}\alpha}{\sin^n\beta} = \frac{\sec^{t+2}\alpha}{\sec^t\beta} - \frac{\tan^{t+2}\alpha}{\tan^t\beta}$$

恒成立,求证 $\alpha = \beta$.

猜测 8 若对任意的 $m \in \mathbf{R}, n \in \mathbf{R}, \alpha, \beta \in \left(0, \frac{\pi}{2}\right)$

$$\frac{2\cos^6\alpha}{\cos^2\alpha + \cos^2\beta} + 2\frac{\cos^{m+2}\alpha\sin^{m+2}\alpha}{\sin^m\beta\cos^m\beta} + \frac{2\sin^6\alpha}{\sin^2\alpha + \sin^2\beta} = \frac{\sec^{n+2}\alpha}{\sec^n\beta} - \frac{\tan^{n+2}\alpha}{\tan^n\beta}$$

恒成立,求证 $\alpha = \beta$.

猜测 9 若对任意的 $m \in \mathbf{R}, n \in \mathbf{R}, \alpha, \beta \in \left(0, \frac{\pi}{2}\right)$

$$\frac{\cos^{m+4}\alpha}{\cos^m\beta} + 2\frac{\cos^3\alpha\sin^3\alpha}{\sin\beta\cos\beta} + \frac{\sin^{m+4}\alpha}{\sin^m\beta} = \frac{\sec^{n+2}\alpha}{\sec^n\beta} - \frac{\tan^{n+2}\alpha}{\tan^n\beta}$$

恒成立,求证 $\alpha = \beta$.

猜测 10 若对任意的 $m \in \mathbf{R}, n \in \mathbf{R}, t \in \mathbf{R}, \alpha, \beta \in \left(0, \frac{\pi}{2}\right)$

$$\frac{\cos^{n+4}\alpha}{\cos^n\beta\left(\dfrac{\sec^{t+2}\alpha}{\sec^t\beta} - \dfrac{\tan^{t+2}\alpha}{\tan^t\beta}\right)} + 2\frac{\cos^{m+2}\alpha\sin^{m+2}\alpha}{\sin^m\beta\cos^m\beta} + \frac{\sin^{n+4}\alpha}{\sin^n\beta} = 1$$

恒成立,求证 $\alpha = \beta$.

猜测 11 若对任意的 $m \in \mathbf{R}, n \in \mathbf{R}, \alpha, \beta \in \left(0, \frac{\pi}{2}\right)$

$$\frac{2\cos^6\alpha}{(\cos^2\alpha + \cos^2\beta)\left(\dfrac{\sec^{n+2}\alpha}{\sec^n\beta} - \dfrac{\tan^{n+2}\alpha}{\tan^n\beta}\right)} + 2\frac{\cos^{m+2}\alpha\sin^{m+2}\alpha}{\sin^m\beta\cos^m\beta} + \frac{2\sin^6\alpha}{\sin^2\alpha + \sin^2\beta} = 1$$

恒成立,求证 $\alpha = \beta$.

猜测 12 若对任意的 $m \in \mathbf{R}, n \in \mathbf{R}, \alpha, \beta \in \left(0, \frac{\pi}{2}\right)$

$$\frac{\cos^{m+4}\alpha}{\cos^m\beta\left(\dfrac{\sec^{n+2}\alpha}{\sec^n\beta} - \dfrac{\tan^{n+2}\alpha}{\tan^n\beta}\right)} + 2\frac{\cos^3\alpha\sin^3\alpha}{\sin\beta\cos\beta} + \frac{\sin^{m+4}\alpha}{\sin^m\beta} = 1$$

恒成立,求证 $\alpha = \beta$.

猜测 13 若对任意的 $m \in \mathbf{R}, n \in \mathbf{R}, t \in \mathbf{R}, \alpha, \beta \in \left(0, \frac{\pi}{2}\right)$

$$\frac{\cos^{n+4}\alpha}{\cos^n\beta} + 2\frac{\cos^{m+2}\alpha\sin^{m+2}\alpha}{\sin^m\beta\cos^m\beta} + \frac{\sin^{n+4}\alpha}{\sin^n\beta} = \frac{\csc^{t+2}\alpha}{\csc^t\beta} - \frac{\cot^{t+2}\alpha}{\cot^t\beta}$$

恒成立,求证 $\alpha = \beta$.

猜测 14 若对任意的 $m \in \mathbf{R}, n \in \mathbf{R}, \alpha, \beta \in \left(0, \frac{\pi}{2}\right)$

$$\frac{2\cos^6\alpha}{(\cos^2\alpha + \cos^2\beta)} + 2\frac{\cos^{m+2}\alpha\sin^{m+2}\alpha}{\sin^m\beta\cos^m\beta} + \frac{2\sin^6\alpha}{\sin^2\alpha + \sin^2\beta} = \frac{\csc^{n+2}\alpha}{\csc^n\beta} - \frac{\cot^{n+2}\alpha}{\cot^n\beta}$$

恒成立,求证 $\alpha = \beta$.

猜测 15 若对任意的 $m \in \mathbf{R}, n \in \mathbf{R}, \alpha, \beta \in \left(0, \frac{\pi}{2}\right)$

$$\frac{\cos^{m+4}\alpha}{\cos^m\beta} + 2\frac{\cos^3\alpha\sin^3\alpha}{\sin\beta\cos\beta} + \frac{\sin^{m+4}\alpha}{\sin^m\beta} = \frac{\csc^{n+2}\alpha}{\csc^n\beta} - \frac{\cot^{n+2}\alpha}{\cot^n\beta}$$

恒成立,求证 $\alpha = \beta$.

猜测 16 若对任意的 $m \in \mathbf{R}, n \in \mathbf{R}, t \in \mathbf{R}, \alpha, \beta \in \left(0, \dfrac{\pi}{2}\right)$

$$\left(\frac{\cos^{n+4}\alpha}{\cos^{n}\beta} + 2\frac{\cos^{m+2}\alpha\sin^{m+2}\alpha}{\sin^{m}\beta\cos^{m}\beta} + \frac{\sin^{n+4}\alpha}{\sin^{n}\beta}\right)\left(\frac{\csc^{t+2}\alpha}{\csc^{t}\beta} - \frac{\cot^{t+2}\alpha}{\cot^{t}\beta}\right) = 1$$

恒成立, 求证 $\alpha = \beta$.

猜测 17 若对任意的 $m \in \mathbf{R}, n \in \mathbf{R}, \alpha, \beta \in \left(0, \dfrac{\pi}{2}\right)$

$$\left(\frac{2\cos^{6}\alpha}{(\cos^{2}\alpha + \cos^{2}\beta)} + 2\frac{\cos^{m+2}\alpha\sin^{m+2}\alpha}{\sin^{m}\beta\cos^{m}\beta} + \frac{2\sin^{6}\alpha}{\sin^{2}\alpha + \sin^{2}\beta}\right)\left(\frac{\csc^{n+2}\alpha}{\csc^{n}\beta} - \frac{\cot^{n+2}\alpha}{\cot^{n}\beta}\right) = 1$$

恒成立, 求证 $\alpha = \beta$.

猜测 18 若对任意的 $m \in \mathbf{R}, n \in \mathbf{R}, \alpha, \beta \in \left(0, \dfrac{\pi}{2}\right)$

$$\left(\frac{\cos^{m+4}\alpha}{\cos^{m}\beta} + 2\frac{\cos^{3}\alpha\sin^{3}\alpha}{\sin\beta\cos\beta} + \frac{\sin^{m+4}\alpha}{\sin^{m}\beta}\right)\left(\frac{\csc^{n+2}\alpha}{\csc^{n}\beta} - \frac{\cot^{n+2}\alpha}{\cot^{n}\beta}\right) = 1$$

恒成立, 求证 $\alpha = \beta$.

猜测 19 若对任意的 $m \in \mathbf{R}, n \in \mathbf{R}, t \in \mathbf{R}, \alpha, \beta \in \left(0, \dfrac{\pi}{2}\right)$

$$\frac{\cos^{n+4}\alpha}{\cos^{n}\beta\left(\dfrac{\csc^{t+2}\alpha}{\csc^{t}\beta} - \dfrac{\cot^{t+2}\alpha}{\cot^{t}\beta}\right)} + 2\frac{\cos^{m+2}\alpha\sin^{m+2}\alpha}{\sin^{m}\beta\cos^{m}\beta} + \frac{\sin^{n+4}\alpha}{\sin^{n}\beta} = 1$$

恒成立, 求证 $\alpha = \beta$.

猜测 20 若对任意的 $m \in \mathbf{R}, n \in \mathbf{R}, \alpha, \beta \in \left(0, \dfrac{\pi}{2}\right)$

$$\frac{2\cos^{6}\alpha}{(\cos^{2}\alpha + \cos^{2}\beta)\left(\dfrac{\csc^{n+2}\alpha}{\csc^{n}\beta} - \dfrac{\cot^{n+2}\alpha}{\cot^{n}\beta}\right)} + 2\frac{\cos^{m+2}\alpha\sin^{m+2}\alpha}{\sin^{m}\beta\cos^{m}\beta} + \frac{2\sin^{6}\alpha}{\sin^{2}\alpha + \sin^{2}\beta} = 1$$

恒成立, 求证 $\alpha = \beta$.

猜测 21 若对任意的 $m \in \mathbf{R}, n \in \mathbf{R}, \alpha, \beta \in \left(0, \dfrac{\pi}{2}\right)$

$$\frac{\cos^{m+4}\alpha}{\cos^{m}\beta\left(\dfrac{\csc^{n+2}\alpha}{\csc^{n}\beta} - \dfrac{\cot^{n+2}\alpha}{\cot^{n}\beta}\right)} + 2\frac{\cos^{3}\alpha\sin^{3}\alpha}{\sin\beta\cos\beta} + \frac{\sin^{m+4}\alpha}{\sin^{m}\beta} = 1$$

恒成立, 求证 $\alpha = \beta$.

猜测 22 若对任意的 $m \in \mathbf{R}, n \in \mathbf{R}, t \in \mathbf{R}, \alpha, \beta \in \left(0, \dfrac{\pi}{2}\right)$

$$\left(\frac{\cos^{n+4}\alpha}{\cos^{n}\beta} + 2\frac{\cos^{m+2}\alpha\sin^{m+2}\alpha}{\sin^{m}\beta\cos^{m}\beta} + \frac{\sin^{n+4}\alpha}{\sin^{n}\beta}\right)\sqrt[t]{\cos(\alpha - \beta)} = 1$$

恒成立, 求证 $\alpha = \beta$.

猜测 23 若对任意的 $m \in \mathbf{R}, t \in \mathbf{R}, \alpha, \beta \in \left(0, \dfrac{\pi}{2}\right)$

$$\left(\frac{2\cos^{6}\alpha}{(\cos^{2}\alpha + \cos^{2}\beta)} + 2\frac{\cos^{m+2}\alpha\sin^{m+2}\alpha}{\sin^{m}\beta\cos^{m}\beta} + \frac{2\sin^{6}\alpha}{\sin^{2}\alpha + \sin^{2}\beta}\right)\sqrt[t]{\cos(\alpha - \beta)} = 1$$

恒成立, 求证 $\alpha = \beta$.

猜测 24 若对任意的 $m \in \mathbf{R}, t \in \mathbf{R}, \alpha, \beta \in \left(0, \dfrac{\pi}{2}\right)$

$$\left(\frac{\cos^{m+4}\alpha}{\cos^{m}\beta} + 2\frac{\cos^{3}\alpha\sin^{3}\alpha}{\sin\beta\cos\beta} + \frac{\sin^{m+4}\alpha}{\sin^{m}\beta}\right)\sqrt[t]{\cos(\alpha - \beta)} = 1$$

恒成立,求证 $\alpha = \beta$.

猜测 25 若对任意的 $m \in \mathbf{R}, n \in \mathbf{R}, t \in \mathbf{R}, \alpha, \beta \in \left(0, \dfrac{\pi}{2}\right)$

$$\frac{\cos^{n+4}\alpha}{\cos^n\beta} + 2\frac{\cos^{m+2}\alpha\sin^{m+2}\alpha}{\sin^m\beta\cos^m\beta} + \frac{\sin^{n+4}\alpha}{\sin^n\beta} = \sqrt[t]{\cos(\alpha-\beta)}$$

恒成立,求证 $\alpha = \beta$.

猜测 26 若对任意的 $m \in \mathbf{R}, t \in \mathbf{R}, \alpha, \beta \in \left(0, \dfrac{\pi}{2}\right)$

$$\frac{2\cos^6\alpha}{(\cos^2\alpha+\cos^2\beta)} + 2\frac{\cos^{m+2}\alpha\sin^{m+2}\alpha}{\sin^m\beta\cos^m\beta} + \frac{2\sin^6\alpha}{\sin^2\alpha+\sin^2\beta} = \sqrt[t]{\cos(\alpha-\beta)}$$

恒成立,求证 $\alpha = \beta$.

猜测 27 若对任意的 $m \in \mathbf{R}, t \in \mathbf{R}, \alpha, \beta \in \left(0, \dfrac{\pi}{2}\right)$

$$\frac{\cos^{m+4}\alpha}{\cos^m\beta} + 2\frac{\cos^3\alpha\sin^3\alpha}{\sin\beta\cos\beta} + \frac{\sin^{m+4}\alpha}{\sin^m\beta} = \sqrt[t]{\cos(\alpha-\beta)}$$

恒成立,求证 $\alpha = \beta$.

猜测 28 若对任意的 $m \in \mathbf{R}, n \in \mathbf{R}, t \in \mathbf{R}, \alpha, \beta \in \left(0, \dfrac{\pi}{2}\right)$

$$\frac{\cos^{n+4}\alpha}{\cos^n\beta\sqrt[t]{\cos(\alpha-\beta)}} + 2\frac{\cos^{m+2}\alpha\sin^{m+2}\alpha}{\sin^m\beta\cos^m\beta} + \frac{\sin^{n+4}\alpha}{\sin^n\beta} = 1$$

恒成立,求证 $\alpha = \beta$.

猜测 29 若对任意的 $m \in \mathbf{R}, t \in \mathbf{R}, \alpha, \beta \in \left(0, \dfrac{\pi}{2}\right)$

$$\frac{2\cos^6\alpha}{(\cos^2\alpha+\cos^2\beta)\sqrt[t]{\cos(\alpha-\beta)}} + 2\frac{\cos^{m+2}\alpha\sin^{m+2}\alpha}{\sin^m\beta\cos^m\beta} + \frac{2\sin^6\alpha}{\sin^2\alpha+\sin^2\beta} = 1$$

恒成立,求证 $\alpha = \beta$.

猜测 30 若对任意的 $m \in \mathbf{R}, t \in \mathbf{R}, \alpha, \beta \in \left(0, \dfrac{\pi}{2}\right)$

$$\frac{\cos^{m+4}\alpha}{\cos^m\beta\sqrt[t]{\cos(\alpha-\beta)}} + 2\frac{\cos^3\alpha\sin^3\alpha}{\sin\beta\cos\beta} + \frac{\sin^{m+4}\alpha}{\sin^m\beta} = 1$$

恒成立,求证 $\alpha = \beta$.

猜测 31 若对任意的 $m \in \mathbf{R}, n \in \mathbf{R}, t \in \mathbf{R}, \alpha, \beta \in \left(0, \dfrac{\pi}{2}\right)$

$$\frac{\cos^{n+4}\alpha}{\cos^n\beta\sqrt[t]{\cos^2\alpha+\sin^2\beta}} + 2\frac{\cos^{m+2}\alpha\sin^{m+2}\alpha}{\sin^m\beta\cos^m\beta} + \frac{\sin^{n+4}\alpha}{\sin^n\beta} = 1$$

恒成立,求证 $\alpha = \beta$.

猜测 32 若对任意的 $m \in \mathbf{R}, t \in \mathbf{R}, \alpha, \beta \in \left(0, \dfrac{\pi}{2}\right)$

$$\frac{2\cos^6\alpha}{(\cos^2\alpha+\cos^2\beta)\sqrt[t]{\cos^2\alpha+\sin^2\beta}} + 2\frac{\cos^{m+2}\alpha\sin^{m+2}\alpha}{\sin^m\beta\cos^m\beta} + \frac{2\sin^6\alpha}{\sin^2\alpha+\sin^2\beta} = 1$$

恒成立,求证 $\alpha = \beta$.

猜测 33 若对任意的 $m \in \mathbf{R}, t \in \mathbf{R}, \alpha, \beta \in \left(0, \dfrac{\pi}{2}\right)$

$$\frac{\cos^{m+4}\alpha}{\cos^m\beta\sqrt[t]{\cos^2\alpha+\sin^2\beta}} + 2\frac{\cos^3\alpha\sin^3\alpha}{\sin\beta\cos\beta} + \frac{\sin^{m+4}\alpha}{\sin^m\beta} = 1$$

恒成立, 求证 $\alpha = \beta$.

猜测 34 若对任意的 $m \in \mathbf{R}, n \in \mathbf{R}, t \in \mathbf{R}, \alpha, \beta \in \left(0, \dfrac{\pi}{2}\right)$

$$\frac{\cos^{n+4}\alpha}{\cos^n\beta} + 2\frac{\cos^{m+2}\alpha\sin^{m+2}\alpha}{\sin^m\beta\cos^m\beta} + \frac{\sin^{n+4}\alpha}{\sin^n\beta} = \sqrt[t]{\cos^2\alpha + \sin^2\beta}$$

恒成立, 求证 $\alpha = \beta$.

猜测 35 若对任意的 $m \in \mathbf{R}, t \in \mathbf{R}, \alpha, \beta \in \left(0, \dfrac{\pi}{2}\right)$

$$\frac{2\cos^6\alpha}{\cos^2\alpha + \cos^2\beta} + 2\frac{\cos^{m+2}\alpha\sin^{m+2}\alpha}{\sin^m\beta\cos^m\beta} + \frac{2\sin^6\alpha}{\sin^2\alpha + \sin^2\beta} = \sqrt[t]{\cos^2\alpha + \sin^2\beta}$$

恒成立, 求证 $\alpha = \beta$.

猜测 36 若对任意的 $m \in \mathbf{R}, t \in \mathbf{R}, \alpha, \beta \in \left(0, \dfrac{\pi}{2}\right)$

$$\frac{\cos^{m+4}\alpha}{\cos^m\beta} + 2\frac{\cos^3\alpha\sin^3\alpha}{\sin\beta\cos\beta} + \frac{\sin^{m+4}\alpha}{\sin^m\beta} = \sqrt[t]{\cos^2\alpha + \sin^2\beta}$$

恒成立, 求证 $\alpha = \beta$.

猜测 37 若对任意的 $m \in \mathbf{R}, n \in \mathbf{R}, t \in \mathbf{R}, \alpha, \beta \in \left(0, \dfrac{\pi}{2}\right)$

$$\left(\frac{\cos^{n+4}\alpha}{\cos^n\beta} + 2\frac{\cos^{m+2}\alpha\sin^{m+2}\alpha}{\sin^m\beta\cos^m\beta} + \frac{\sin^{n+4}\alpha}{\sin^n\beta}\right)\sqrt[t]{\cos^2\alpha + \sin^2\beta} = 1$$

恒成立, 求证 $\alpha = \beta$.

猜测 38 若对任意的 $m \in \mathbf{R}, t \in \mathbf{R}, \alpha, \beta \in \left(0, \dfrac{\pi}{2}\right)$

$$\left(\frac{2\cos^6\alpha}{\cos^2\alpha + \cos^2\beta} + 2\frac{\cos^{m+2}\alpha\sin^{m+2}\alpha}{\sin^m\beta\cos^m\beta} + \frac{2\sin^6\alpha}{\sin^2\alpha + \sin^2\beta}\right)\sqrt[t]{\cos^2\alpha + \sin^2\beta} = 1$$

恒成立, 求证 $\alpha = \beta$.

猜测 39 若对任意的 $m \in \mathbf{R}, t \in \mathbf{R}, \alpha, \beta \in \left(0, \dfrac{\pi}{2}\right)$

$$\left(\frac{\cos^{m+4}\alpha}{\cos^m\beta} + 2\frac{\cos^3\alpha\sin^3\alpha}{\sin\beta\cos\beta} + \frac{\sin^{m+4}\alpha}{\sin^m\beta}\right)\sqrt[t]{\cos^2\alpha + \sin^2\beta} = 1$$

恒成立, 求证 $\alpha = \beta$.

猜测 40 若对任意的 $m \in \mathbf{R}, n \in \mathbf{R}, t \in \mathbf{R}, \alpha, \beta \in \left(0, \dfrac{\pi}{2}\right)$

$$\left(\frac{\cos^{n+4}\alpha}{\cos^n\beta} + 2\frac{\cos^{m+2}\alpha\sin^{m+2}\alpha}{\sin^m\beta\cos^m\beta} + \frac{\sin^{n+4}\alpha}{\sin^n\beta}\right)\sqrt[t]{\frac{\cos^2\alpha + \sin^2\beta}{\cos(\alpha - \beta)}} = 1$$

恒成立, 求证 $\alpha = \beta$.

猜测 41 若对任意的 $m \in \mathbf{R}, t \in \mathbf{R}, \alpha, \beta \in \left(0, \dfrac{\pi}{2}\right)$

$$\left(\frac{2\cos^6\alpha}{\cos^2\alpha + \cos^2\beta} + 2\frac{\cos^{m+2}\alpha\sin^{m+2}\alpha}{\sin^m\beta\cos^m\beta} + \frac{2\sin^6\alpha}{\sin^2\alpha + \sin^2\beta}\right)\sqrt[t]{\frac{\cos(\alpha - \beta)}{\cos^2\alpha + \sin^2\beta}} = 1$$

恒成立, 求证 $\alpha = \beta$.

猜测 42 若对任意的 $m \in \mathbf{R}, t \in \mathbf{R}, \alpha, \beta \in \left(0, \dfrac{\pi}{2}\right)$

$$\left(\frac{\cos^{m+4}\alpha}{\cos^m\beta} + 2\frac{\cos^3\alpha\sin^3\alpha}{\sin\beta\cos\beta} + \frac{\sin^{m+4}\alpha}{\sin^m\beta}\right)\sqrt[t]{\frac{\cos(\alpha - \beta)}{\cos^2\alpha + \sin^2\beta}} = 1$$

恒成立, 求证 $\alpha = \beta$.

猜测 43 若对任意的 $m \in \mathbf{R}, n \in \mathbf{R}, t \in \mathbf{R}, \alpha, \beta \in \left(0, \dfrac{\pi}{2}\right)$

$$\frac{\cos^{n+4}\alpha}{\cos^n\beta} + 2\frac{\cos^{m+2}\alpha\sin^{m+2}\alpha}{\sin^m\beta\cos^m\beta} + \frac{\sin^{n+4}\alpha}{\sin^n\beta} = \sqrt[t]{\frac{\cos^2\alpha + \sin^2\beta}{\cos(\alpha - \beta)}}$$

恒成立,求证 $\alpha = \beta$.

猜测 44 若对任意的 $m \in \mathbf{R}, t \in \mathbf{R}, \alpha, \beta \in \left(0, \dfrac{\pi}{2}\right)$

$$\frac{2\cos^6\alpha}{\cos^2\alpha + \cos^2\beta} + 2\frac{\cos^{m+2}\alpha\sin^{m+2}\alpha}{\sin^m\beta\cos^m\beta} + \frac{2\sin^6\alpha}{\sin^2\alpha + \sin^2\beta} = \sqrt[t]{\frac{\cos(\alpha - \beta)}{\cos^2\alpha + \sin^2\beta}}$$

恒成立,求证 $\alpha = \beta$.

猜测 45 若对任意的 $m \in \mathbf{R}, t \in \mathbf{R}, \alpha, \beta \in \left(0, \dfrac{\pi}{2}\right)$

$$\frac{\cos^{m+4}\alpha}{\cos^m\beta} + 2\frac{\cos^3\alpha\sin^3\alpha}{\sin\beta\cos\beta} + \frac{\sin^{m+4}\alpha}{\sin^m\beta} = \sqrt[t]{\frac{\cos(\alpha - \beta)}{\cos^2\alpha + \sin^2\beta}}$$

恒成立,求证 $\alpha = \beta$.

猜测 46 若对任意的 $m \in \mathbf{R}, n \in \mathbf{R}, t \in \mathbf{R}, \alpha, \beta \in \left(0, \dfrac{\pi}{2}\right)$

$$\frac{\cos^{n+4}\alpha}{\cos^n\beta\sqrt[t]{\dfrac{\cos^2\alpha + \sin^2\beta}{\cos(\alpha - \beta)}}} + 2\frac{\cos^{m+2}\alpha\sin^{m+2}\alpha}{\sin^m\beta\cos^m\beta} + \frac{\sin^{n+4}\alpha}{\sin^n\beta} = 1$$

恒成立,求证 $\alpha = \beta$.

猜测 47 若对任意的 $m \in \mathbf{R}, t \in \mathbf{R}, \alpha, \beta \in \left(0, \dfrac{\pi}{2}\right)$

$$\frac{2\cos^6\alpha}{(\cos^2\alpha + \cos^2\beta)\sqrt[t]{\dfrac{\cos(\alpha - \beta)}{\cos^2\alpha + \sin^2\beta}}} + 2\frac{\cos^{m+2}\alpha\sin^{m+2}\alpha}{\sin^m\beta\cos^m\beta} + \frac{2\sin^6\alpha}{\sin^2\alpha + \sin^2\beta} = 1$$

恒成立,求证 $\alpha = \beta$.

猜测 48 若对任意的 $m \in \mathbf{R}, t \in \mathbf{R}, \alpha, \beta \in \left(0, \dfrac{\pi}{2}\right)$

$$\frac{\cos^{m+4}\alpha}{\cos^m\beta\sqrt[t]{\dfrac{\cos(\alpha - \beta)}{\cos^2\alpha + \sin^2\beta}}} + 2\frac{\cos^3\alpha\sin^3\alpha}{\sin\beta\cos\beta} + \frac{\sin^{m+4}\alpha}{\sin^m\beta} = 1$$

恒成立,求证 $\alpha = \beta$.

猜测 49 若对任意的 $m \in \mathbf{R}, n \in \mathbf{R}, t \in \mathbf{R}, \alpha, \beta \in \left(0, \dfrac{\pi}{2}\right)$

$$\left(\frac{\cos^{n+4}\alpha}{\cos^n\beta\sqrt[t]{\cos(\alpha - \beta)}} + 2\frac{\cos^{m+2}\alpha\sin^{m+2}\alpha}{\sin^m\beta\cos^m\beta} + \frac{\sin^{n+4}\alpha}{\sin^n\beta}\right)\sqrt[t]{\cos^2\alpha + \sin^2\beta} = 1$$

恒成立,求证 $\alpha = \beta$.

猜测 50 若对任意的 $m \in \mathbf{R}, t \in \mathbf{R}, \alpha, \beta \in \left(0, \dfrac{\pi}{2}\right)$

$$\left(\frac{2\cos^6\alpha}{\cos^2\alpha + \cos^2\beta} + 2\frac{\cos^{m+2}\alpha\sin^{m+2}\alpha}{\sin^m\beta\cos^m\beta\sqrt[t]{\cos(\alpha - \beta)}} + \frac{2\sin^6\alpha}{\sin^2\alpha + \sin^2\beta}\right)\sqrt[t]{\cos^2\alpha + \sin^2\beta} = 1$$

恒成立,求证 $\alpha = \beta$.

猜测 51 若对任意的 $m \in \mathbf{R}, t \in \mathbf{R}, \alpha, \beta \in \left(0, \dfrac{\pi}{2}\right)$

$$\left(\frac{\cos^{m+4}\alpha}{\cos^m\beta} + 2\frac{\cos^3\alpha\sin^3\alpha}{\sin\beta\cos\beta} + \frac{\sin^{m+4}\alpha}{\sin^m\beta\sqrt[t]{\cos(\alpha-\beta)}}\right)\sqrt[t]{\cos^2\alpha + \sin^2\beta} = 1$$

恒成立,求证 $\alpha = \beta$.

猜测 52　若对任意的 $m \in \mathbf{R}, n \in \mathbf{R}, t \in \mathbf{R}, \alpha, \beta \in \left(0, \frac{\pi}{2}\right)$

$$\frac{\cos^{n+4}\alpha}{\cos^n\beta\sqrt[t]{\cos(\alpha-\beta)}} + 2\frac{\cos^{m+2}\alpha\sin^{m+2}\alpha}{\sin^m\beta\cos^m\beta} + \frac{\sin^{n+4}\alpha}{\sin^n\beta} = \sqrt[t]{\cos^2\alpha + \sin^2\beta}$$

恒成立,求证 $\alpha = \beta$.

猜测 53　若对任意的 $m \in \mathbf{R}, t \in \mathbf{R}, \alpha, \beta \in \left(0, \frac{\pi}{2}\right)$

$$\frac{2\cos^6\alpha}{\cos^2\alpha + \cos^2\beta} + 2\frac{\cos^{m+2}\alpha\sin^{m+2}\alpha}{\sin^m\beta\cos^m\beta\sqrt[t]{\cos(\alpha-\beta)}} + \frac{2\sin^6\alpha}{\sin^2\alpha + \sin^2\beta} = \sqrt[t]{\cos^2\alpha + \sin^2\beta}$$

恒成立,求证 $\alpha = \beta$.

猜测 54　若对任意的 $m \in \mathbf{R}, t \in \mathbf{R}, \alpha, \beta \in \left(0, \frac{\pi}{2}\right)$

$$\frac{\cos^{m+4}\alpha}{\cos^m\beta} + 2\frac{\cos^3\alpha\sin^3\alpha}{\sin\beta\cos\beta} + \frac{\sin^{m+4}\alpha}{\sin^m\beta\sqrt[t]{\cos(\alpha-\beta)}} = \sqrt[t]{\cos^2\alpha + \sin^2\beta}$$

恒成立,求证 $\alpha = \beta$.

猜测 55　若对任意的 $m \in \mathbf{R}, n \in \mathbf{R}, t \in \mathbf{R}, \alpha, \beta \in \left(0, \frac{\pi}{2}\right)$

$$\frac{\cos^{n+4}\alpha}{\cos^n\beta} + 2\frac{\cos^{m+2}\alpha\sin^{m+2}\alpha}{\sin^m\beta\cos^m\beta} + \frac{\sin^{n+4}\alpha}{\sin^n\beta\sqrt[t]{\cos^2\alpha + \sin^2\beta}} = \sqrt[t]{\cos(\alpha-\beta)}$$

恒成立,求证 $\alpha = \beta$.

猜测 56　若对任意的 $m \in \mathbf{R}, t \in \mathbf{R}, \alpha, \beta \in \left(0, \frac{\pi}{2}\right)$

$$\frac{2\cos^6\alpha}{\cos^2\alpha + \cos^2\beta} + 2\frac{\cos^{m+2}\alpha\sin^{m+2}\alpha}{\sin^m\beta\cos^m\beta\sqrt[t]{\cos^2\alpha + \sin^2\beta}} + \frac{2\sin^6\alpha}{\sin^2\alpha + \sin^2\beta} = \sqrt[t]{\cos(\alpha-\beta)}$$

恒成立,求证 $\alpha = \beta$.

猜测 57　若对任意的 $m \in \mathbf{R}, t \in \mathbf{R}, \alpha, \beta \in \left(0, \frac{\pi}{2}\right)$

$$\frac{\cos^{m+4}\alpha}{\cos^m\beta\sqrt[t]{\cos^2\alpha + \sin^2\beta}} + 2\frac{\cos^3\alpha\sin^3\alpha}{\sin\beta\cos\beta} + \frac{\sin^{m+4}\alpha}{\sin^m\beta} = \sqrt[t]{\cos(\alpha-\beta)}$$

恒成立,求证 $\alpha = \beta$.

猜测 58　若对任意的 $m \in \mathbf{R}, n \in \mathbf{R}, t \in \mathbf{R}, \alpha, \beta \in \left(0, \frac{\pi}{2}\right)$

$$\frac{\cos^{n+4}\alpha}{\cos^n\beta\left(\frac{\sec^{t+2}\alpha}{\sec^t\beta} - \frac{\tan^{t+2}\alpha}{\tan^t\beta}\right)} + 2\frac{\cos^{m+2}\alpha\sin^{m+2}\alpha}{\sin^m\beta\cos^m\beta} + \frac{\sin^{n+4}\alpha}{\sin^n\beta} = \sqrt[t]{\cos^2\alpha + \sin^2\beta}$$

恒成立,求证 $\alpha = \beta$.

猜测 59　若对任意的 $m \in \mathbf{R}, n \in \mathbf{R}, t \in \mathbf{R}, \alpha, \beta \in \left(0, \frac{\pi}{2}\right)$

$$\frac{2\cos^6\alpha}{(\cos^2\alpha + \cos^2\beta)\left(\frac{\sec^{n+2}\alpha}{\sec^n\beta} - \frac{\tan^{n+2}\alpha}{\tan^n\beta}\right)} + 2\frac{\cos^{m+2}\alpha\sin^{m+2}\alpha}{\sin^m\beta\cos^m\beta} + \frac{2\sin^6\alpha}{\sin^2\alpha + \sin^2\beta} = \sqrt[t]{\cos^2\alpha + \sin^2\beta}$$

恒成立,求证 $\alpha = \beta$.

猜测 60 若对任意的 $m \in \mathbf{R}, n \in \mathbf{R}, t \in \mathbf{R}, \alpha, \beta \in \left(0, \dfrac{\pi}{2}\right)$

$$\frac{\cos^{m+4}\alpha}{\cos^m\beta\left(\dfrac{\sec^{n+2}\alpha}{\sec^n\beta} - \dfrac{\tan^{n+2}\alpha}{\tan^n\beta}\right)} + 2\frac{\cos^3\alpha\sin^3\alpha}{\sin\beta\cos\beta} + \frac{\sin^{m+4}\alpha}{\sin^m\beta} = \sqrt[t]{\cos^2\alpha + \sin^2\beta}$$

恒成立,求证 $\alpha = \beta$.

猜测 61 若对任意的 $m \in \mathbf{R}, n \in \mathbf{R}, t \in \mathbf{R}, \alpha, \beta \in \left(0, \dfrac{\pi}{2}\right)$

$$\left[\frac{\cos^{n+4}\alpha}{\cos^n\beta\left(\dfrac{\sec^{t+2}\alpha}{\sec^t\beta} - \dfrac{\tan^{t+2}\alpha}{\tan^t\beta}\right)} + 2\frac{\cos^{m+2}\alpha\sin^{m+2}\alpha}{\sin^m\beta\cos^m\beta} + \frac{\sin^{n+4}\alpha}{\sin^n\beta}\right]\sqrt[t]{\cos^2\alpha + \sin^2\beta} = 1$$

恒成立,求证 $\alpha = \beta$.

猜测 62 若对任意的 $m \in \mathbf{R}, n \in \mathbf{R}, t \in \mathbf{R}, \alpha, \beta \in \left(0, \dfrac{\pi}{2}\right)$

$$\left[\frac{2\cos^6\alpha}{(\cos^2\alpha + \cos^2\beta)\left(\dfrac{\sec^{n+2}\alpha}{\sec^n\beta} - \dfrac{\tan^{n+2}\alpha}{\tan^n\beta}\right)} + 2\frac{\cos^{m+2}\alpha\sin^{m+2}\alpha}{\sin^m\beta\cos^m\beta} + \frac{2\sin^6\alpha}{\sin^2\alpha + \sin^2\beta}\right]\sqrt[t]{\cos^2\alpha + \sin^2\beta} = 1$$

恒成立,求证 $\alpha = \beta$.

猜测 63 若对任意的 $m \in \mathbf{R}, n \in \mathbf{R}, t \in \mathbf{R}, \alpha, \beta \in \left(0, \dfrac{\pi}{2}\right)$

$$\left[\frac{\cos^{m+4}\alpha}{\cos^m\beta\left(\dfrac{\sec^{n+2}\alpha}{\sec^n\beta} - \dfrac{\tan^{n+2}\alpha}{\tan^n\beta}\right)} + 2\frac{\cos^3\alpha\sin^3\alpha}{\sin\beta\cos\beta} + \frac{\sin^{m+4}\alpha}{\sin^m\beta}\right]\sqrt[t]{\cos^2\alpha + \sin^2\beta} = 1$$

恒成立,求证 $\alpha = \beta$.

猜测 64 若对任意的 $m \in \mathbf{R}, n \in \mathbf{R}, t \in \mathbf{R}, \alpha, \beta \in \left(0, \dfrac{\pi}{2}\right)$

$$\left(\frac{\cos^{n+4}\alpha}{\cos^n\beta} + 2\frac{\cos^{m+2}\alpha\sin^{m+2}\alpha}{\sin^m\beta\cos^m\beta} + \frac{\sin^{n+4}\alpha}{\sin^n\beta}\right)\sqrt[t]{\cos^2\alpha + \sin^2\beta} = \frac{\sec^{t+2}\alpha}{\sec^t\beta} - \frac{\tan^{t+2}\alpha}{\tan^t\beta}$$

恒成立,求证 $\alpha = \beta$.

猜测 65 若对任意的 $m \in \mathbf{R}, n \in \mathbf{R}, t \in \mathbf{R}, \alpha, \beta \in \left(0, \dfrac{\pi}{2}\right)$

$$\left(\frac{2\cos^6\alpha}{(\cos^2\alpha + \cos^2\beta)} + 2\frac{\cos^{m+2}\alpha\sin^{m+2}\alpha}{\sin^m\beta\cos^m\beta} + \frac{2\sin^6\alpha}{\sin^2\alpha + \sin^2\beta}\right)\sqrt[t]{\cos^2\alpha + \sin^2\beta} = \frac{\sec^{n+2}\alpha}{\sec^n\beta} - \frac{\tan^{n+2}\alpha}{\tan^n\beta}$$

恒成立,求证 $\alpha = \beta$.

猜测 66 若对任意的 $m \in \mathbf{R}, n \in \mathbf{R}, t \in \mathbf{R}, \alpha, \beta \in \left(0, \dfrac{\pi}{2}\right)$

$$\left(\frac{\cos^{m+4}\alpha}{\cos^m\beta} + 2\frac{\cos^3\alpha\sin^3\alpha}{\sin\beta\cos\beta} + \frac{\sin^{m+4}\alpha}{\sin^m\beta}\right)\sqrt[t]{\cos^2\alpha + \sin^2\beta} = \frac{\sec^{n+2}\alpha}{\sec^n\beta} - \frac{\tan^{n+2}\alpha}{\tan^n\beta}$$

恒成立,求证 $\alpha = \beta$.

猜测 67 若对任意的 $m \in \mathbf{R}, n \in \mathbf{R}, t \in \mathbf{R}, \alpha, \beta \in \left(0, \dfrac{\pi}{2}\right)$

$$\left(\frac{\cos^{n+4}\alpha}{\cos^n\beta} + 2\frac{\cos^{m+2}\alpha\sin^{m+2}\alpha}{\sin^m\beta\cos^m\beta} + \frac{\sin^{n+4}\alpha}{\sin^n\beta}\right)\sqrt[t]{\cos^2\alpha + \sin^2\beta} = \frac{\csc^{t+2}\alpha}{\csc^t\beta} - \frac{\cot^{t+2}\alpha}{\cot^t\beta}$$

恒成立,求证 $\alpha = \beta$.

猜测 68 若对任意的 $m \in \mathbf{R}, n \in \mathbf{R}, t \in \mathbf{R}, \alpha, \beta \in \left(0, \dfrac{\pi}{2}\right)$

$$\left(\frac{2\cos^6\alpha}{(\cos^2\alpha+\cos^2\beta)}+2\frac{\cos^{m+2}\alpha\sin^{m+2}\alpha}{\sin^m\beta\cos^m\beta}+\frac{2\sin^6\alpha}{\sin^2\alpha+\sin^2\beta}\right)\sqrt[t]{\cos^2\alpha+\sin^2\beta}=\frac{\csc^{n+2}\alpha}{\csc^n\beta}-\frac{\cot^{n+2}\alpha}{\cot^n\beta}$$

恒成立,求证 $\alpha=\beta$.

猜测 69 若对任意的 $m\in\mathbf{R},n\in\mathbf{R},t\in\mathbf{R},\alpha,\beta\in\left(0,\frac{\pi}{2}\right)$

$$\left(\frac{\cos^{m+4}\alpha}{\cos^m\beta}+2\frac{\cos^3\alpha\sin^3\alpha}{\sin\beta\cos\beta}+\frac{\sin^{m+4}\alpha}{\sin^m\beta}\right)\sqrt[t]{\cos^2\alpha+\sin^2\beta}=\frac{\csc^{n+2}\alpha}{\csc^n\beta}-\frac{\cot^{n+2}\alpha}{\cot^n\beta}$$

恒成立,求证 $\alpha=\beta$.

猜测 70 若对任意的 $m\in\mathbf{R},n\in\mathbf{R},t\in\mathbf{R},\alpha,\beta\in\left(0,\frac{\pi}{2}\right)$

$$\frac{\cos^{n+4}\alpha}{\cos^n\beta\sqrt[t]{\cos^2\alpha+\sin^2\beta}}+2\frac{\cos^{m+2}\alpha\sin^{m+2}\alpha}{\sin^m\beta\cos^m\beta}+\frac{\sin^{n+4}\alpha}{\sin^n\beta}=\frac{\csc^{t+2}\alpha}{\csc^t\beta}-\frac{\cot^{t+2}\alpha}{\cot^t\beta}$$

恒成立,求证 $\alpha=\beta$.

猜测 71 若对任意的 $m\in\mathbf{R},n\in\mathbf{R},t\in\mathbf{R},\alpha,\beta\in\left(0,\frac{\pi}{2}\right)$

$$\frac{2\cos^6\alpha}{(\cos^2\alpha+\cos^2\beta)\sqrt[t]{\cos^2\alpha+\sin^2\beta}}+2\frac{\cos^{m+2}\alpha\sin^{m+2}\alpha}{\sin^m\beta\cos^m\beta}+\frac{2\sin^6\alpha}{\sin^2\alpha+\sin^2\beta}=\frac{\csc^{n+2}\alpha}{\csc^n\beta}-\frac{\cot^{n+2}\alpha}{\cot^n\beta}$$

恒成立,求证 $\alpha=\beta$.

猜测 72 若对任意的 $m\in\mathbf{R},n\in\mathbf{R},t\in\mathbf{R},\alpha,\beta\in\left(0,\frac{\pi}{2}\right)$

$$\frac{\cos^{m+4}\alpha}{\cos^m\beta}+2\frac{\cos^3\alpha\sin^3\alpha}{\sin\beta\cos\beta\sqrt[t]{\cos^2\alpha+\sin^2\beta}}+\frac{\sin^{m+4}\alpha}{\sin^m\beta}=\frac{\csc^{n+2}\alpha}{\csc^n\beta}-\frac{\cot^{n+2}\alpha}{\cot^n\beta}$$

恒成立,求证 $\alpha=\beta$.

猜测 73 若对任意的 $m\in\mathbf{R},n\in\mathbf{R},t\in\mathbf{R},\alpha,\beta\in\left(0,\frac{\pi}{2}\right)$

$$\frac{\cos^{n+4}\alpha}{\cos^n\beta\sqrt[t]{\cos^2\alpha+\sin^2\beta}}+2\frac{\cos^{m+2}\alpha\sin^{m+2}\alpha}{\sin^m\beta\cos^m\beta}+\frac{\sin^{n+4}\alpha}{\sin^n\beta}\left(\frac{\csc^{t+2}\alpha}{\csc^t\beta}-\frac{\cot^{t+2}\alpha}{\cot^t\beta}\right)=1$$

恒成立,求证 $\alpha=\beta$.

猜测 74 若对任意的 $m\in\mathbf{R},n\in\mathbf{R},t\in\mathbf{R},\alpha,\beta\in\left(0,\frac{\pi}{2}\right)$

$$\frac{2\cos^6\alpha}{(\cos^2\alpha+\cos^2\beta)\sqrt[t]{\cos^2\alpha+\sin^2\beta}}+2\frac{\cos^{m+2}\alpha\sin^{m+2}\alpha}{\sin^m\beta\cos^m\beta}+\frac{2\sin^6\alpha}{\sin^2\alpha+\sin^2\beta}\left(\frac{\csc^{n+2}\alpha}{\csc^n\beta}-\frac{\cot^{n+2}\alpha}{\cot^n\beta}\right)=1$$

恒成立,求证 $\alpha=\beta$.

猜测 75 若对任意的 $m\in\mathbf{R},n\in\mathbf{R},t\in\mathbf{R},\alpha,\beta\in\left(0,\frac{\pi}{2}\right)$

$$\frac{\cos^{m+4}\alpha}{\cos^m\beta}+2\frac{\cos^3\alpha\sin^3\alpha}{\sin\beta\cos\beta\sqrt[t]{\cos^2\alpha+\sin^2\beta}}+\frac{\sin^{m+4}\alpha}{\sin^m\beta}\left(\frac{\csc^{n+2}\alpha}{\csc^n\beta}-\frac{\cot^{n+2}\alpha}{\cot^n\beta}\right)=1$$

恒成立,求证 $\alpha=\beta$.

猜测 76 若对任意 $m\in\mathbf{R},n\in\mathbf{R},t\in\mathbf{R},\alpha,\beta\in\left(0,\frac{\pi}{2}\right)$

$$\left(\frac{\cos^{n+4}\alpha}{\cos^n\beta}+2\frac{\cos^{m+2}\alpha\sin^{m+2}\alpha}{\sin^m\beta\cos^m\beta}+\frac{\sin^{n+4}\alpha}{\sin^n\beta}\right)\sqrt[t]{\cos(\alpha-\beta)}=\frac{\sec^{t+2}\alpha}{\sec^t\beta}-\frac{\tan^{t+2}\alpha}{\tan^t\beta}$$

恒成立,求证 $\alpha=\beta$.

猜测 77 若对任意的 $m\in\mathbf{R},n\in\mathbf{R},t\in\mathbf{R},\alpha,\beta\in\left(0,\frac{\pi}{2}\right)$

$$\left(\frac{2\cos^6\alpha}{(\cos^2\alpha+\cos^2\beta)}+2\,\frac{\cos^{m+2}\alpha\sin^{m+2}\alpha}{\sin^m\beta\cos^m\beta}+\frac{2\sin^6\alpha}{\sin^2\alpha+\sin^2\beta}\right)\sqrt[t]{\cos(\alpha-\beta)}=\frac{\sec^{n+2}\alpha}{\sec^n\beta}-\frac{\tan^{n+2}\alpha}{\tan^n\beta}$$

恒成立,求证 $\alpha=\beta$.

猜测 78　若对任意的 $m\in\mathbf{R},n\in\mathbf{R},t\in\mathbf{R},\alpha,\beta\in\left(0,\dfrac{\pi}{2}\right)$

$$\left(\frac{\cos^{m+4}\alpha}{\cos^m\beta}+2\,\frac{\cos^3\alpha\sin^3\alpha}{\sin\beta\cos\beta}+\frac{\sin^{m+4}\alpha}{\sin^m\beta}\right)\sqrt[t]{\cos(\alpha-\beta)}=\frac{\sec^{n+2}\alpha}{\sec^n\beta}-\frac{\tan^{n+2}\alpha}{\tan^n\beta}$$

恒成立,求证 $\alpha=\beta$.

猜测 79　若对任意的 $m\in\mathbf{R},n\in\mathbf{R},t\in\mathbf{R},\alpha,\beta\in\left(0,\dfrac{\pi}{2}\right)$

$$\frac{\cos^{n+4}\alpha}{\cos^n\beta\,\sqrt[t]{\cos(\alpha-\beta)}}+2\,\frac{\cos^{m+2}\alpha\sin^{m+2}\alpha}{\sin^m\beta\cos^m\beta}+\frac{\sin^{n+4}\alpha}{\sin^n\beta}=\frac{\sec^{t+2}\alpha}{\sec^t\beta}-\frac{\tan^{t+2}\alpha}{\tan^t\beta}$$

恒成立,求证 $\alpha=\beta$.

猜测 80　若对任意的 $m\in\mathbf{R},n\in\mathbf{R},t\in\mathbf{R},\alpha,\beta\in\left(0,\dfrac{\pi}{2}\right)$

$$\frac{2\cos^6\alpha}{(\cos^2\alpha+\cos^2\beta)}+2\,\frac{\cos^{m+2}\alpha\sin^{m+2}\alpha}{\sin^m\beta\cos^m\beta\,\sqrt[t]{\cos(\alpha-\beta)}}+\frac{2\sin^6\alpha}{\sin^2\alpha+\sin^2\beta}=\frac{\sec^{n+2}\alpha}{\sec^n\beta}-\frac{\tan^{n+2}\alpha}{\tan^n\beta}$$

恒成立,求证 $\alpha=\beta$.

猜测 81　若对任意的 $m\in\mathbf{R},n\in\mathbf{R},t\in\mathbf{R},\alpha,\beta\in\left(0,\dfrac{\pi}{2}\right)$

$$\frac{\cos^{m+4}\alpha}{\cos^m\beta}+2\,\frac{\cos^3\alpha\sin^3\alpha}{\sin\beta\cos\beta}+\frac{\sin^{m+4}\alpha}{\sin^m\beta\,\sqrt[t]{\cos(\alpha-\beta)}}=\frac{\sec^{n+2}\alpha}{\sec^n\beta}-\frac{\tan^{n+2}\alpha}{\tan^n\beta}$$

恒成立,求证 $\alpha=\beta$.

猜测 82　若对任意 $m\in\mathbf{R},n\in\mathbf{R},t\in\mathbf{R},\alpha,\beta\in\left(0,\dfrac{\pi}{2}\right)$

$$\left(\frac{\cos^{n+4}\alpha}{\cos^n\beta\,\sqrt[t]{\cos(\alpha-\beta)}}+2\,\frac{\cos^{m+2}\alpha\sin^{m+2}\alpha}{\sin^m\beta\cos^m\beta}+\frac{\sin^{n+4}\alpha}{\sin^n\beta}\right)\left(\frac{\sec^{t+2}\alpha}{\sec^t\beta}-\frac{\tan^{t+2}\alpha}{\tan^t\beta}\right)=1$$

恒成立,求证 $\alpha=\beta$.

猜测 83　若对任意的 $m\in\mathbf{R},n\in\mathbf{R},t\in\mathbf{R},\alpha,\beta\in\left(0,\dfrac{\pi}{2}\right)$

$$\left(\frac{2\cos^6\alpha}{(\cos^2\alpha+\cos^2\beta)}+2\,\frac{\cos^{m+2}\alpha\sin^{m+2}\alpha}{\sin^m\beta\cos^m\beta\,\sqrt[t]{\cos(\alpha-\beta)}}+\frac{2\sin^6\alpha}{\sin^2\alpha+\sin^2\beta}\right)\left(\frac{\sec^{n+2}\alpha}{\sec^n\beta}-\frac{\tan^{n+2}\alpha}{\tan^n\beta}\right)=1$$

恒成立,求证 $\alpha=\beta$.

猜测 84　若对任意的 $m\in\mathbf{R},n\in\mathbf{R},t\in\mathbf{R},\alpha,\beta\in\left(0,\dfrac{\pi}{2}\right)$

$$\left(\frac{\cos^{m+4}\alpha}{\cos^m\beta}+2\,\frac{\cos^3\alpha\sin^3\alpha}{\sin\beta\cos\beta}+\frac{\sin^{m+4}\alpha}{\sin^m\beta\,\sqrt[t]{\cos(\alpha-\beta)}}\right)\left(\frac{\sec^{n+2}\alpha}{\sec^n\beta}-\frac{\tan^{n+2}\alpha}{\tan^n\beta}\right)=1$$

恒成立,求证 $\alpha=\beta$.

猜测 85　若对任意 $m\in\mathbf{R},n\in\mathbf{R},t\in\mathbf{R},\alpha,\beta\in\left(0,\dfrac{\pi}{2}\right)$

$$\left(\frac{\cos^{n+4}\alpha}{\cos^n\beta\,\sqrt[t]{\cos(\alpha-\beta)}}+2\,\frac{\cos^{m+2}\alpha\sin^{m+2}\alpha}{\sin^m\beta\cos^m\beta}+\frac{\sin^{n+4}\alpha}{\sin^n\beta}\right)\left(\frac{\csc^{t+2}\alpha}{\csc^t\beta}-\frac{\cot^{t+2}\alpha}{\cot^t\beta}\right)=1$$

恒成立,求证 $\alpha=\beta$.

猜测 86　若对任意的 $m\in\mathbf{R},n\in\mathbf{R},t\in\mathbf{R},\alpha,\beta\in\left(0,\dfrac{\pi}{2}\right)$

$$\left(\frac{2\cos^6\alpha}{(\cos^2\alpha+\cos^2\beta)}+2\,\frac{\cos^{m+2}\alpha\sin^{m+2}\alpha}{\sin^m\beta\cos^m\beta\sqrt[t]{\cos(\alpha-\beta)}}+\frac{2\sin^6\alpha}{\sin^2\alpha+\sin^2\beta}\right)\left(\frac{\csc^{n+2}\alpha}{\csc^n\beta}-\frac{\cot^{n+2}\alpha}{\cot^n\beta}\right)=1$$

恒成立,求证 $\alpha=\beta$.

猜测 87　若对任意的 $m\in\mathbf{R},n\in\mathbf{R},t\in\mathbf{R},\alpha,\beta\in\left(0,\frac{\pi}{2}\right)$

$$\left(\frac{\cos^{m+4}\alpha}{\cos^m\beta}+2\,\frac{\cos^3\alpha\sin^3\alpha}{\sin\beta\cos\beta}+\frac{\sin^{m+4}\alpha}{\sin^m\beta\sqrt[t]{\cos(\alpha-\beta)}}\right)\left(\frac{\csc^{n+2}\alpha}{\csc^n\beta}-\frac{\cot^{n+2}\alpha}{\cot^n\beta}\right)=1$$

恒成立,求证 $\alpha=\beta$.

猜测 88　若对任意 $m\in\mathbf{R},n\in\mathbf{R},t\in\mathbf{R},\alpha,\beta\in\left(0,\frac{\pi}{2}\right)$

$$\frac{\cos^{n+4}\alpha}{\cos^n\beta\sqrt[t]{\cos(\alpha-\beta)}}+2\,\frac{\cos^{m+2}\alpha\sin^{m+2}\alpha}{\sin^m\beta\cos^m\beta}+\frac{\sin^{n+4}\alpha}{\sin^n\beta}=\frac{\csc^{t+2}\alpha}{\csc^t\beta}-\frac{\cot^{t+2}\alpha}{\cot^t\beta}$$

恒成立,求证 $\alpha=\beta$.

猜测 89　若对任意的 $m\in\mathbf{R},n\in\mathbf{R},t\in\mathbf{R},\alpha,\beta\in\left(0,\frac{\pi}{2}\right)$

$$\frac{2\cos^6\alpha}{(\cos^2\alpha+\cos^2\beta)}+2\,\frac{\cos^{m+2}\alpha\sin^{m+2}\alpha}{\sin^m\beta\cos^m\beta\sqrt[t]{\cos(\alpha-\beta)}}+\frac{2\sin^6\alpha}{\sin^2\alpha+\sin^2\beta}=\frac{\csc^{n+2}\alpha}{\csc^n\beta}-\frac{\cot^{n+2}\alpha}{\cot^n\beta}$$

恒成立,求证 $\alpha=\beta$.

猜测 90　若对任意的 $m\in\mathbf{R},n\in\mathbf{R},t\in\mathbf{R},\alpha,\beta\in\left(0,\frac{\pi}{2}\right)$

$$\frac{\cos^{m+4}\alpha}{\cos^m\beta}+2\,\frac{\cos^3\alpha\sin^3\alpha}{\sin\beta\cos\beta}+\frac{\sin^{m+4}\alpha}{\sin^m\beta\sqrt[t]{\cos(\alpha-\beta)}}=\frac{\csc^{n+2}\alpha}{\csc^n\beta}-\frac{\cot^{n+2}\alpha}{\cot^n\beta}$$

恒成立,求证 $\alpha=\beta$.

猜测 91　若对任意的 $m\in\mathbf{R},n\in\mathbf{R},t\in\mathbf{R},\alpha,\beta\in\left(0,\frac{\pi}{2}\right)$

$$\left(\frac{\cos^{n+4}\alpha}{\cos^n\beta\sqrt[t]{\cos(\alpha-\beta)}}+2\,\frac{\cos^{m+2}\alpha\sin^{m+2}\alpha}{\sin^m\beta\cos^m\beta}+\frac{\sin^{n+4}\alpha}{\sin^n\beta}\right)\sqrt[t]{\cos^2\alpha+\sin^2\beta}=\frac{\csc^{t+2}\alpha}{\csc^t\beta}-\frac{\cot^{t+2}\alpha}{\cot^t\beta}$$

恒成立,求证 $\alpha=\beta$.

猜测 92　若对任意的 $m\in\mathbf{R},n\in\mathbf{R},t\in\mathbf{R},\alpha,\beta\in\left(0,\frac{\pi}{2}\right)$

$$\left(\frac{2\cos^6\alpha}{(\cos^2\alpha+\cos^2\beta)}+2\,\frac{\cos^{m+2}\alpha\sin^{m+2}\alpha}{\sin^m\beta\cos^m\beta\sqrt[t]{\cos(\alpha-\beta)}}+\frac{2\sin^6\alpha}{\sin^2\alpha+\sin^2\beta}\right)\sqrt[t]{\cos^2\alpha+\sin^2\beta}=\frac{\csc^{n+2}\alpha}{\csc^n\beta}-\frac{\cot^{n+2}\alpha}{\cot^n\beta}$$

恒成立,求证 $\alpha=\beta$.

猜测 93　若对任意的 $m\in\mathbf{R},n\in\mathbf{R},t\in\mathbf{R},\alpha,\beta\in\left(0,\frac{\pi}{2}\right)$

$$\left(\frac{\cos^{m+4}\alpha}{\cos^m\beta}+2\,\frac{\cos^3\alpha\sin^3\alpha}{\sin\beta\cos\beta}+\frac{\sin^{m+4}\alpha}{\sin^m\beta\sqrt[t]{\cos(\alpha-\beta)}}\right)\sqrt[t]{\cos^2\alpha+\sin^2\beta}=\frac{\csc^{n+2}\alpha}{\csc^n\beta}-\frac{\cot^{n+2}\alpha}{\cot^n\beta}$$

恒成立,求证 $\alpha=\beta$.

猜测 94　若对任意的 $m\in\mathbf{R},n\in\mathbf{R},t\in\mathbf{R},\alpha,\beta\in\left(0,\frac{\pi}{2}\right)$

$$\left(\frac{\cos^{n+4}\alpha}{\cos^n\beta\sqrt[t]{\cos(\alpha-\beta)}}+2\,\frac{\cos^{m+2}\alpha\sin^{m+2}\alpha}{\sin^m\beta\cos^m\beta}+\frac{\sin^{n+4}\alpha}{\sin^n\beta}\right)\sqrt[t]{\cos^2\alpha+\sin^2\beta}=\frac{\sec^{t+2}\alpha}{\sec^t\beta}-\frac{\tan^{t+2}\alpha}{\tan^t\beta}$$

恒成立,求证 $\alpha=\beta$.

猜测 95　若对任意的 $m\in\mathbf{R},n\in\mathbf{R},t\in\mathbf{R},\alpha,\beta\in\left(0,\frac{\pi}{2}\right)$

$$\left(\frac{2\cos^6\alpha}{(\cos^2\alpha+\cos^2\beta)}+2\frac{\cos^{m+2}\alpha\sin^{m+2}\alpha}{\sin^m\beta\cos^m\beta\sqrt[t]{\cos(\alpha-\beta)}}+\frac{2\sin^6\alpha}{\sin^2\alpha+\sin^2\beta}\right)\sqrt[t]{\cos^2\alpha+\sin^2\beta}=\frac{\sec^{n+2}\alpha}{\sec^n\beta}-\frac{\tan^{n+2}\alpha}{\tan^n\beta}$$

恒成立，求证 $\alpha=\beta$.

猜测 96　若对任意的 $m\in\mathbf{R},n\in\mathbf{R},t\in\mathbf{R},\alpha,\beta\in\left(0,\dfrac{\pi}{2}\right)$

$$\left(\frac{\cos^{m+4}\alpha}{\cos^m\beta}+2\frac{\cos^3\alpha\sin^3\alpha}{\sin\beta\cos\beta}+\frac{\sin^{m+4}\alpha}{\sin^m\beta\sqrt[t]{\cos(\alpha-\beta)}}\right)\sqrt[t]{\cos^2\alpha+\sin^2\beta}=\frac{\sec^{n+2}\alpha}{\sec^n\beta}-\frac{\tan^{n+2}\alpha}{\tan^n\beta}$$

恒成立，求证 $\alpha=\beta$.

作为本文的结束，我们还提供另外四种类型的猜测供爱好者研探，相关问题将另文发表.

猜测 97　若对任意的 $m\in\mathbf{R},n\in\mathbf{R},t\in\mathbf{R},\alpha,\beta\in\left(0,\dfrac{\pi}{2}\right)$

$$\left[\frac{\cos^{m+4}\alpha}{\sin^m\beta\left(\dfrac{\cos\alpha}{2\sin\beta}+\dfrac{\cos\beta}{2\sin\alpha}\right)^t}+2\frac{\cos^3\alpha\sin^3\alpha}{\sin\beta\cos\beta}+\frac{\sin^{m+4}\alpha}{\cos^m\beta}\right]\sqrt[t]{\sin(\alpha+\beta)}=\frac{\csc^{n+2}\alpha}{\sec^n\beta}-\frac{\cot^{n+2}\alpha}{\tan^n\beta}$$

恒成立，求证 $\alpha+\beta=\dfrac{\pi}{2}$.

猜测 98　若对任意的 $m\in\mathbf{R},n\in\mathbf{R},t\in\mathbf{R},\alpha,\beta\in\left(0,\dfrac{\pi}{2}\right)$

$$\left[\frac{\cos^{n+4}\alpha}{\sin^n\beta\left(\dfrac{\cos\alpha}{2\sin\beta}+\dfrac{\cos\beta}{2\sin\alpha}\right)^t}+2\frac{\cos^{m+2}\alpha\sin^{m+2}\alpha}{\sin^m\beta\cos^m\beta}+\frac{\sin^{n+4}\alpha}{\cos^n\beta}\right]\sqrt[t]{\sin(\alpha+\beta)}=\frac{\sec^{t+2}\alpha}{\csc^t\beta}-\frac{\tan^{t+2}\alpha}{\cot^t\beta}$$

恒成立，求证 $\alpha+\beta=\dfrac{\pi}{2}$.

猜测 99　若对任意的 $m\in\mathbf{R},n\in\mathbf{R},t\in\mathbf{R},\alpha,\beta\in\left(0,\dfrac{\pi}{2}\right)$

$$\left[\frac{2\cos^6\alpha}{(\cos^2\alpha+\sin^2\beta)\left(\dfrac{\cos\alpha}{2\sin\beta}+\dfrac{\cos\beta}{2\sin\alpha}\right)^t}+2\frac{\cos^{m+2}\alpha\sin^{m+2}\alpha}{\sin^m\beta\cos^m\beta}+\frac{2\sin^6\alpha}{\sin^2\alpha+\cos^2\beta}\right]\sqrt[t]{\sin(\alpha+\beta)}$$

$$=\frac{\sec^{n+2}\alpha}{\csc^n\beta}-\frac{\tan^{n+2}\alpha}{\cot^n\beta}$$

恒成立，求证 $\alpha+\beta=\dfrac{\pi}{2}$.

猜测 100　若对任意的 $m\in\mathbf{R},n\in\mathbf{R},t\in\mathbf{R},\alpha,\beta\in\left(0,\dfrac{\pi}{2}\right)$

$$\left[\frac{\cos^{m+4}\alpha}{\sin^m\beta\left(\dfrac{\cos\alpha}{2\sin\beta}+\dfrac{\cos\beta}{2\sin\alpha}\right)^t}+2\frac{\cos^3\alpha\sin^3\alpha}{\sin\beta\cos\beta}+\frac{\sin^{m+4}\alpha}{\cos^m\beta}\right]\sqrt[t]{\sin(\alpha+\beta)}=\frac{\sec^{n+2}\alpha}{\csc^n\beta}-\frac{\tan^{n+2}\alpha}{\cot^n\beta}$$

恒成立，求证 $\alpha+\beta=\dfrac{\pi}{2}$.

参考文献

[1] 唐秀颖. 数学题解辞典[M]. 上海：上海辞书出版社，1985：103.

[2] 孙文彩，李明. 数学问题 360 再探[J]. 华南师范大学学报（自然科学版），2014，46.

[3] 黄量生，孙建斌. 巧用配方法解三角题[J]. 中学数学月刊，2004(9)：23.

[4] 孙文彩. 数学问题 360[J]. 中学数学研究，2011(12).

[5] 周顺钿. 以三角函数为载体，培养直觉思维能力[J]. 数学通讯，1997(5)：2.

[6] 邓新春. $a^2+b^2\geqslant 2ab$ 的两个变形及应用[J]. 中学数学教学，1997(3)：27.

[7] 孙文彩,昌海军.一道三角题的新证与推广[J].数学教学研究,1998(1):29-30.

[8] 周以宏.巧构函数求值[J].中学数学研究,2004(4):40.

[9] 胡斌.一个命题及其应用[J].中学数学月刊,2004(3):21.

[10] 董立俊.例说用解几知识解三角题[J].中学数学,2001(4):15.

[11] 孙文彩.一个著名三角条件恒等式证明的研究综述[J].华南师范大学学报(自然科学版),2014,46.

[12] 苗果青.巧构圆,妙解题[J].数理化学习(高中版),2009(16).

[13] 李介明.运用拉格朗日恒等式简解三角题[J].数学通讯,2003(7):26-27.

[14] 付伦传,金铨.利用向量解代数三角问题[J].中学数学教学,2003(5):30.

[15] 林明成.向量在三角解题中的创新应用[J].数理化学习(高中版),2009(23).

[16] 马伟开.运用构造思想解三角问题初探[J].数学教学通讯,2008(7).

[17] 苏昌盛,孙建斌.数学好玩:构造"数字式"解题艺术欣赏[J].中学数学研究,2007(11):44.

[18] 邱进南,孙建斌.一个代数不等式在三角上的应用[J].中学数学月刊,2007(4):26.

[19] 孙文彩.函数中的典型问题与解题方法[M].太原:山西科学技术出版社,2015.

[20] 孙文彩.有奖征解[J].中学数学教学,2014(1).

[21] 张荣萍.两角互余的几个等价条件[J].数学通讯,2002(11):17-18.

[22] 龚辉斌,万家练,姚殿平.一个猜想的几种证明[J].数学通讯,2002(21):14-16.

[23] 倪仁兴.一两角互余等价性猜想的肯定解决及其推广[C] // 全国第六届初等数学研究学术交流会论文集.武汉,2006:271.

[24] 孙文彩.一道三角恒等式猜想的新证及其他[C]// 杨学枝.中国初等数学研究.哈尔滨:哈尔滨工业大学出版社,2010:164-166.

《初等数学研究在中国》征稿通告

　　《初等数学研究在中国》(以书代刊)主编杨学枝、刘培杰,由哈尔滨工业大学出版社出版,创刊号于 2019 年 3 月正式刊发.本刊旨在汇聚中小学数学教育教学和初等数学研究的最新成果,提供学习与交流的平台,促进中小学数学教育教学和初等数学研究水平的提高.

一、征稿对象

　　全国大、中、小学数学教师;初等数学研究工作者、爱好者;各教研和科研单位与个人.

二、栏目分类

　　(1)初数研究　(2)数学教育教学　(3)中、高考数学　(4)数学文化　(5)数学思想与方法　(6)数学竞赛研究　(7)数学问题与解答

三、来稿须知

　　1. 文章格式要求

　　(1)论文一律需要提供电子文稿,电子文稿中英文皆可,中文必须使用 WORD 录入,字体为宋体;

　　(2)文章大标题用三号黑体字,并居中,大标题下面空一行,在居中处用小四号宋体录入作者姓名,下面再空一行,在居中处用小四号宋体录入作者单位,并填在小括号内;

　　(3)文中分大段的标题用小四号黑体字,且居中,正文(含标题)一律用五号字体,标题文字使用黑体小三号字,正文及其他文字使用宋体五号字,正文(除标题外)一律不用黑体,需特别强调的字句可以用黑体;

　　(4)图形一律排放在右半面,也可以几个图形排成一行,但必须注明图号,图形必须应用几何画板作图;

　　(5)所有数学公式全部要用公式编辑器录入(五号字体),要一次录入一行,不要成堆录入;文章每一段开头要空两格,未成段的句子换行时一律要顶格,不能空格,较长的数学公式要单独占一行且居中,若数学公式需断开用两行或多行表示时,要紧靠"$=$,$+$,$-$,$\times$,$\div$,$\pm$,$\mp$,$\cdot$,$/$等"后面断开,而在下一行开头不能重复上述记号;注意标点符号要准确,句号要用".",不用"。";

　　(6)选择题选项支一律用"A,B,C,D",题头要空两格,A,B,C,D 之间各空两格,若一行打不下,可以换一行,换行题头也要空两格;填空题不用"(　　)",一律用"_____";

　　(7)变量如 x,y,z,变动附标如"$\sum x,a_i$ 中的 x,i",函数符号如"f,g",点的标记,如点"A,B",线段标记,如线段"AB,CD",一律用斜体;

　　(8)分数线标记,用"$\dfrac{*}{*}$",如"$\dfrac{8}{9}$","$\dfrac{a+b}{c+d}$";

　　(9)分级标题:"一、""二、""三、"等(注意用"、");"(一)""(二)""(三)"等(小括号后不用"、"或","等符号);"1.""2.""3."等(数字后用".");"(1)""(2)""(3)"等(小括号后不用"、"或","等符号);"①""②""③"等(圆圈后不用"、"或","等符号);

　　(10)版面请选用 A4 纸张,左右边距 2.2 cm,上下边距 2.5 cm,多倍行距 1.25,一律通栏排版;

(11)文稿中如有引文,请务必注明出处和参考文献.

2.来稿文责自负.如有抄袭现象我们将公开批评,作者应负相关责任.

3.请在文末写明投稿日期,投稿人联系电话(手机)、邮箱,以便联系.

4.审稿周期为 3 个月至 6 个月,不收审稿费和版面费,但为减轻出版社负担,凡被刊出的文章不赠送样刊,请广大作者能予以理解和支持.

5.本刊不受理世界性数学难题或已被确认为不可能的数学问题.

6.切勿将来稿再投他刊.若在半年之内未接到录用通知,所投稿件作者可另行处理.

7.对录用的稿件,我们将通过作者邮箱通知.

以上解释权归《初等数学研究在中国》编辑部.

四、联系方式

投稿邮箱:cdsxyjzzg@163.com.

编辑部地址:哈尔滨市南岗区复华四道街 10 号,哈尔滨工业大学出版社,邮编 150006.

《初等数学研究在中国》编辑部

2020 年 10 月

书　名	出版时间	定　价	编号
新编中学数学解题方法全书(高中版)上卷(第2版)	2018-08	58.00	951
新编中学数学解题方法全书(高中版)中卷(第2版)	2018-08	68.00	952
新编中学数学解题方法全书(高中版)下卷(一)(第2版)	2018-08	58.00	953
新编中学数学解题方法全书(高中版)下卷(二)(第2版)	2018-08	58.00	954
新编中学数学解题方法全书(高中版)下卷(三)(第2版)	2018-08	68.00	955
新编中学数学解题方法全书(初中版)上卷	2008-01	28.00	29
新编中学数学解题方法全书(初中版)中卷	2010-07	38.00	75
新编中学数学解题方法全书(高考复习卷)	2010-01	48.00	67
新编中学数学解题方法全书(高考真题卷)	2010-01	38.00	62
新编中学数学解题方法全书(高考精华卷)	2011-03	68.00	118
新编平面解析几何解题方法全书(专题讲座卷)	2010-01	18.00	61
新编中学数学解题方法全书(自主招生卷)	2013-08	88.00	261
数学奥林匹克与数学文化(第一辑)	2006-05	48.00	4
数学奥林匹克与数学文化(第二辑)(竞赛卷)	2008-01	48.00	19
数学奥林匹克与数学文化(第二辑)(文化卷)	2008-07	58.00	36'
数学奥林匹克与数学文化(第三辑)(竞赛卷)	2010-01	48.00	59
数学奥林匹克与数学文化(第四辑)(竞赛卷)	2011-08	58.00	87
数学奥林匹克与数学文化(第五辑)	2015-06	98.00	370
世界著名平面几何经典著作钩沉——几何作图专题卷(上)	2009-06	48.00	49
世界著名平面几何经典著作钩沉——几何作图专题卷(下)	2011-01	88.00	80
世界著名平面几何经典著作钩沉(民国平面几何老课本)	2011-03	38.00	113
世界著名平面几何经典著作钩沉(建国初期平面三角老课本)	2015-08	38.00	507
世界著名解析几何经典著作钩沉——平面解析几何卷	2014-01	38.00	264
世界著名数论经典著作钩沉(算术卷)	2012-01	28.00	125
世界著名数学经典著作钩沉——立体几何卷	2011-02	28.00	88
世界著名三角学经典著作钩沉(平面三角卷Ⅰ)	2010-06	28.00	69
世界著名三角学经典著作钩沉(平面三角卷Ⅱ)	2011-01	38.00	78
世界著名初等数论经典著作钩沉(理论和实用算术卷)	2011-07	38.00	126
发展你的空间想象力(第2版)	2019-11	68.00	1117
空间想象力进阶	2019-05	68.00	1062
走向国际数学奥林匹克的平面几何试题诠释.第1卷	2019-07	88.00	1043
走向国际数学奥林匹克的平面几何试题诠释.第2卷	2019-09	78.00	1044
走向国际数学奥林匹克的平面几何试题诠释.第3卷	2019-03	78.00	1045
走向国际数学奥林匹克的平面几何试题诠释.第4卷	2019-09	98.00	1046
平面几何证明方法全书	2007-08	35.00	1
平面几何证明方法全书习题解答(第2版)	2006-12	18.00	10
平面几何天天练上卷·基础篇(直线型)	2013-01	58.00	208
平面几何天天练中卷·基础篇(涉及圆)	2013-01	28.00	234
平面几何天天练下卷·提高篇	2013-01	58.00	237
平面几何专题研究	2013-07	98.00	258
几何学习题集	2020-10	48.00	1217
通过解题学习代数几何	2021-04	88.00	1301

刘培杰数学工作室
已出版(即将出版)图书目录——初等数学

书　名	出版时间	定　价	编号
最新世界各国数学奥林匹克中的平面几何试题	2007－09	38.00	14
数学竞赛平面几何典型题及新颖解	2010－07	48.00	74
初等数学复习及研究(平面几何)	2008－09	58.00	38
初等数学复习及研究(立体几何)	2010－06	38.00	71
初等数学复习及研究(平面几何)习题解答	2009－01	48.00	42
几何学教程(平面几何卷)	2011－03	68.00	90
几何学教程(立体几何卷)	2011－07	68.00	130
几何变换与几何证题	2010－06	88.00	70
计算方法与几何证题	2011－06	28.00	129
立体几何技巧与方法	2014－04	88.00	293
几何瑰宝——平面几何500名题暨1000条定理(上、下)	2010－07	138.00	76,77
三角形的解法与应用	2012－07	18.00	183
近代的三角形几何学	2012－07	48.00	184
一般折线几何学	2015－08	48.00	503
三角形的五心	2009－06	28.00	51
三角形的六心及其应用	2015－10	68.00	542
三角形趣谈	2012－08	28.00	212
解三角形	2014－01	28.00	265
三角学专门教程	2014－09	28.00	387
图天下几何新题试卷.初中(第2版)	2017－11	58.00	855
圆锥曲线习题集(上册)	2013－06	68.00	255
圆锥曲线习题集(中册)	2015－01	78.00	434
圆锥曲线习题集(下册·第1卷)	2016－10	78.00	683
圆锥曲线习题集(下册·第2卷)	2018－01	98.00	853
圆锥曲线习题集(下册·第3卷)	2019－10	128.00	1113
论九点圆	2015－05	88.00	645
近代欧氏几何学	2012－03	48.00	162
罗巴切夫斯基几何学及几何基础概要	2012－07	28.00	188
罗巴切夫斯基几何学初步	2015－06	28.00	474
用三角、解析几何、复数、向量计算解数学竞赛几何题	2015－03	48.00	455
美国中学几何教程	2015－04	88.00	458
三线坐标与三角形特征点	2015－04	98.00	460
平面解析几何方法与研究(第1卷)	2015－05	18.00	471
平面解析几何方法与研究(第2卷)	2015－06	18.00	472
平面解析几何方法与研究(第3卷)	2015－07	18.00	473
解析几何研究	2015－01	38.00	425
解析几何学教程.上	2016－01	38.00	574
解析几何学教程.下	2016－01	38.00	575
几何学基础	2016－01	58.00	581
初等几何研究	2015－02	58.00	444
十九和二十世纪欧氏几何学中的片段	2017－01	58.00	696
平面几何中考.高考.奥数一本通	2017－07	28.00	820
几何学简史	2017－08	28.00	833
四面体	2018－01	48.00	880
平面几何证明方法思路	2018－12	68.00	913

刘培杰数学工作室
已出版(即将出版)图书目录——初等数学

书　　名	出版时间	定　价	编号
平面几何图形特性新析.上篇	2019—01	68.00	911
平面几何图形特性新析.下篇	2018—06	88.00	912
平面几何范例多解探究.上篇	2018—04	48.00	910
平面几何范例多解探究.下篇	2018—12	68.00	914
从分析解题过程学解题:竞赛中的几何问题研究	2018—07	68.00	946
从分析解题过程学解题:竞赛中的向量几何与不等式研究(全2册)	2019—06	138.00	1090
从分析解题过程学解题:竞赛中的不等式问题	2021—01	48.00	1249
二维、三维欧氏几何的对偶原理	2018—12	38.00	990
星形大观及闭折线论	2019—03	68.00	1020
立体几何的问题和方法	2019—11	58.00	1127
三角代换论	2021—05	58.00	1313
俄罗斯平面几何问题集	2009—08	88.00	55
俄罗斯立体几何问题集	2014—03	58.00	283
俄罗斯几何大师——沙雷金论数学及其他	2014—01	48.00	271
来自俄罗斯的5000道几何习题及解答	2011—03	58.00	89
俄罗斯初等数学问题集	2012—05	38.00	177
俄罗斯函数问题集	2011—03	38.00	103
俄罗斯组合分析问题集	2011—01	48.00	79
俄罗斯初等数学万题选——三角卷	2012—11	38.00	222
俄罗斯初等数学万题选——代数卷	2013—08	68.00	225
俄罗斯初等数学万题选——几何卷	2014—01	68.00	226
俄罗斯《量子》杂志数学征解问题100题选	2018—08	48.00	969
俄罗斯《量子》杂志数学征解问题又100题选	2018—08	48.00	970
俄罗斯《量子》杂志数学征解问题	2020—05	48.00	1138
463个俄罗斯几何老问题	2012—01	28.00	152
《量子》数学短文精粹	2018—09	38.00	972
用三角、解析几何等计算解来自俄罗斯的几何题	2019—11	88.00	1119

书　　名	出版时间	定　价	编号
谈谈素数	2011—03	18.00	91
平方和	2011—03	18.00	92
整数论	2011—05	38.00	120
从整数谈起	2015—10	28.00	538
数与多项式	2016—01	38.00	558
谈谈不定方程	2011—05	28.00	119

书　　名	出版时间	定　价	编号
解析不等式新论	2009—06	68.00	48
建立不等式的方法	2011—03	98.00	104
数学奥林匹克不等式研究(第2版)	2020—07	68.00	1181
不等式研究(第二辑)	2012—02	68.00	153
不等式的秘密(第一卷)(第2版)	2014—02	38.00	286
不等式的秘密(第二卷)	2014—01	38.00	268
初等不等式的证明方法	2010—06	38.00	123
初等不等式的证明方法(第二版)	2014—11	38.00	407
不等式·理论·方法(基础卷)	2015—07	38.00	496
不等式·理论·方法(经典不等式卷)	2015—07	38.00	497
不等式·理论·方法(特殊类型不等式卷)	2015—07	48.00	498
不等式探究	2016—03	38.00	582
不等式探秘	2017—01	88.00	689
四面体不等式	2017—01	68.00	715
数学奥林匹克中常见重要不等式	2017—09	38.00	845
三正弦不等式	2018—09	98.00	974
函数方程与不等式:解法与稳定性结果	2019—04	68.00	1058

刘培杰数学工作室
已出版（即将出版）图书目录——初等数学

书　名	出版时间	定　价	编号
同余理论	2012—05	38.00	163
[x]与{x}	2015—04	48.00	476
极值与最值.上卷	2015—06	28.00	486
极值与最值.中卷	2015—06	38.00	487
极值与最值.下卷	2015—06	28.00	488
整数的性质	2012—11	38.00	192
完全平方数及其应用	2015—08	78.00	506
多项式理论	2015—10	88.00	541
奇数、偶数、奇偶分析法	2018—01	98.00	876
不定方程及其应用.上	2018—12	58.00	992
不定方程及其应用.中	2019—01	78.00	993
不定方程及其应用.下	2019—02	98.00	994
历届美国中学生数学竞赛试题及解答(第一卷)1950—1954	2014—07	18.00	277
历届美国中学生数学竞赛试题及解答(第二卷)1955—1959	2014—04	18.00	278
历届美国中学生数学竞赛试题及解答(第三卷)1960—1964	2014—06	18.00	279
历届美国中学生数学竞赛试题及解答(第四卷)1965—1969	2014—04	28.00	280
历届美国中学生数学竞赛试题及解答(第五卷)1970—1972	2014—06	18.00	281
历届美国中学生数学竞赛试题及解答(第六卷)1973—1980	2017—07	18.00	768
历届美国中学生数学竞赛试题及解答(第七卷)1981—1986	2015—01	18.00	424
历届美国中学生数学竞赛试题及解答(第八卷)1987—1990	2017—05	18.00	769
历届中国数学奥林匹克试题集(第2版)	2017—03	38.00	757
历届加拿大数学奥林匹克试题集	2012—08	38.00	215
历届美国数学奥林匹克试题集：1972～2019	2020—04	88.00	1135
历届波兰数学竞赛试题集.第1卷,1949～1963	2015—03	18.00	453
历届波兰数学竞赛试题集.第2卷,1964～1976	2015—03	18.00	454
历届巴尔干数学奥林匹克试题集	2015—03	38.00	466
保加利亚数学奥林匹克	2014—10	38.00	393
圣彼得堡数学奥林匹克试题集	2015—01	38.00	429
匈牙利奥林匹克数学竞赛题解.第1卷	2016—05	28.00	593
匈牙利奥林匹克数学竞赛题解.第2卷	2016—05	28.00	594
历届美国数学邀请赛试题集(第2版)	2017—10	78.00	851
全国高中数学竞赛试题及解答.第1卷	2014—07	38.00	331
普林斯顿大学数学竞赛	2016—06	38.00	669
亚太地区数学奥林匹克竞赛题	2015—07	18.00	492
日本历届(初级)广中杯数学竞赛试题及解答.第1卷(2000～2007)	2016—05	28.00	641
日本历届(初级)广中杯数学竞赛试题及解答.第2卷(2008～2015)	2016—05	38.00	642
360个数学竞赛问题	2016—08	58.00	677
奥数最佳实战题.上卷	2017—06	38.00	760
奥数最佳实战题.下卷	2017—06	58.00	761
哈尔滨市早期中学数学竞赛试题汇编	2016—07	28.00	672
全国高中数学联赛试题及解答:1981—2019(第4版)	2020—07	138.00	1176
2021年全国高中数学联合竞赛模拟题集	2021—04	30.00	1302
20世纪50年代全国部分城市数学竞赛试题汇编	2017—07	28.00	797
国内外数学竞赛题及精解:2018～2019	2020—08	45.00	1192
许康华竞赛优学精选集.第一辑	2018—08	68.00	949
天问叶班数学问题征解100题.Ⅰ,2016—2018	2019—05	88.00	1075
天问叶班数学问题征解100题.Ⅱ,2017—2019	2020—07	98.00	1177
美国初中数学竞赛:AMC8准备(共6卷)	2019—07	138.00	1089
美国高中数学竞赛:AMC10准备(共6卷)	2019—08	158.00	1105

刘培杰数学工作室

已出版(即将出版)图书目录——初等数学

书　　名	出版时间	定　价	编号
王连笑教你怎样学数学:高考选择题解题策略与客观题实用训练	2014—01	48.00	262
王连笑教你怎样学数学:高考数学高层次讲座	2015—02	48.00	432
高考数学的理论与实践	2009—08	38.00	53
高考数学核心题型解题方法与技巧	2010—01	28.00	86
高考思维新平台	2014—03	38.00	259
高考数学压轴题解题诀窍(上)(第2版)	2018—01	58.00	874
高考数学压轴题解题诀窍(下)(第2版)	2018—01	48.00	875
北京市五区文科数学三年高考模拟题详解:2013～2015	2015—08	48.00	500
北京市五区理科数学三年高考模拟题详解:2013～2015	2015—09	68.00	505
向量法巧解数学高考题	2009—08	28.00	54
高考数学解题金典(第2版)	2017—01	78.00	716
高考物理解题金典(第2版)	2019—05	68.00	717
高考化学解题金典(第2版)	2019—05	58.00	718
数学高考参考	2016—01	78.00	589
新课程标准高考数学解答题各种题型解法指导	2020—08	78.00	1196
全国及各省市高考数学试题审题要津与解法研究	2015—02	48.00	450
高中数学章节起始课的教学研究与案例设计	2019—05	28.00	1064
新课标高考数学——五年试题分章详解(2007～2011)(上、下)	2011—10	78.00	140,141
全国中考数学压轴题审题要津与解法研究	2013—04	78.00	248
新编全国及各省市中考数学压轴题审题要津与解法研究	2014—05	58.00	342
全国及各省市5年中考数学压轴题审题要津与解法研究(2015版)	2015—04	58.00	462
中考数学专题总复习	2007—04	28.00	6
中考数学较难题常考题型解题方法与技巧	2016—09	48.00	681
中考数学难题常考题型解题方法与技巧	2016—09	48.00	682
中考数学中档题常考题型解题方法与技巧	2017—08	68.00	835
中考数学选填填空压轴好题妙解365	2017—05	38.00	759
中考数学:三类重点考题的解法例析与习题	2020—04	48.00	1140
中小学数学的历史文化	2019—11	48.00	1124
初中平面几何百题多思创新解	2020—01	58.00	1125
初中数学中考备考	2020—01	58.00	1126
高考数学之九章演义	2019—08	68.00	1044
化学可以这样学:高中化学知识方法智慧感悟疑难辨析	2019—07	58.00	1103
如何成为学习高手	2019—09	58.00	1107
高考数学:经典真题分类解析	2020—04	78.00	1134
高考数学解答题破解策略	2020—11	58.00	1221
从分析解题过程学解题:高考压轴题与竞赛题之关系探究	2020—08	88.00	1179
教学新思考:单元整体视角下的初中数学教学设计	2021—03	58.00	1278
思维再拓展:2020年经典几何题的多解探究与思考	即将出版		1279
中考数学小压轴汇编初讲	2017—07	48.00	788
中考数学大压轴专题微言	2017—09	48.00	846
怎么解中考平面几何探索题	2019—06	48.00	1093
北京中考数学压轴题解题方法突破(第6版)	2020—11	58.00	1120
助你高考成功的数学解题智慧:知识是智慧的基础	2016—01	58.00	596
助你高考成功的数学解题智慧:错误是智慧的试金石	2016—04	58.00	643
助你高考成功的数学解题智慧:方法是智慧的推手	2016—04	68.00	657
高考数学奇思妙解	2016—04	38.00	610
高考数学解题策略	2016—05	48.00	670
数学解题泄天机(第2版)	2017—10	48.00	850

刘培杰数学工作室
已出版(即将出版)图书目录——初等数学

书　名	出版时间	定　价	编号
高考物理压轴题全解	2017—04	48.00	746
高中物理经典问题25讲	2017—05	28.00	764
高中物理教学讲义	2018—01	48.00	871
中学物理基础问题解析	2020—08	48.00	1183
2016年高考文科数学真题研究	2017—04	58.00	754
2016年高考理科数学真题研究	2017—04	78.00	755
2017年高考理科数学真题研究	2018—01	58.00	867
2017年高考文科数学真题研究	2018—01	48.00	868
初中数学、高中数学脱节知识补缺教材	2017—06	48.00	766
高考数学小题抢分必练	2017—10	48.00	834
高考数学核心素养解读	2017—09	38.00	839
高考数学客观题解题方法和技巧	2017—10	38.00	847
十年高考数学精品试题审题要津与解法研究.上卷	2018—01	68.00	872
十年高考数学精品试题审题要津与解法研究.下卷	2018—01	58.00	873
中国历届高考数学试题及解答.1949—1979	2018—01	38.00	877
历届中国高考数学试题及解答.第二卷,1980—1989	2018—10	28.00	975
历届中国高考数学试题及解答.第三卷,1990—1999	2018—10	48.00	976
数学文化与高考研究	2018—03	48.00	882
跟我学解高中数学题	2018—07	58.00	926
中学数学研究的方法及案例	2018—05	58.00	869
高考数学抢分技能	2018—07	68.00	934
高一新生常用数学方法和重要数学思想提升教材	2018—06	38.00	921
2018年高考数学真题研究	2019—01	68.00	1000
2019年高考数学真题研究	2020—05	88.00	1137
高考数学全国卷16道选择、填空题常考题型解题诀窍.理科	2018—09	88.00	971
高考数学全国卷16道选择、填空题常考题型解题诀窍.文科	2020—01	88.00	1123
高中数学一题多解	2019—06	58.00	1087

书　名	出版时间	定　价	编号
新编640个世界著名数学智力趣题	2014—01	88.00	242
500个最新世界著名数学智力趣题	2008—06	48.00	3
400个最新世界著名数学最值问题	2008—09	48.00	36
500个世界著名数学征解问题	2009—06	48.00	52
400个中国最佳初等数学征解老问题	2010—01	48.00	60
500个俄罗斯数学经典老题	2011—01	28.00	81
1000个国外中学物理好题	2012—04	48.00	174
300个日本高考数学题	2012—05	38.00	142
700个早期日本高考数学试题	2017—02	88.00	752
500个前苏联早期高考数学试题及解答	2012—05	28.00	185
546个早期俄罗斯大学生数学竞赛题	2014—03	38.00	285
548个来自美苏的数学好问题	2014—11	28.00	396
20所苏联著名大学早期入学试题	2015—02	18.00	452
161道德国工科大学生必做的微分方程习题	2015—05	28.00	469
500个德国工科大学生必做的高数习题	2015—06	28.00	478
360个数学竞赛问题	2016—08	58.00	677
200个趣味数学故事	2018—02	48.00	857
470个数学奥林匹克中的最值问题	2018—10	88.00	985
德国讲义日本考题.微积分卷	2015—04	48.00	456
德国讲义日本考题.微分方程卷	2015—04	38.00	457
二十世纪中叶中、英、美、日、法、俄高考数学试题精选	2017—06	38.00	783

刘培杰数学工作室
已出版(即将出版)图书目录——初等数学

书　　名	出版时间	定　价	编号
中国初等数学研究　2009 卷(第 1 辑)	2009—05	20.00	45
中国初等数学研究　2010 卷(第 2 辑)	2010—05	30.00	68
中国初等数学研究　2011 卷(第 3 辑)	2011—07	60.00	127
中国初等数学研究　2012 卷(第 4 辑)	2012—07	48.00	190
中国初等数学研究　2014 卷(第 5 辑)	2014—02	48.00	288
中国初等数学研究　2015 卷(第 6 辑)	2015—06	68.00	493
中国初等数学研究　2016 卷(第 7 辑)	2016—04	68.00	609
中国初等数学研究　2017 卷(第 8 辑)	2017—01	98.00	712
初等数学研究在中国.第 1 辑	2019—03	158.00	1024
初等数学研究在中国.第 2 辑	2019—10	158.00	1116
几何变换(Ⅰ)	2014—07	28.00	353
几何变换(Ⅱ)	2015—06	28.00	354
几何变换(Ⅲ)	2015—01	38.00	355
几何变换(Ⅳ)	2015—12	38.00	356
初等数论难题集(第一卷)	2009—05	68.00	44
初等数论难题集(第二卷)(上、下)	2011—02	128.00	82,83
数论概貌	2011—03	18.00	93
代数数论(第二版)	2013—08	58.00	94
代数多项式	2014—06	38.00	289
初等数论的知识与问题	2011—02	28.00	95
超越数论基础	2011—03	28.00	96
数论初等教程	2011—03	28.00	97
数论基础	2011—03	18.00	98
数论基础与维诺格拉多夫	2014—03	18.00	292
解析数论基础	2012—08	28.00	216
解析数论基础(第二版)	2014—01	48.00	287
解析数论问题集(第二版)(原版引进)	2014—05	88.00	343
解析数论问题集(第二版)(中译本)	2016—04	88.00	607
解析数论基础(潘承洞,潘承彪著)	2016—07	98.00	673
解析数论导引	2016—07	58.00	674
数论入门	2011—03	38.00	99
代数数论入门	2015—03	38.00	448
数论开篇	2012—07	28.00	194
解析数论引论	2011—03	48.00	100
Barban Davenport Halberstam 均值和	2009—01	40.00	33
基础数论	2011—03	28.00	101
初等数论 100 例	2011—05	18.00	122
初等数论经典例题	2012—07	18.00	204
最新世界各国数学奥林匹克中的初等数论试题(上、下)	2012—01	138.00	144,145
初等数论(Ⅰ)	2012—01	18.00	156
初等数论(Ⅱ)	2012—01	18.00	157
初等数论(Ⅲ)	2012—01	28.00	158

刘培杰数学工作室
已出版(即将出版)图书目录——初等数学

书　　名	出版时间	定　价	编号
平面几何与数论中未解决的新老问题	2013－01	68.00	229
代数数论简史	2014－11	28.00	408
代数数论	2015－09	88.00	532
代数、数论及分析习题集	2016－11	98.00	695
数论导引提要及习题解答	2016－01	48.00	559
素数定理的初等证明.第2版	2016－09	48.00	686
数论中的模函数与狄利克雷级数(第二版)	2017－11	78.00	837
数论:数学导引	2018－01	68.00	849
范氏大代数	2019－02	98.00	1016
解析数学讲义.第一卷,导来式及微分、积分、级数	2019－04	88.00	1021
解析数学讲义.第二卷,关于几何的应用	2019－04	68.00	1022
解析数学讲义.第三卷,解析函数论	2019－04	78.00	1023
分析·组合·数论纵横谈	2019－04	58.00	1039
Hall代数:民国时期的中学数学课本:英文	2019－08	88.00	1106
数学精神巡礼	2019－01	58.00	731
数学眼光透视(第2版)	2017－06	78.00	732
数学思想领悟(第2版)	2018－01	68.00	733
数学方法溯源(第2版)	2018－08	68.00	734
数学解题引论	2017－05	58.00	735
数学史话览胜(第2版)	2017－01	48.00	736
数学应用展观(第2版)	2017－08	68.00	737
数学建模尝试	2018－04	48.00	738
数学竞赛采风	2018－01	68.00	739
数学测评探营	2019－05	58.00	740
数学技能操握	2018－03	48.00	741
数学欣赏拾趣	2018－02	48.00	742
从毕达哥拉斯到怀尔斯	2007－10	48.00	9
从迪利克雷到维斯卡尔迪	2008－01	48.00	21
从哥德巴赫到陈景润	2008－05	98.00	35
从庞加莱到佩雷尔曼	2011－08	138.00	136
博弈论精粹	2008－03	58.00	30
博弈论精粹.第二版(精装)	2015－01	88.00	461
数学 我爱你	2008－01	28.00	20
精神的圣徒　别样的人生——60位中国数学家成长的历程	2008－09	48.00	39
数学史概论	2009－06	78.00	50
数学史概论(精装)	2013－03	158.00	272
数学史选讲	2016－01	48.00	544
斐波那契数列	2010－02	28.00	65
数学拼盘和斐波那契魔方	2010－07	38.00	72
斐波那契数列欣赏(第2版)	2018－08	58.00	948
Fibonacci数列中的明珠	2018－06	58.00	928
数学的创造	2011－02	48.00	85
数学美与创造力	2016－01	48.00	595
数海拾贝	2016－01	48.00	590
数学中的美(第2版)	2019－04	68.00	1057
数论中的美学	2014－12	38.00	351

书　名	出版时间	定　价	编号
数学王者　科学巨人——高斯	2015—01	28.00	428
振兴祖国数学的圆梦之旅:中国初等数学研究史话	2015—06	98.00	490
二十世纪中国数学史料研究	2015—10	48.00	536
数字谜、数阵图与棋盘覆盖	2016—01	58.00	298
时间的形状	2016—01	38.00	556
数学发现的艺术:数学探索中的合情推理	2016—07	58.00	671
活跃在数学中的参数	2016—07	48.00	675
数海趣史	2021—05	98.00	1314
数学解题——靠数学思想给力(上)	2011—07	38.00	131
数学解题——靠数学思想给力(中)	2011—07	48.00	132
数学解题——靠数学思想给力(下)	2011—07	38.00	133
我怎样解题	2013—01	48.00	227
数学解题中的物理方法	2011—06	28.00	114
数学解题的特殊方法	2011—06	48.00	115
中学数学计算技巧(第2版)	2020—10	48.00	1220
中学数学证明方法	2012—01	58.00	117
数学趣题巧解	2012—03	28.00	128
高中数学教学通鉴	2015—05	58.00	479
和高中生漫谈:数学与哲学的故事	2014—08	28.00	369
算术问题集	2017—03	38.00	789
张教授讲数学	2018—07	38.00	933
陈永明实话实说数学教学	2020—04	68.00	1132
中学数学学科知识与教学能力	2020—06	58.00	1155
自主招生考试中的参数方程问题	2015—01	28.00	435
自主招生考试中的极坐标问题	2015—04	28.00	463
近年全国重点大学自主招生数学试题全解及研究.华约卷	2015—02	38.00	441
近年全国重点大学自主招生数学试题全解及研究.北约卷	2016—05	38.00	619
自主招生数学解证宝典	2015—09	48.00	535
格点和面积	2012—07	18.00	191
射影几何趣谈	2012—04	28.00	175
斯潘纳尔引理——从一道加拿大数学奥林匹克试题谈起	2014—01	28.00	228
李普希兹条件——从几道近年高考数学试题谈起	2012—10	18.00	221
拉格朗日中值定理——从一道北京高考试题的解法谈起	2015—10	18.00	197
闵科夫斯基定理——从一道清华大学自主招生试题谈起	2014—01	28.00	198
哈尔测度——从一道冬令营试题的背景谈起	2012—08	28.00	202
切比雪夫逼近问题——从一道中国台北数学奥林匹克试题谈起	2013—04	38.00	238
伯恩斯坦多项式与贝齐尔曲面——从一道全国高中数学联赛试题谈起	2013—03	38.00	236
卡塔兰猜想——从一道普特南竞赛试题谈起	2013—06	18.00	256
麦卡锡函数和阿克曼函数——从一道前南斯拉夫数学奥林匹克试题谈起	2012—08	18.00	201
贝蒂定理与拉克贝莫斯尔定理——从一个拣石子游戏谈起	2012—08	18.00	217
皮亚诺曲线和豪斯道夫分球定理——从无限集谈起	2012—08	18.00	211
平面凸图形与凸多面体	2012—10	28.00	218
斯坦因豪斯问题——从一道二十五省市自治区中学数学竞赛试题谈起	2012—07	18.00	196

刘培杰数学工作室
已出版(即将出版)图书目录——初等数学

书　名	出版时间	定　价	编号
纽结理论中的亚历山大多项式与琼斯多项式——从一道北京市高一数学竞赛试题谈起	2012－07	28.00	195
原则与策略——从波利亚"解题表"谈起	2013－04	38.00	244
转化与化归——从三大尺规作图不能问题谈起	2012－08	28.00	214
代数几何中的贝祖定理(第一版)——从一道IMO试题的解法谈起	2013－08	18.00	193
成功连贯理论与约当块理论——从一道比利时数学竞赛试题谈起	2012－04	18.00	180
素数判定与大数分解	2014－08	18.00	199
置换多项式及其应用	2012－10	18.00	220
椭圆函数与模函数——从一道美国加州大学洛杉矶分校(UCLA)博士资格考题谈起	2012－10	28.00	219
差分方程的拉格朗日方法——从一道2011年全国高考理科试题的解法谈起	2012－08	28.00	200
力学在几何中的一些应用	2013－01	38.00	240
从根式解到伽罗华理论	2020－01	48.00	1121
康托洛维奇不等式——从一道全国高中联赛试题谈起	2013－03	28.00	337
西格尔引理——从一道第18届IMO试题的解法谈起	即将出版		
罗斯定理——从一道前苏联数学竞赛试题谈起	即将出版		
拉克斯定理和阿廷定理——从一道IMO试题的解法谈起	2014－01	58.00	246
毕卡大定理——从一道美国大学数学竞赛试题谈起	2014－07	18.00	350
贝齐尔曲线——从一道全国高中联赛试题谈起	即将出版		
拉格朗日乘子定理——从一道2005年全国高中联赛试题的高等数学解法谈起	2015－05	28.00	480
雅可比定理——从一道日本数学奥林匹克试题谈起	2013－04	48.00	249
李天岩－约克定理——从一道波兰数学竞赛试题谈起	2014－06	28.00	349
整系数多项式因式分解的一般方法——从克朗耐克算法谈起	即将出版		
布劳维不动点定理——从一道前苏联数学奥林匹克试题谈起	2014－01	38.00	273
伯恩赛德定理——从一道英国数学奥林匹克试题谈起	即将出版		
布查特－莫斯特定理——从一道上海市初中竞赛试题谈起	即将出版		
数论中的同余数问题——从一道普特南竞赛试题谈起	即将出版		
范・德蒙行列式——从一道美国数学奥林匹克试题谈起	即将出版		
中国剩余定理:总数法构建中国历史年表	2015－01	28.00	430
牛顿程序与方程求根——从一道全国高考试题解法谈起	即将出版		
库默尔定理——从一道IMO预选试题谈起	即将出版		
卢丁定理——从一道冬令营试题的解法谈起	即将出版		
沃斯滕霍姆定理——从一道IMO预选试题谈起	即将出版		
卡尔松不等式——从一道莫斯科数学奥林匹克试题谈起	即将出版		
信息论中的香农熵——从一道近年高考压轴题谈起	即将出版		
约当不等式——从一道希望杯竞赛试题谈起	即将出版		
拉比诺维奇定理	即将出版		
刘维尔定理——从一道《美国数学月刊》征解问题的解法谈起	即将出版		
卡塔兰恒等式与级数求和——从一道IMO试题的解法谈起	即将出版		
勒让德猜想与素数分布——从一道爱尔兰竞赛试题谈起	即将出版		
天平称重与信息论——从一道基辅市数学奥林匹克试题谈起	即将出版		
哈密尔顿－凯莱定理:从一道高中数学联赛试题的解法谈起	2014－09	18.00	376
艾思特曼定理——从一道CMO试题的解法谈起	即将出版		

刘培杰数学工作室
已出版(即将出版)图书目录——初等数学

书 名	出版时间	定 价	编号
阿贝尔恒等式与经典不等式及应用	2018—06	98.00	923
迪利克雷除数问题	2018—07	48.00	930
幻方、幻立方与拉丁方	2019—08	48.00	1092
帕斯卡三角形	2014—03	18.00	294
蒲丰投针问题——从2009年清华大学的一道自主招生试题谈起	2014—01	38.00	295
斯图姆定理——从一道"华约"自主招生试题的解法谈起	2014—01	18.00	296
许瓦兹引理——从一道加利福尼亚大学伯克利分校数学系博士生试题谈起	2014—08	18.00	297
拉姆塞定理——从王诗宬院士的一个问题谈起	2016—04	48.00	299
坐标法	2013—12	28.00	332
数论三角形	2014—04	38.00	341
毕克定理	2014—07	18.00	352
数林掠影	2014—09	48.00	389
我们周围的概率	2014—10	38.00	390
凸函数最值定理:从一道华约自主招生题的解法谈起	2014—10	28.00	391
易学与数学奥林匹克	2014—10	38.00	392
生物数学趣谈	2015—01	18.00	409
反演	2015—01	28.00	420
因式分解与圆锥曲线	2015—01	18.00	426
轨迹	2015—01	28.00	427
面积原理:从常庚哲命的一道CMO试题的积分解法谈起	2015—01	48.00	431
形形色色的不动点定理:从一道28届IMO试题谈起	2015—01	38.00	439
柯西函数方程:从一道上海交大自主招生的试题谈起	2015—02	28.00	440
三角恒等式	2015—02	28.00	442
无理性判定:从一道2014年"北约"自主招生试题谈起	2015—01	38.00	443
数学归纳法	2015—03	18.00	451
极端原理与解题	2015—04	28.00	464
法雷级数	2014—08	18.00	367
摆线族	2015—01	38.00	438
函数方程及其解法	2015—05	38.00	470
含参数的方程和不等式	2012—09	28.00	213
希尔伯特第十问题	2016—01	38.00	543
无穷小量的求和	2016—01	28.00	545
切比雪夫多项式:从一道清华大学金秋营试题谈起	2016—01	38.00	583
泽肯多夫定理	2016—03	38.00	599
代数等式证题法	2016—01	28.00	600
三角等式证题法	2016—01	28.00	601
吴大任教授藏书中的一个因式分解公式:从一道美国数学邀请赛试题的解法谈起	2016—06	28.00	656
易卦——类万物的数学模型	2017—08	68.00	838
"不可思议"的数与数系可持续发展	2018—01	38.00	878
最短线	2018—01	38.00	879
幻方和魔方(第一卷)	2012—05	68.00	173
尘封的经典——初等数学经典文献选读(第一卷)	2012—07	48.00	205
尘封的经典——初等数学经典文献选读(第二卷)	2012—07	38.00	206
初级方程式论	2011—03	28.00	106
初等数学研究(Ⅰ)	2008—09	68.00	37
初等数学研究(Ⅱ)(上、下)	2009—05	118.00	46,47

刘培杰数学工作室
已出版(即将出版)图书目录——初等数学

书　名	出版时间	定　价	编号
趣味初等方程妙题集锦	2014—09	48.00	388
趣味初等数论选美与欣赏	2015—02	48.00	445
耕读笔记(上卷):一位农民数学爱好者的初数探索	2015—04	28.00	459
耕读笔记(中卷):一位农民数学爱好者的初数探索	2015—05	28.00	483
耕读笔记(下卷):一位农民数学爱好者的初数探索	2015—05	28.00	484
几何不等式研究与欣赏.上卷	2016—01	88.00	547
几何不等式研究与欣赏.下卷	2016—01	48.00	552
初等数列研究与欣赏·上	2016—01	48.00	570
初等数列研究与欣赏·下	2016—01	48.00	571
趣味初等函数研究与欣赏.上	2016—09	48.00	684
趣味初等函数研究与欣赏.下	2018—09	48.00	685
三角不等式研究与欣赏	2020—10	68.00	1197
火柴游戏	2016—05	38.00	612
智力解谜.第1卷	2017—07	38.00	613
智力解谜.第2卷	2017—07	38.00	614
故事智力	2016—07	48.00	615
名人们喜欢的智力问题	2020—01	48.00	616
数学大师的发现、创造与失误	2018—01	48.00	617
异曲同工	2018—09	48.00	618
数学的味道	2018—01	58.00	798
数学千字文	2018—10	68.00	977
数贝偶拾——高考数学题研究	2014—04	28.00	274
数贝偶拾——初等数学研究	2014—04	38.00	275
数贝偶拾——奥数题研究	2014—04	48.00	276
钱昌本教你快乐学数学(上)	2011—12	48.00	155
钱昌本教你快乐学数学(下)	2012—03	58.00	171
集合、函数与方程	2014—01	28.00	300
数列与不等式	2014—01	38.00	301
三角与平面向量	2014—01	28.00	302
平面解析几何	2014—01	38.00	303
立体几何与组合	2014—01	28.00	304
极限与导数、数学归纳法	2014—01	38.00	305
趣味数学	2014—03	28.00	306
教材教法	2014—04	68.00	307
自主招生	2014—05	58.00	308
高考压轴题(上)	2015—01	48.00	309
高考压轴题(下)	2014—10	68.00	310
从费马到怀尔斯——费马大定理的历史	2013—10	198.00	I
从庞加莱到佩雷尔曼——庞加莱猜想的历史	2013—10	298.00	II
从切比雪夫到爱尔特希(上)——素数定理的初等证明	2013—07	48.00	III
从切比雪夫到爱尔特希(下)——素数定理100年	2012—12	98.00	III
从高斯到盖尔方特——二次域的高斯猜想	2013—10	198.00	IV
从库默尔到朗兰兹——朗兰兹猜想的历史	2014—01	98.00	V
从比勃巴赫到德布朗斯——比勃巴赫猜想的历史	2014—02	298.00	VI
从麦比乌斯到陈省身——麦比乌斯变换与麦比乌斯带	2014—02	298.00	VII
从布尔到豪斯道夫——布尔方程与格论漫谈	2013—10	198.00	VIII
从开普勒到阿诺德——三体问题的历史	2014—05	298.00	IX
从华林到华罗庚——华林问题的历史	2013—10	298.00	X

刘培杰数学工作室
已出版(即将出版)图书目录——初等数学

书　名	出版时间	定　价	编号
美国高中数学竞赛五十讲.第1卷(英文)	2014—08	28.00	357
美国高中数学竞赛五十讲.第2卷(英文)	2014—08	28.00	358
美国高中数学竞赛五十讲.第3卷(英文)	2014—09	28.00	359
美国高中数学竞赛五十讲.第4卷(英文)	2014—09	28.00	360
美国高中数学竞赛五十讲.第5卷(英文)	2014—10	28.00	361
美国高中数学竞赛五十讲.第6卷(英文)	2014—11	28.00	362
美国高中数学竞赛五十讲.第7卷(英文)	2014—12	28.00	363
美国高中数学竞赛五十讲.第8卷(英文)	2015—01	28.00	364
美国高中数学竞赛五十讲.第9卷(英文)	2015—01	28.00	365
美国高中数学竞赛五十讲.第10卷(英文)	2015—02	38.00	366
三角函数(第2版)	2017—04	38.00	626
不等式	2014—01	38.00	312
数列	2014—01	38.00	313
方程(第2版)	2017—04	38.00	624
排列和组合	2014—01	28.00	315
极限与导数(第2版)	2016—04	38.00	635
向量(第2版)	2018—08	58.00	627
复数及其应用	2014—08	28.00	318
函数	2014—01	38.00	319
集合	2020—01	48.00	320
直线与平面	2014—01	28.00	321
立体几何(第2版)	2016—04	38.00	629
解三角形	即将出版		323
直线与圆(第2版)	2016—11	38.00	631
圆锥曲线(第2版)	2016—09	48.00	632
解题通法(一)	2014—07	38.00	326
解题通法(二)	2014—07	38.00	327
解题通法(三)	2014—05	38.00	328
概率与统计	2014—01	28.00	329
信息迁移与算法	即将出版		330
IMO 50年.第1卷(1959—1963)	2014—11	28.00	377
IMO 50年.第2卷(1964—1968)	2014—11	28.00	378
IMO 50年.第3卷(1969—1973)	2014—09	28.00	379
IMO 50年.第4卷(1974—1978)	2016—04	38.00	380
IMO 50年.第5卷(1979—1984)	2015—04	38.00	381
IMO 50年.第6卷(1985—1989)	2015—04	58.00	382
IMO 50年.第7卷(1990—1994)	2016—01	48.00	383
IMO 50年.第8卷(1995—1999)	2016—06	38.00	384
IMO 50年.第9卷(2000—2004)	2015—04	58.00	385
IMO 50年.第10卷(2005—2009)	2016—01	48.00	386
IMO 50年.第11卷(2010—2015)	2017—03	48.00	646

刘培杰数学工作室

 ## 已出版(即将出版)图书目录——初等数学

书　名	出版时间	定　价	编号
数学反思(2006—2007)	2020—09	88.00	915
数学反思(2008—2009)	2019—01	68.00	917
数学反思(2010—2011)	2018—05	58.00	916
数学反思(2012—2013)	2019—01	58.00	918
数学反思(2014—2015)	2019—03	78.00	919
数学反思(2016—2017)	2021—03	58.00	1286
历届美国大学生数学竞赛试题集.第一卷(1938—1949)	2015—01	28.00	397
历届美国大学生数学竞赛试题集.第二卷(1950—1959)	2015—01	28.00	398
历届美国大学生数学竞赛试题集.第三卷(1960—1969)	2015—01	28.00	399
历届美国大学生数学竞赛试题集.第四卷(1970—1979)	2015—01	18.00	400
历届美国大学生数学竞赛试题集.第五卷(1980—1989)	2015—01	28.00	401
历届美国大学生数学竞赛试题集.第六卷(1990—1999)	2015—01	28.00	402
历届美国大学生数学竞赛试题集.第七卷(2000—2009)	2015—08	18.00	403
历届美国大学生数学竞赛试题集.第八卷(2010—2012)	2015—01	18.00	404
新课标高考数学创新题解题诀窍:总论	2014—09	28.00	372
新课标高考数学创新题解题诀窍:必修1~5分册	2014—08	38.00	373
新课标高考数学创新题解题诀窍:选修2—1,2—2,1—1,1—2分册	2014—09	38.00	374
新课标高考数学创新题解题诀窍:选修2—3,4—4,4—5分册	2014—09	18.00	375
全国重点大学自主招生英文数学试题全攻略:词汇卷	2015—07	48.00	410
全国重点大学自主招生英文数学试题全攻略:概念卷	2015—01	28.00	411
全国重点大学自主招生英文数学试题全攻略:文章选读卷(上)	2016—09	38.00	412
全国重点大学自主招生英文数学试题全攻略:文章选读卷(下)	2017—01	58.00	413
全国重点大学自主招生英文数学试题全攻略:试题卷	2015—07	38.00	414
全国重点大学自主招生英文数学试题全攻略:名著欣赏卷	2017—03	48.00	415
劳埃德数学趣题大全.题目卷.1:英文	2016—01	18.00	516
劳埃德数学趣题大全.题目卷.2:英文	2016—01	18.00	517
劳埃德数学趣题大全.题目卷.3:英文	2016—01	18.00	518
劳埃德数学趣题大全.题目卷.4:英文	2016—01	18.00	519
劳埃德数学趣题大全.题目卷.5:英文	2016—01	18.00	520
劳埃德数学趣题大全.答案卷:英文	2016—01	18.00	521
李成章教练奥数笔记.第1卷	2016—01	48.00	522
李成章教练奥数笔记.第2卷	2016—01	48.00	523
李成章教练奥数笔记.第3卷	2016—01	38.00	524
李成章教练奥数笔记.第4卷	2016—01	38.00	525
李成章教练奥数笔记.第5卷	2016—01	38.00	526
李成章教练奥数笔记.第6卷	2016—01	38.00	527
李成章教练奥数笔记.第7卷	2016—01	38.00	528
李成章教练奥数笔记.第8卷	2016—01	48.00	529
李成章教练奥数笔记.第9卷	2016—01	28.00	530

刘培杰数学工作室
已出版(即将出版)图书目录——初等数学

书　　名	出版时间	定　价	编号
第19~23届"希望杯"全国数学邀请赛试题审题要津详细评注(初一版)	2014—03	28.00	333
第19~23届"希望杯"全国数学邀请赛试题审题要津详细评注(初二、初三版)	2014—03	38.00	334
第19~23届"希望杯"全国数学邀请赛试题审题要津详细评注(高一版)	2014—03	28.00	335
第19~23届"希望杯"全国数学邀请赛试题审题要津详细评注(高二版)	2014—03	38.00	336
第19~25届"希望杯"全国数学邀请赛试题审题要津详细评注(初一版)	2015—01	38.00	416
第19~25届"希望杯"全国数学邀请赛试题审题要津详细评注(初二、初三版)	2015—01	58.00	417
第19~25届"希望杯"全国数学邀请赛试题审题要津详细评注(高一版)	2015—01	48.00	418
第19~25届"希望杯"全国数学邀请赛试题审题要津详细评注(高二版)	2015—01	48.00	419
物理奥林匹克竞赛大题典——力学卷	2014—11	48.00	405
物理奥林匹克竞赛大题典——热学卷	2014—04	28.00	339
物理奥林匹克竞赛大题典——电磁学卷	2015—07	48.00	406
物理奥林匹克竞赛大题典——光学与近代物理卷	2014—06	28.00	345
历届中国东南地区数学奥林匹克试题集(2004~2012)	2014—06	18.00	346
历届中国西部地区数学奥林匹克试题集(2001~2012)	2014—07	18.00	347
历届中国女子数学奥林匹克试题集(2002~2012)	2014—08	18.00	348
数学奥林匹克在中国	2014—06	98.00	344
数学奥林匹克问题集	2014—01	38.00	267
数学奥林匹克不等式散论	2010—06	38.00	124
数学奥林匹克不等式欣赏	2011—09	38.00	138
数学奥林匹克超级题库(初中卷上)	2010—01	58.00	66
数学奥林匹克不等式证明方法和技巧(上、下)	2011—08	158.00	134,135
他们学什么:原民主德国中学数学课本	2016—09	38.00	658
他们学什么:英国中学数学课本	2016—09	38.00	659
他们学什么:法国中学数学课本.1	2016—09	38.00	660
他们学什么:法国中学数学课本.2	2016—09	28.00	661
他们学什么:法国中学数学课本.3	2016—09	38.00	662
他们学什么:苏联中学数学课本	2016—09	28.00	679
高中数学题典——集合与简易逻辑·函数	2016—07	48.00	647
高中数学题典——导数	2016—07	48.00	648
高中数学题典——三角函数·平面向量	2016—07	48.00	649
高中数学题典——数列	2016—07	58.00	650
高中数学题典——不等式·推理与证明	2016—07	38.00	651
高中数学题典——立体几何	2016—07	48.00	652
高中数学题典——平面解析几何	2016—07	78.00	653
高中数学题典——计数原理·统计·概率·复数	2016—07	48.00	654
高中数学题典——算法·平面几何·初等数论·组合数学·其他	2016—07	68.00	655

刘培杰数学工作室
已出版(即将出版)图书目录——初等数学

书　名	出版时间	定　价	编号
台湾地区奥林匹克数学竞赛试题.小学一年级	2017—03	38.00	722
台湾地区奥林匹克数学竞赛试题.小学二年级	2017—03	38.00	723
台湾地区奥林匹克数学竞赛试题.小学三年级	2017—03	38.00	724
台湾地区奥林匹克数学竞赛试题.小学四年级	2017—03	38.00	725
台湾地区奥林匹克数学竞赛试题.小学五年级	2017—03	38.00	726
台湾地区奥林匹克数学竞赛试题.小学六年级	2017—03	38.00	727
台湾地区奥林匹克数学竞赛试题.初中一年级	2017—03	38.00	728
台湾地区奥林匹克数学竞赛试题.初中二年级	2017—03	38.00	729
台湾地区奥林匹克数学竞赛试题.初中三年级	2017—03	28.00	730
不等式证题法	2017—04	28.00	747
平面几何培优教程	2019—08	88.00	748
奥数鼎级培优教程.高一分册	2018—09	88.00	749
奥数鼎级培优教程.高二分册.上	2018—04	68.00	750
奥数鼎级培优教程.高二分册.下	2018—04	68.00	751
高中数学竞赛冲刺宝典	2019—04	68.00	883
初中尖子生数学超级题典.实数	2017—07	58.00	792
初中尖子生数学超级题典.式、方程与不等式	2017—08	58.00	793
初中尖子生数学超级题典.圆、面积	2017—08	38.00	794
初中尖子生数学超级题典.函数、逻辑推理	2017—08	48.00	795
初中尖子生数学超级题典.角、线段、三角形与多边形	2017—07	58.00	796
数学王子——高斯	2018—01	48.00	858
坎坷奇星——阿贝尔	2018—01	48.00	859
闪烁奇星——伽罗瓦	2018—01	58.00	860
无穷统帅——康托尔	2018—01	48.00	861
科学公主——柯瓦列夫斯卡娅	2018—01	48.00	862
抽象代数之母——埃米·诺特	2018—01	48.00	863
电脑先驱——图灵	2018—01	58.00	864
昔日神童——维纳	2018—01	48.00	865
数坛怪侠——爱尔特希	2018—01	68.00	866
传奇数学家徐利治	2019—09	88.00	1110
当代世界中的数学.数学思想与数学基础	2019—01	38.00	892
当代世界中的数学.数学问题	2019—01	38.00	893
当代世界中的数学.应用数学与数学应用	2019—01	38.00	894
当代世界中的数学.数学王国的新疆域(一)	2019—01	38.00	895
当代世界中的数学.数学王国的新疆域(二)	2019—01	38.00	896
当代世界中的数学.数林撷英(一)	2019—01	38.00	897
当代世界中的数学.数林撷英(二)	2019—01	48.00	898
当代世界中的数学.数学之路	2019—01	38.00	899

刘培杰数学工作室
已出版(即将出版)图书目录——初等数学

书　　名	出版时间	定　价	编号
105 个代数问题:来自 AwesomeMath 夏季课程	2019—02	58.00	956
106 个几何问题:来自 AwesomeMath 夏季课程	2020—07	58.00	957
107 个几何问题:来自 AwesomeMath 全年课程	2020—07	58.00	958
108 个代数问题:来自 AwesomeMath 全年课程	2019—01	68.00	959
109 个不等式:来自 AwesomeMath 夏季课程	2019—04	58.00	960
国际数学奥林匹克中的 110 个几何问题	即将出版		961
111 个代数和数论问题	2019—05	58.00	962
112 个组合问题:来自 AwesomeMath 夏季课程	2019—05	58.00	963
113 个几何不等式:来自 AwesomeMath 夏季课程	2020—08	58.00	964
114 个指数和对数问题:来自 AwesomeMath 夏季课程	2019—09	48.00	965
115 个三角问题:来自 AwesomeMath 夏季课程	2019—09	58.00	966
116 个代数不等式:来自 AwesomeMath 全年课程	2019—04	58.00	967
紫色彗星国际数学竞赛试题	2019—02	58.00	999
数学竞赛中的数学:为数学爱好者、父母、教师和教练准备的丰富资源.第一部	2020—04	58.00	1141
数学竞赛中的数学:为数学爱好者、父母、教师和教练准备的丰富资源.第二部	2020—07	48.00	1142
和与积	2020—10	38.00	1219
数论:概念和问题	2020—12	68.00	1257
初等数学问题研究	2021—03	48.00	1270
澳大利亚中学数学竞赛试题及解答(初级卷)1978～1984	2019—02	28.00	1002
澳大利亚中学数学竞赛试题及解答(初级卷)1985～1991	2019—02	28.00	1003
澳大利亚中学数学竞赛试题及解答(初级卷)1992～1998	2019—02	28.00	1004
澳大利亚中学数学竞赛试题及解答(初级卷)1999～2005	2019—02	28.00	1005
澳大利亚中学数学竞赛试题及解答(中级卷)1978～1984	2019—03	28.00	1006
澳大利亚中学数学竞赛试题及解答(中级卷)1985～1991	2019—03	28.00	1007
澳大利亚中学数学竞赛试题及解答(中级卷)1992～1998	2019—03	28.00	1008
澳大利亚中学数学竞赛试题及解答(中级卷)1999～2005	2019—03	28.00	1009
澳大利亚中学数学竞赛试题及解答(高级卷)1978～1984	2019—05	28.00	1010
澳大利亚中学数学竞赛试题及解答(高级卷)1985～1991	2019—05	28.00	1011
澳大利亚中学数学竞赛试题及解答(高级卷)1992～1998	2019—05	28.00	1012
澳大利亚中学数学竞赛试题及解答(高级卷)1999～2005	2019—05	28.00	1013
天才中小学生智力测验题.第一卷	2019—03	38.00	1026
天才中小学生智力测验题.第二卷	2019—03	38.00	1027
天才中小学生智力测验题.第三卷	2019—03	38.00	1028
天才中小学生智力测验题.第四卷	2019—03	38.00	1029
天才中小学生智力测验题.第五卷	2019—03	38.00	1030
天才中小学生智力测验题.第六卷	2019—03	38.00	1031
天才中小学生智力测验题.第七卷	2019—03	38.00	1032
天才中小学生智力测验题.第八卷	2019—03	38.00	1033
天才中小学生智力测验题.第九卷	2019—03	38.00	1034
天才中小学生智力测验题.第十卷	2019—03	38.00	1035
天才中小学生智力测验题.第十一卷	2019—03	38.00	1036
天才中小学生智力测验题.第十二卷	2019—03	38.00	1037
天才中小学生智力测验题.第十三卷	2019—03	38.00	1038

刘培杰数学工作室
 ## 已出版(即将出版)图书目录——初等数学

书　　名	出版时间	定　价	编号
重点大学自主招生数学备考全书:函数	2020—05	48.00	1047
重点大学自主招生数学备考全书:导数	2020—08	48.00	1048
重点大学自主招生数学备考全书:数列与不等式	2019—10	78.00	1049
重点大学自主招生数学备考全书:三角函数与平面向量	2020—08	68.00	1050
重点大学自主招生数学备考全书:平面解析几何	2020—07	58.00	1051
重点大学自主招生数学备考全书:立体几何与平面几何	2019—08	48.00	1052
重点大学自主招生数学备考全书:排列组合·概率统计·复数	2019—09	48.00	1053
重点大学自主招生数学备考全书:初等数论与组合数学	2019—08	48.00	1054
重点大学自主招生数学备考全书:重点大学自主招生真题.上	2019—04	68.00	1055
重点大学自主招生数学备考全书:重点大学自主招生真题.下	2019—04	58.00	1056
高中数学竞赛培训教程:平面几何问题的求解方法与策略.上	2018—05	68.00	906
高中数学竞赛培训教程:平面几何问题的求解方法与策略.下	2018—06	78.00	907
高中数学竞赛培训教程:整除与同余以及不定方程	2018—01	88.00	908
高中数学竞赛培训教程:组合计数与组合极值	2018—04	48.00	909
高中数学竞赛培训教程:初等代数	2019—04	78.00	1042
高中数学讲座:数学竞赛基础教程(第一册)	2019—06	48.00	1094
高中数学讲座:数学竞赛基础教程(第二册)	即将出版		1095
高中数学讲座:数学竞赛基础教程(第三册)	即将出版		1096
高中数学讲座:数学竞赛基础教程(第四册)	即将出版		1097
新编中学数学解题方法1000招丛书.实数(初中版)	即将出版		1291
新编中学数学解题方法1000招丛书.式(初中版)	即将出版		1292
新编中学数学解题方法1000招丛书.方程与不等式(初中版)	2021—04	58.00	1293
新编中学数学解题方法1000招丛书.函数(初中版)	即将出版		1294
新编中学数学解题方法1000招丛书.角(初中版)	即将出版		1295
新编中学数学解题方法1000招丛书.线段(初中版)	即将出版		1296
新编中学数学解题方法1000招丛书.三角形与多边形(初中版)	2021—04	48.00	1297
新编中学数学解题方法1000招丛书.圆(初中版)	即将出版		1298
新编中学数学解题方法1000招丛书.面积(初中版)	即将出版		1299

联系地址:哈尔滨市南岗区复华四道街10号　哈尔滨工业大学出版社刘培杰数学工作室
网　　址:http://lpj.hit.edu.cn/
邮　　编:150006
联系电话:0451—86281378　　13904613167
E-mail:lpj1378@163.com